Wild Cats of the World
世界野生猫科动物

【澳】卢克·亨特　著

【英】普瑞西拉·巴雷特　绘

猫盟　译

湖南科学技术出版社

图书在版编目（CIP）数据

世界野生猫科动物 /（澳）卢克·亨特著
(Luke Hunter)；（英）普瑞西拉·巴雷特绘；猫盟
译 . -- 长沙：湖南科学技术出版社，2019.8（2025.1 重印）
　书名原文：WILD CATS OF THE WORLD
　ISBN 978-7-5710-0240-4

　Ⅰ.①世… 　Ⅱ.①卢…②普…③猫… 　Ⅲ.①野生动
物 – 猫科 – 普及读物 　Ⅳ.① Q959.838-49

中国版本图书馆 CIP 数据核字 (2019) 第 138282 号

著作版权登记号：图 18—2019—164

SHIJIE YESHENG MAOKE DONGWU
世界野生猫科动物

著　　者：【澳】卢克·亨特
插　　图：【英】普瑞西拉·巴雷特
译　　者：猫　盟
总 策 划：陈沂欢
策划编辑：乔　琦
责任编辑：李文瑶
特约编辑：林　凌
营销编辑：王思宇
地图编辑：程　远　韩守青
装帧设计：李　川　杨　慧
特约印制：焦文献
制　　版：北京锋尚制版有限公司
出版发行：湖南科学技术出版社
地　　址：长沙市湘雅路 276 号
　　　　　http://www.hnstp.com
湖南科学技术出版社天猫旗舰店网址：
　　　　　http://hnkjcbs.tmall.com
邮购联系：本社直销科 0731-84375808
印　　刷：北京华联印刷有限公司
版　　次：2019 年 8 月第 1 版
印　　次：2025 年 1 月第 7 次印刷
开　　本：635mm×965mm　1/8
印　　张：30
字　　数：239 千字
审 图 号：GS（2019）2792号
书　　号：ISBN 978-7-5710-0240-4
定　　价：198.00 元

目 录

序言

当我们抚摸着趴在沙发上打呼噜的猫咪时，很少有人会想到，我们的祖先和它们的祖先曾经在这个星球上争夺过主导权——我们的祖先曾经是它们祖先的猎物。

大约 3000 万年前，第一只真正的"猫"——始猫出现在欧洲的森林里。这意味着猫科动物正式从食肉动物中"脱颖而出"，成为一个独立的物种。

又过了约 1000 万年，始猫逐渐分化成两个类群。

其中一个类群发展成剑齿虎家族，我们的祖先在大约 1 万年前还能看到这些长得很"凶"的猫科动物。史上体型最大的猫科物种就出自剑齿虎家族，其体重几乎是今天老虎的两倍。遗憾的是现在看不到这些长相奇异的"剑齿猫"了。

另一个类群则逐渐演化成我们现在熟知的各种"猫"：虎、狮、豹、猎豹、美洲狮……还有家猫。其实猫亚科最早的成员——基奥豹很早就出现了，但它却在相当长的时间里一直"默默无闻"——或许是"剑齿亲戚"压制了它。直到约 1000 万年前，猫亚科的物种才开始"繁荣发展"，足迹遍布欧亚大陆、非洲大陆和美洲大陆。由于出色的捕猎能力和很强的环境适应性，它们逐渐成为陆地上最成功的捕猎者类群之一。

今天，40 种[1]野生猫科动物遍布除南极洲、澳大利亚之外的大陆。它们的足迹覆盖范围令人惊讶：从海边沙滩到海拔 5000 米以上的高寒山岭，几乎所有类型的生态系统中都有猫科动物的存在。在印度孙德尔本斯的红树林里，孟加拉虎在小岛间泅渡，海水完全不会影响它们捕猎；从这里往内陆进发，一直到不丹境内海拔 4000 米以上的喜马拉雅山垭口，虎依然出现在白雪皑皑的山路上。同时，这种强大的适应性体现在不同的猫科动物身上：在东南亚的雨林里，云豹可以在树上捕捉猴子，它们的身体比猴子更加灵敏；非洲的猎豹进化出了世界上最快的奔跑速度，使其能在平坦的荒漠草原捕捉羚羊；薮猫可以用它那大得不甚协调的耳朵来寻觅草丛中鼠类的踪迹；而雪豹则用一身灰白色的毛皮使自己隐身在高原石山里……

根据所处环境的不同，猫科动物逐渐形成斑点猫和条纹猫两大花色类型，典

---

1. 本书作者于 2015 年撰写本书，当时野生猫科动物共分为 38 个种。截至 2019 年 7 月，*Cat News*（由 IUCN 猫科动物专家每隔半年更新的时事通讯）将该数据更新为 40 个种。

型的如豹和虎。这些绚丽的斑纹加上为捕猎而生的匀称身体，使猫科动物成为了最美丽的兽类物种。但也正是因为它们的美丽和食肉的天性，在人类占据了竞争上风之后，猫科动物逐渐走向了没落。时至今日，曾经统治过几块大陆的大型猫科动物已经所剩无几：非洲的狮子仅存 2 万只左右，而在未来 20 年内其数量可能还会下降一半；野生美洲豹的数量比狮子更少，而且它们已经失去了近 2/3 的栖息地；8 个虎亚种中已经有 3 个灭绝，剩下的几千只虎残存在亚洲的一些森林里，其中大部分依然走在消失的路上。中小型猫科动物的情况也类似，它们中的绝大多数都因为栖息地减少而身处困境，某些已经濒临灭绝。

作为食物链的顶级物种，野生猫科动物的消失实际上意味着我们所处的环境正在发生巨大的改变。这种改变最终将给地球上所有的物种带来什么，现在并不确定。但能够确定的是，如果失去了这些充满魅力的荒野之猫，那么地球一定将不再是我们所熟悉的丰富多彩的星球。

而这些，正是我们翻译这本书的初衷：为了不让最坏的事情发生，为了一个可实现的美好明天，了解世界野生猫科动物，参与到它们的保护事业中，维护生态之美，给地球上的所有生物一个更美好的未来！

——猫盟

↓ 正在捕食中的薮猫

猫科动物进化历程

↑全球猫科动物的数量可能超过十亿，其中现存虎的数量大约是家猫的三十万分之一。即便是最乐观的估计，野生猫科动物的数量也仅有家猫的百分之一，且绝大多数是分布广泛的小型猫科动物，例如短尾猫和豹猫

　　家猫是地球上发展最成功的兽类之一，也是最成功的食肉动物之一[1]。家猫与人为邻，广布于除南极洲外的所有大陆和大部分的近岸岛屿。即便没有人类照看，家猫也能在撒哈拉沙漠、亚南极圈岛屿这类恶劣的环境中生存。全世界至少有 5 亿只宠物猫，还有数亿只家猫与人类有或多或少的联系，或者完全处于野生状态。

　　在猫科动物的进化史上，家猫是成功的典范。3000 万年来，在人类出现并主宰地球之前，猫科动物就已经漫步全球，其发展史极为耀眼。从化石证据看，猫科动物的进化始于欧亚大陆。在距今 2500 万～ 3000 万年前，始猫（Proailurus lemanensis）开始出现，并作为真正的"猫"与其他食肉动物分离开来。最早的始猫化石出自法国圣热朗勒皮（Saint-Gérand-le-Puy），当时那一带还是广阔的亚热带森林。目前的资料表明，始猫可能是所有猫科动物的祖先——无论是现存的还是已经灭绝的。

　　在 1800 万～ 2000 万年前，始猫演化为两个不同类群，最终形成猫科动物进化树上的两个分支。其中一支被称为假猫属（Pseudaelurus），一些种类的体型首次达到了现代豹的大小。目前认为假猫是剑齿虎亚科（Machairodontinae）的祖先，其头骨和牙齿初步具备了剑齿虎的特征。这种惊人的进化尝试导致许多新物种的出现，它们的剑齿以及与之适应的头骨和骨骼的特征，使它们区别于其他猫科动物。

　　一直到相当近的年代，剑齿虎家族都繁盛于欧亚大陆、非洲大陆和美洲大陆。直到 1 万年前，著名的刃齿虎属（Smilodon）还生存于美洲大陆，其中包括那些历史上最大型的猫科动物。致命刃齿虎（Smilodon fatalis）的肩高类似于现代的虎，但更加强壮结实，体重更大，人们曾在加利福尼亚的拉布雷亚沥青坑中挖掘出超过 1200 个致命刃齿虎的样本。而体形魁梧的南美毁灭刃齿虎（Smilodon populator）体重接近 400 千克，远超所有现存的猫科物种。这两种剑齿虎当时就生活在人类周围。

　　在剑齿虎亚科繁盛的同时，始猫的另一个分支进化为猫亚科（Felinae）——锥齿猫。猫亚科的起始种被称为基奥豹[2]（Styriofelis），体型较小，介于现代野猫和猞猁之间。正如假猫是所有剑齿虎的祖先一样，基奥豹是所有现存猫科动物的祖先（锥齿猫的一些物种已

---

1. 本书提到的"食肉动物"，根据科学术语的本意，就是食肉目的物种。

2. 基奥豹和假猫是关系相当紧密的种属。早期的分类学只承认假猫属，认为猫科动物的两个主要分支是由假猫的不同种进化而来。

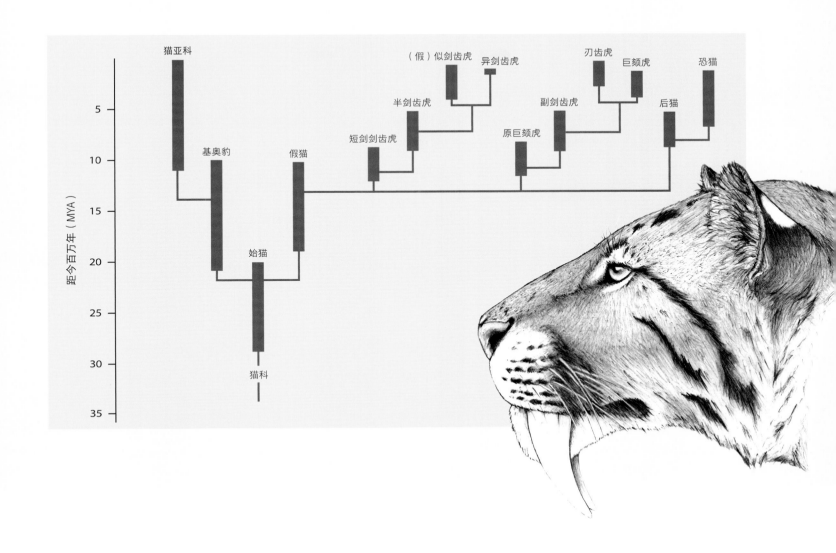

经灭绝）。基奥豹的后代与剑齿虎家族协同进化，不同物种会生活在相同的环境中，这可能与我们所见到的现代猫科动物一样，不同物种之间也存在着复杂的关系。

900 万年前，在如今西班牙马德里一带生活着至少 4 种已灭绝的猫科动物，其中野猫大小的晚中新世基奥豹（*Styriofelis vallesiensis*）和薮猫大小的阿提卡猫（*Pristifelis attica*），偶尔会成为另外两种剑齿虎的猎物，分别是小型豹大小的原巨颏虎（*Promegantereon ogygia*）和狮子大小的短剑剑齿虎（*Machairodus aphanistus*）。

直到更新世（距今 258 万～ 1.2 万年前）早期，猫亚科的数量在非洲东部地区发生了爆发式增长，这才终于走出了被剑齿虎捕食的阴影。约 100 万年前，猎豹、豹和狮子与另外至少 3 种剑齿虎共同统治了非洲大陆。分属两个亚科的 6 种大猫之间的相互关系，想必一定很有意思，遗憾的是我们无法获知。

大约 1100 万年前，基奥豹开始在欧亚大陆快速发展并扩散，最终进化出所有现生猫科动物。结合基因检测与化石记录，我们可以清晰地勾画出现代猫科动物的进化支系。然

↑ 剑齿虎家族进化树
剑齿虎亚科和猫亚科在猫科动物进化史上的分化发生于早期，它们虽然同属于猫科家族，但实际上现存的猫科动物和剑齿虎亚科的血缘关系较远。其实，剑齿虎是一种误称，一般用于上图所示的刃齿虎属。甚至称其为"虎"也不正确，现代的虎在血缘上更接近家猫，与历史上的剑齿虎差别较大（图表来源：M. 安东，剑齿虎印第安纳大学出版社，2013 年）

而，猫科动物的种属划分并不是一成不变的。本书采用《国际自然保护联盟濒危物种红色名录》（以下简称"IUCN红色名录"，详见232页）的分类方法将现存的猫科动物分为38个种（截至2015年）。随着分子生物学手段揭示出更多深层次信息，未来的分类方案也会更新、完善。

自2006年以来，遗传分析已经帮助人们发现了小斑虎猫（*Oncillas*，详见96页）和

云豹（*Clouded Leopards*，详见183页）的"隐秘物种"。传统分类法曾一度认为在这两个物种的分布区内均只有单一物种，直到遗传分析发现了另外两个外观非常相似但基因独特的物种。

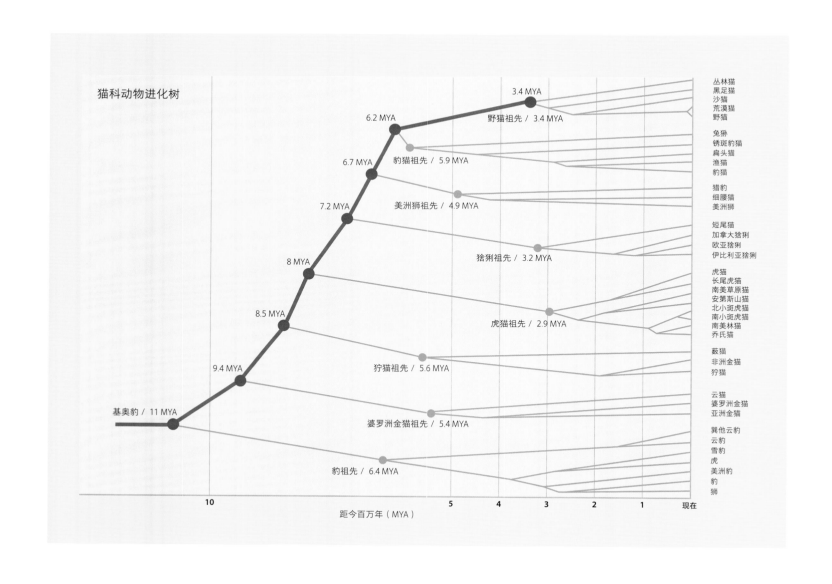

猫科动物进化树

基奥豹 / 11 MYA
9.4 MYA
8.5 MYA
8 MYA
7.2 MYA
6.7 MYA
6.2 MYA
3.4 MYA

野猫祖先 / 3.4 MYA
豹猫祖先 / 5.9 MYA
美洲狮祖先 / 4.9 MYA
猞猁祖先 / 3.2 MYA
虎猫祖先 / 2.9 MYA
狞猫祖先 / 5.6 MYA
婆罗洲金猫祖先 / 5.4 MYA
豹祖先 / 6.4 MYA

丛林猫
黑足猫
沙猫
荒漠猫
野猫

兔狲
锈斑豹猫
扁头猫
渔猫
豹猫

猎豹
细腰猫
美洲狮

短尾猫
加拿大猞猁
欧亚猞猁
伊比利亚猞猁

虎猫
长尾虎猫
南美草原猫
安第斯山猫
北小斑虎猫
南小斑虎猫
南美林猫
乔氏猫

薮猫
非洲金猫
狞猫

云猫
婆罗洲金猫
亚洲金猫

巽他云豹
云豹
雪豹
虎
美洲豹
豹
狮

10　　　　　　　　　　　　5　　4　　3　　2　　1　　现在

距今百万年（MYA）

现代猫科动物的支系

目前公认的说法是，现存猫科动物共有 8 个支系，它们共同构成猫亚科。作为其中最古老而独特的支系，豹支系有时被归为独立的豹亚科，但是把它看作猫亚科中的一个支系更为恰当。

猫属支系

猫属分化得最晚，因此是最年轻的分支。猫属共有 5 个种，它们的亲缘关系较近，分布于非洲大陆和欧亚大陆。科学家们在猫属的分类上存在一些异议。其中，野猫和荒漠猫的亲缘关系极为密切，一些专家根据有限的遗传学数据，将荒漠猫归为野猫的亚种（ F. s. bieti ），但这些数据是存在争议的。而根据一些遗传学和形态学证据，科学家认为欧洲野猫应该是不同于亚非野猫的物种。此外，也有学者将家猫归为一个独立的种（ Felis catus ），但并没有得到普遍认可。

豹猫支系

这个支系下共有两个属——豹猫属（ Prionailurus ）和兔狲属（ Otocolobus ），属下共有 5 个种，均分布于亚洲的热带和温带地区。目前人们对兔狲的进化关系了解甚少，有证据认为它是介于豹猫属和猫属之间的物种，但人们通常将它归入豹猫支系。另外还有一些证据建议，以马来半岛的克拉地峡为界，将豹猫划分为两个独立种。

美洲狮支系

这个支系下共有 3 属 3 种。该支系可能发源于北美洲，其物种如今在美洲和亚非国家均有分布。美洲狮和猎豹与其他大型猫科动物的亲缘关系并不接近，它们实际上属于小型猫科动物，但由于在进化过程中体型变大，从而占据了跟豹属相似的生态位。

猞猁支系

这一支系共 1 属 4 种，分布于欧亚大陆和北美洲的温带地区。猞猁属各物种的形态相似，共同的特征是短尾、耳尖有簇毛，但这些特征不见得有显著的选择优势。在所有猫科动物中，猞猁的捕食对象最为特化，尤其是伊比利亚猞猁和加拿大猞猁。

虎猫支系

这一支系共 1 属 8 种，分布于拉丁美洲（美国有极少量分布）。这 8 个种的分化时间较晚，血缘关系相当接近。南小斑虎猫和乔氏猫、北小斑虎猫和南美草原猫分别在野外有杂交行为。小斑虎猫目前分为两个种，此外有证据支持将中美洲的孤立种群划分为第三个种。虎猫支系的物种拥有 36 条染色体，而其他猫科动物均为 38 条。

狞猫支系

这一支系共 2 属 3 种，中等体型，分布于非洲和亚洲。狞猫与猞猁的亲缘关系并不近，但它们的外观相似，这可能是因为二者在很久以前拥有同一个祖先，这个祖先具有类似于猞猁的外貌特征；也有可能是因为二者在发生初期遗传变异后就分成了两个物种。

纹猫支系

纹猫是猫亚科继豹支系之后分化出来的第二个支系，因此也是较为古老的一个支系。共 2 属 3 种，分布于亚洲东南部地区。有证据建议以马来半岛的克拉地峡为界，将云猫划分为两个独立种。

豹支系

大型猫科动物，简称"大猫"。猫亚科分化出来的第一个支系，是最古老的分支。共 2 属 7 种，即豹属（又叫吼猫）和云豹属。多数豹属物种具有吼叫能力，这可能是其特殊的喉部和舌骨构造赋予的特性。但豹属物种无法像其他猫科动物那样持续发出"咕噜咕噜"声。雪豹和云豹不会吼叫，但是会发出"咕噜咕噜"声。

猫科动物社会习性

• 独居的猫

化石记录表明，早在进化早期，猫科动物就开始营独居生活，而且比大多数其他物种来得成功。这可能与猫科动物能独立捕获大型猎物有关。

猫科动物通常感觉敏锐、反应敏捷、肌肉爆发力强、骨骼结构柔韧，它们的腕关节十分灵活，利爪可以伸缩，便于抓牢和处理大型猎物，同时颌部强壮、咬合力强，简直是完美的杀手。某些社会性食肉动物如犬科动物和鬣狗，身体更强壮，善于长途追逐、累垮猎物，但论灵活性则不及猫科动物，缺乏单打独斗的超凡技术。美洲狮可以独立捕杀一头成年马鹿，但狼则需要结成狼群才能完成。

猎物也是决定猫科动物空间分布格局的主要因素。所有猫科动物都会确保获得足够的资源，以满足它们的两大基本需求——生存和繁殖。猫科动物需要水源，也需要适宜的栖息地用来捕食、躲避危险和繁育后代。但与猎物相比，水源和栖息地都还算其次。雌性猫科动物是保守主义者，它们仅占据能养活自己和幼崽的最小区域。而区域面积的大小在很大程度上取决于猎物——猎物的种群数量、分布状况以及被捕猎后的补充速度。

在猎物种类丰富、种群稳定且分布均匀的地方，雌性猫科动物可以占据很小的家域。小面积的家域更容易防范竞争对手，与

相邻雌性猫科动物家域的重合程度也更低；而在猎物稀少、数量波动剧烈或者需要往返迁徙的地方，雌性猫科动物的家域变大，相互间的重合程度更高。同时，它们对领域的防御能力也降低，所以通常集中分布到一块或几块小面积排他性的核心区域。

在通常情况下，大多数猫科动物的领域行为介于上述两个极端之间。比如，在土地非常肥沃、猎物非常丰富的非洲稀树草原，一只雌豹终生生活在 10 平方千米的范围内；而在卡拉哈里沙漠，雌豹的活动范围则要扩大 50 倍。在某些极端地区，一些物种的领域行为会倾向于某个极端：在雪豹的分布区内，通常猎物密度低且分散，因此雪豹的家域面积巨大，种群密度很低，没有哪只雌性雪豹能在 10 平方千米的家域中生存。

雄性猫科动物的家域一般比只用食物需求来预测的面积更大。它们要与同类竞争与雌性的交配权，因此通常占据大面积的家域，以此来提高与雌性个体的邂逅概率。雄性猫科动物是扩张主义者，它们试图在自己的领域中赶走其他雄性个体，以便独占交配权，因此雄性的家域通常大于雌性。

当雌性个体之间维持彼此接近的小面积领域时，雄性个体会尽可能扩大领域，从而跨越多个雌性的领域，同时避免与其他雄性的领域重合。而在雌性个体密度低、家域面积大的区域，雄性个体的家域通常更大，与

其他雄性个体的家域重合度也更高。

　　大多数猫科动物的成年个体营独居生活（对于研究不足的物种，只能说"可能"），但并非互不来往。生活在同一片栖息地的成年个体通过气味标记和叫声频繁交流，形成复杂的社会群落，熟悉的个体可以会面，对手则彼此回避。雄性猫科动物和雌性猫科动物在交配季节相会。雌性在成年后，多数时间都会带着幼崽。

　　即便是"典型的独居型"猫科动物，成体间的互动也远比通常认为的更加频繁丰富。在黄石生态系统，没有血缘关系的成年美洲狮会彼此分享大型猎物，这可能是因为大型猎物足以满足多个个体的觅食需求，而且分享也可以降低个体间争斗的风险。类似的，雄性个体似乎很少喂养幼崽，但它们依然是好父亲。豹和虎的雄性个体经常陪伴雌性伴侣和幼崽，与它们长时间亲密互动，包括分享猎物。

　　人们通常认为雄性猫科动物独来独往，在抚育幼崽方面一无是处，但实际上并非如此，它们在家庭中起的作用至关重要。它们巡视并保护领域，驱赶迁入的其他雄性，因为后者会伺机杀死与自己无血缘关系的幼崽，而失去幼崽的雌性会加速发情，使得入侵者有机会与之交配，产下自己的后代。雄性个体反击此类入侵，确保了至关重要的安全空间，以便雌性个体可以顺利将幼崽养育成年。在这种系统下，熟悉的个体之间通过频繁的社会交往，能强化彼此的容忍度。毫无疑问，随着研究的深入，我们将会看到其他猫科物种也有相同的行为模式。

• 群居的猫

　　只有少数几种猫科动物发展出了稳定而复杂的社会性行为。狮会围绕几只有血缘关系的母狮及其幼崽建立狮群，共享同一片领域。跟其他独居的猫科动物一样，母狮家域的大小主要取决于对猎物的需求，但这不仅要满足一只母狮及其幼崽的食物需求，而且要满足整个母狮群及其幼崽们的集体需求。雄狮结成联盟，试图控制尽可能多的母狮群，并抵御其他雄狮联盟的入侵。实际上，这是猫科动物基本的社会空间格局的高级版本。

　　然而，狮是唯一发展出群居模式的猫科动物。猎物是一部分原因：非洲大草原拥有多种大型食草动物，而且密度很高，足以供养大群的大型猫科动物。但这还不能完全解释狮群模式，因为集体狩猎所得到的好处会被众多需要满足的胃口抵消。如果仅是为了获取食物，独行或结伴的母狮效率更高。除了超大型食草动物，母狮能单独捕猎任何猎物。但事实上，母狮之所以结群正是其猫科

↓ 猫科动物通常被认为营独居生活，但它们的社交生活非常频繁。在南非萨比金沙禁猎区（Sabi Sand Game Reserve），两只雄豹共同陪伴在一只发情的雌豹身边。几乎可以肯定，这两只雄豹是领域相邻的"亲密对手"——它们彼此认识，但争斗代价实在太高，决定彼此容忍

动物标志性的捕猎能力的体现。在开阔的稀树草原，捕猎大型猎物也有不便之处：不能迅速吃完，也不易隐藏，很容易被竞争者抢夺。在进化过程中，狮不但面临着来自所有现存食肉动物的竞争，还面临三种已灭绝的大型剑齿虎和至少两种大型鬣狗的威胁，其中任何一种动物都能赶走独自行动的母狮，抢夺其猎物。在这种竞争激烈的环境中，还是跟亲属分享并共同保卫猎物更好。

讽刺的是，集体保卫猎物的行为可能给雌狮的祖先带来了更多挑战。与大型猎物类似，集群的雌狮对雄狮来说极具吸引力，容易在开阔的环境中引起意外的关注。在狮出现群居行为之初，杀婴风险随之出现。紧密团结的母狮群能更好地抵御外来的雄狮，保护自己的幼崽。狮群的进化，似乎是狮在激烈的竞争中保护食物和幼崽的反应。其他猫科动物没有发展出这种模式，很可能是因为它们没有来自选择压力和生态机会的共同威胁。

对虎、豹或美洲狮来说，"抱团"可能比独来独往的收益更大些，但是，只有当群居生活的收益大于成本时，群居生活在进化上才有意义。这些物种不会像母狮那样，持续面临保卫醒目的大型猎物的问题（或者类似的生态压力），因此独居仍然是它们普遍选择的生活方式。除了狮，只有猎豹形成了与之类似的社会性行为。出于跟雄狮类似的原因，雄性猎豹也会结成联盟，但雌猎豹仍旧选择独居（详见 172 ～ 173 页）。

猫科动物研究技术

研究猫科动物非常困难。因为猫科动物通常数量稀少，天性怕人，往往生活在偏远荒凉的地方；而且它们都是躲避观察者的好手，要捕捉和监控它们更加不易，所以人们对许多猫科动物的了解甚少。研究人员和博物学家在野外经年累月地收集、积累信息，形成了数以千计的科学论文、报告和专著，本书就是在这些工作的基础上编写的。但是，这些信息是如何收集的呢？下面将介绍几种主要的猫科动物研究技术。

• 无线电跟踪研究

从 VHF 到 GPS

从 20 世纪 70 年代初开始，无线电跟踪研究已成为研究野生动物的主要手段。直到最近，这种技术还主要依靠 VHF（甚高频）信号。研究人员使用接收机和指向性天线，探测安装在动物身上的无线电颈圈发射出的信号，从而确定动物的位置。无线电跟踪研究要求发射装置（目标动物佩戴）和接收机（研

究人员所持）之间没有遮挡。距离、密林、山区地形甚至雷电，都会影响信号的接收。针对日常活动范围大的动物通常接收不到信号，而且这类动物的大部分活动区域人类根本无法到达。上述因素都会影响对猫科动物的定位，从而影响数据质量。

VHF 无线电跟踪研究正逐渐被 GPS（全球定位系统）颈圈取代，后者采用的技术跟汽车导航一样，只要能接收到 GPS 信号，颈圈就会根据研究人员的设定，持续记录自己的位置。数据可以存储在颈圈里，也可以通过卫星或者蜂窝通讯网络（取决于有没有信号）远程传输给研究人员。相比 VHF 无线电跟踪研究，GPS 遥测优势巨大，它可以准确地记录成百上千个精确的位置数据，并将数据从野外发送到全球任何一个角落的电脑或手机上。GPS 遥测回收的数据更多，因此结果更有意义；同时，GPS 颈圈足够小，可以用于所有猫科动物的研究。但其主要缺点是价格昂贵，GPS 颈圈的价格是 VHF 颈圈的 5～10 倍，而且野外故障率较高。每位给猫科动物戴过 GPS 颈圈的研究人员，都体会过颈圈未能如期工作的沮丧。

在猫科动物空间生态学上的应用

遥测技术是研究猫科动物空间生态学的主要手段。遥测所得的定位数据可以用来计算一只野外猫科动物生存所需的空间范围：家域范围（如果某种猫科动物会积极驱赶同类的话，也可称为领域）以及它们如何使用家域，比如，猫科动物是否偏好某些栖息地或生境，用于特定活动（如育幼）。如

果监控的个体足够多（样本量足够大），还可以进一步研究其社会和种群生态学，如同种的猫科动物如何共存、猫科动物种群如何变化等。

结合直接观察和证据收集，遥测技术还能为研究猫科动物的其他行为（包括育幼和繁殖）提供大量辅助数据。例如，在塞伦盖蒂能够直接观察的地方，针对佩戴了颈圈且不怕车辆的猎豹，研究人员可以获得其捕猎和育幼等行为的第一手资料。即使无法直接观察到佩戴颈圈的猫科动物，GPS 遥测也能提供相同的信息：研究人员可以找出猫科动物聚集的定位点，在动物离开后检查它们捕猎或休息的地方。

遥测技术最大的问题是需要捕捉猫科动物，这不仅难度大，花费不菲，而且可能会伤害动物。有时还需要考虑颈圈是否会让动物觉得不舒服，这通常发生在有游客出没的国家公园内，而且主要是佩戴不当引起的。长期监测表明，只要尺寸得当（最重要的是要尽可能轻便），颈圈不会影响动物的生存、活动或繁殖。"自动脱落"技术也避免了摘

↑图中展示的是阿根廷安第斯山脉中一只佩戴无线电颈圈的安第斯山猫。这是少数几种从未戴过颈圈的猫科动物之一。如果颈圈尺寸小、重量轻又佩戴恰当，猫科动物可以完全忽略它们

除颈圈时重新捕捉目标动物。无线电跟踪研究将一直是研究猫科动物的重要手段，特别是对于那些从未被系统研究过的物种。

不过需要注意的是，遥测技术并非总是最合适的，干扰更小的技术进步也为研究工作提供了非常有用的替代方法。如接下来介绍的技术。

• 红外（自动）相机

红外（自动）相机（以下简称"红外相机"）是目前研究野生猫科动物（以及许多其他物种）最常用的技术。红外相机通过运动感应传感器来触发相机拍照，只要有动物经过，就会自动拍摄照片。这种技术可以用于研究许多难以观察和捕捉的物种。

红外相机能提供多种类型的数据，简单的调查就能更新猫科动物的分布和种群现状。利用红外相机，研究人员最近发现了很多物种的分布新记录；同时也遗憾地发现很多物种消失了。比如在历史分布区重复开展红外相机调查，如果没有发现目标物种的任何证据，那该物种就很可能是局部灭绝了。虎在柬埔寨、老挝和越南的消失就是典型的不幸案例。

通过按照特定的规律部署几十或数百台相机开展调查，科学家还可以估算猫科动物种群的数量。这种方法的可行性取决于能否从照片中识别出猫科动物的个体。幸运的是，每只猫科动物个体身上的斑点、斑块、条纹图案各不相同，就像人类的指纹一样具有唯一性。只要有足够多的照片，就可以使

用标记重捕统计模型，利用被拍摄到的独特个体（"标记"）的数量与每只个体被拍摄的频次（"重捕"）的关系，来估计研究区域内目标物种的种群密度。

但是这种技术有一定局限性，比如调查区域必须足够广阔、调查时间必须足够长，才能使目标种群的取样数据具有代表性，确保结果的准确性。当然，研究时也不需要拍摄到种群里的每一只个体。最近开发的分析模型，甚至可以估算没有独特斑点或花纹的猫科动物（如狮和美洲狮）的种群密度。本书提及的种群密度，大多是基于红外相机的调查结果。如果没有红外相机，本书中很多照片根本拍不到。

在同一区域重复开展红外相机调查，则可以通过密度估计或占域模型技术来有效地监测猫科动物种群的变化。占域分析可以利用红外相机数据（或者观察、痕迹等任何数据），估算目标物种在大面积调查区域中出现和缺失的比例。运用了强大统计技术的占域模型，弥补了调查时的一种缺陷——目标物种实际上出现了，但调查过程中没有被观察到——而且这种技术不需要识别个体。跟监测种群密度的变化一样，对同一区域重复开展红外相机调查，可以探测占域率的变化。占域率下降，可能表示目标种群面临的威胁增加，需要加强保护。

• 分子分析技术

研究猫科动物的生物学家习惯于收集它们的粪便，以便搞清楚它们吃了什么。猫科

动物粪便里含有未能消化的猎物残骸，如毛发、羽毛、鳞片或爪等。在显微镜下将这些残骸与参照样本对比，通常能鉴定其食物来源。本书提到的食性信息，很多是通过研究粪便获得的。对于我们知之甚少、缺乏研究的物种更是如此，研究人员很可能最多只能遇到它们的粪便。

直到不久前，研究人员拿到一坨陈旧粪便，最多只能提取出食性信息。而分子生物学技术的发展，为研究开创了新的局面：分子粪便学可以鉴定物种，识别个体并确定性别。因为每粒粪便上都有肠道黏膜上脱落的细胞，如果粪便足够新鲜或保存足够良好（比如在特别干燥、日照充足的环境下），就可以提取其上的DNA以鉴定物种。

跟红外相机方法类似，这时粪便相当于红外相机拍摄的照片，应用同样的标记重捕分析法，研究人员甚至可以仅凭粪便估算猫科动物的种群数量和密度。跟从组织、皮毛或血液中提取的DNA一样，粪便DNA可以用来分析不同种群的相互关系及其系统发育关系。2013年，研究人员在美洲狮分布区大规模取样，获得了601份粪便样品。分析结果显示，美洲狮可分为北美、中美、南美三个独特的地理种群。

分子分析技术的发展愈渐成熟、强大，用来鉴定物种和识别个体不过是小试牛刀。粪便里的猎物残骸也可以用相同的分子方法鉴定，在显微镜下对比毛发样品的方法正逐渐被取代。研究人员甚至已经能够从粪便中提取出肠道寄生虫的DNA。在不久的将来，分子粪便学将能提供生物体全方位的基因档案：物种、性别、确定个体、吃了什么、是否有寄生虫，甚至包括近期感染了什么细菌和病毒等。运用粪便研究猫科动物，对研究人员来说有着特别的吸引力，因为这种方法不需要捕捉动物活体。

此外，人们还经常从被捕捉或被杀死的动物身上获取组织和血液样品来做相同的分析。毛发样品也有类似的优点，至少可以鉴定物种和识别个体。毛发陷阱通常是粘板、刺丝或钢丝刷，猫科动物蹭过时会留下一小块皮毛。不过，引诱动物去蹭毛的陷阱设置非常困难。理想的情况是可以在猫科动物留下痕迹的地方采集DNA。最近苏门答腊岛的研究人员证实，从老虎在草丛里标记领域的尿迹中可以提取DNA。

↓乌干达的基巴莱国家公园（Kibale National Park）内，研究人员戴维·米尔斯正在安装红外相机，研究鲜为人知的非洲金猫。有效的红外相机调查，要能预见猫科动物从哪里经过。在研究区域中不加选择地安放相机，肯定所获无几

非洲大草原上的狮群

9 ～ 10 厘米

《濒危野生动植物物种国际贸易公约》附录 II

IUCN红色名录（2008年）：易危

种群趋势：下降

体　长：68.5 ～ 84 厘米
尾　长：32 ～ 35 厘米
体　重：6.5 ～ 9 千克

荒漠猫

中文别名：草猫、漠猫

英 文 名：Chinese Mountain Cat

英文别名：Chinese Steppe Cat，Chinese Desert Cat

拉丁学名：*Felis bieti*（Milne-Edwards，1892 年）

• 演化和分类

　　荒漠猫与野猫关系密切，基于 2007 年的一个小样本的遗传分析，荒漠猫被重新归类为野猫的一个亚种：*Felis silvestris bieti*。然而这个分类仍存在争议，需要进一步分析验证。有传闻称荒漠猫还会与家猫杂交[1]。

---

1. 译者注：根据近年来针对野生荒漠猫及其同域家猫的遗传学研究结果，目前在荒漠猫分布区的家猫中广泛检测到荒漠猫的基因渗入。

• 描述

荒漠猫体型比家猫大，四肢略长。冬季毛色为淡黄灰色；夏季毛色变深，呈黄褐色或灰褐色，腹部为淡棕色或黄白色。它被当地人称为"草猫"，就是因为它的毛色黯淡无光，如枯草一般。荒漠猫的体貌特征并不明显，除了浅黑色的脊中线外，四肢、体侧和颈背常有浅色条纹和斑点，夏季毛短时尤为明显。尾巴的毛浓密，有 3 ～ 6 个明显的黑环，尖部通常为黑色，个别个体的尾尖为白色。脸颊和额头处有淡棕色的条纹，耳尖处有一簇短毛，长度在 2 ～ 2.5 厘米。

相似种： 最相近的物种是野猫，或者体型较大的家猫。在使用望远镜远距离观察时，它的外形和狞猁很像，是健壮的沙色或姜黄色的小兽。荒漠猫的分布范围和兔狲有

部分重合，而当地人称兔狲为"山猫"（或类似的称呼），这可能会误导研究人员。

• 分布和栖息地

已知的荒漠猫种群仅分布在中国的青海省、四川省和甘肃省，位于青藏高原崎岖的东北部边缘。中国其他地区的记录不明，大

↑一只荒漠猫正竖耳聆听浅雪中的啮齿动物行踪并伺机捕食。猫科动物不冬眠，即使在寒冷的冬天，它们也依然会继续觅食

←荒漠猫是野生猫科动物中最少被拍到的物种之一。这张成年荒漠猫的照片摄于中国青海省偏远的年保玉则山区

↑和所有猫科动物一样，荒漠猫的气味腺体集中在嘴巴周围和脸颊上。荒漠猫通过摩擦脸颊散发出自己的独有气味。气味是它们用来判断潜在伴侣和对手的信号

2. 译者注：2016～2017年，研究人员在四川省新龙县海拔约4000米的山区森林里利用红外相机拍摄到了荒漠猫。

多数记录源于市场上的皮毛交易。荒漠猫栖息在海拔2500～5000米的高山草原、草甸、灌木丛和森林边缘。它们也可能出现在山地森林和沙漠，但还未被证实[2]。

• 食性

至今为止，研究人员几乎从未在野外研究过荒漠猫。仅有的一份食性研究显示，小型啮齿动物和兔类，如田鼠、鼹鼠、仓鼠和鼠兔等，构成了荒漠猫90%的食物来源。喜马拉雅旱獭、高原兔和托氏兔在荒漠猫的活动范围内也很常见，大概也是它们重要的食物来源。包括鸠鸽、雉鹑和其他雉类在内的鸟类也是荒漠猫的猎物之一，尤其在冬天，它们甚至可能会袭击家禽。据报道，荒漠猫可以听到藏在地下3～5厘米深的鼢鼠的动静，并迅速把它们挖出来。在冬天，同样的技巧也适用于捕捉活跃在雪下隧道的小型啮齿动物。据观察，荒漠猫主要在夜间和黄昏活动。

• 社会习性

荒漠猫很可能是独居动物，但很少有人能够明确这一点。鉴于它们偏好的栖息地多为开阔的空间，避难需求也许是决定其空间格局的关键因素。它们会在石穴里、树根下、茂密的灌木丛中或旱獭和獾的洞穴中休息。目前还没有关于荒漠猫家域面积和密度的信息。

• 繁殖和种群统计

少数记录显示荒漠猫是季节性繁殖的动物，繁殖期在寒冷的冬季。雌性荒漠猫经常被观察到在1～3月与雄性共同活动，这段时间可能是它们的繁殖期，5月前后会有2～4只幼崽出生。幼崽在七八个月大的时候就可以独立活动了。

死亡率：目前没有自然死亡记录。其天敌可能有狼、金雕、家犬等。

寿命：未知。

• 现状和威胁

由于荒漠猫的分布范围非常局限，自然密度也很低。它们多被牧民猎杀，皮毛被制成帽子一类的传统服饰，或做成小的靠垫罩等。它们很容易因误食投放在洞穴外或栖息地的毒饵而死。尽管皮毛交易多限于国内，但随着猎杀范围的扩大和频率的增加，皮毛市场和村庄里的交易也越来越常见。因为牧民认为小型啮齿类动物会和家畜抢食牧草，所以在当地牧区普遍存在大规模毒杀啮齿类和兔类动物的现象。虽然20世纪70年代后期青海省已经明令禁止大规模毒鼠行为，但在小范围地区内一直持续着毒药灭鼠活动。毒药的使用已对荒漠猫的生存造成严重威胁，一方面减少了它们的食物数量，另一方面也可能造成它们二次中毒。此外，皮毛猎人也会故意下毒猎杀荒漠猫。

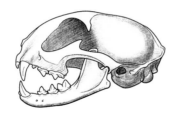

8 ～ 11.2 厘米

《濒危野生动植物物种国际贸易公约》附录 II

IUCN红色名录（2015年）：

○ 无危

● 欧洲野猫：易危，在苏格兰属于极危物种

种群趋势：下降

体　长：♀ 40.6 ～ 64 厘米，♂ 44 ～ 75 厘米

尾　长：21.5 ～ 37.5 厘米

体　重：♀ 2 ～ 5.8 千克，♂ 2 ～ 7.7 千克

野猫

英 文 名：Wildcat

拉丁学名：*Felis silvestris*（Schreber，1777 年）

亚洲野猫

欧洲野猫

非洲野猫

• 演化和分类

野猫属于猫属支系，和荒漠猫的关系非常密切，甚至比沙猫更近（250万年前沙猫与野猫拥有共同的祖先），有些学者把荒漠猫归为野猫的一个亚种。关于野猫的分类和种系演化有很多争议，它甚至被分出19个亚种。

基于形态特征和遗传学差异，其中最广为人知并受到普遍认可的亚种是欧洲野猫（*F. s. silvestris*）、非洲野猫（*F. s. lybica*）和亚洲野猫（*F. s. ornate*，有时也被称为印度漠猫或草原斑猫）。

有些亚种已被当成完全独立的物种，有证据表明，欧洲野猫可以独立出来成为一个新种（*F. silvestris*）。如果按照这种分类方式，亚洲野猫和非洲野猫会被归为同一个种

↑ 独特的深色耳毛，有助于人们辨认出图中这只野猫为亚洲野猫。其他地区野猫的耳毛颜色基本未知

熟悉的家猫

非洲野猫是现代家猫的祖先。9000～10 000年前，新月沃地兴起了农业。可能是因为田野和谷仓附近啮齿类动物的数量剧增，野猫因此出现在人类的居住地；也有可能是人类发现猫科动物在控制鼠害上的作用，刻意培养出野猫的这种"自我驯化"，导致家猫开始出现。

现在，家猫和野猫在生物学上仍属于同一个种，两者也经常杂交、繁殖后代，它们之间的遗传差异很小。但家猫的基因特征略微不同，所以经常有学者认为家猫可以成为一个新亚种（*F. s. catus*）。而一些学者则认为由于家猫长期与人类一起生活，所以它们应该算作独立的物种（*F. catus*）。

家猫是一种种群发展非常成功的动物。在全球范围内，至少有5亿只猫作为宠物被人饲养；除此之外可能还有相同数量的家猫，部分或完全不依赖人类，独自生活。

除了与野猫杂交，家猫对生态的影响也很大，主要体现在家猫作为捕食者所具备的高效捕猎及极强的适应力。在美国本土，家猫每年会杀死大约24亿只鸟类和123亿只小型哺乳动物。虽然这些捕杀大部分是流浪猫造成的（69%鸟类和89%小型哺乳动物），但活跃在外的宠物猫造成的"杀戮"也不少。在其他捕食者通常很难适应的岛屿类野生环境中，这种影响更为极端，至今为止，流浪猫已造成33种包括哺乳类、鸟类和爬行类动物在内的物种灭绝。

（*F. lybica*），其中亚洲的亚种（*F. l. ornata*）栖息于亚洲大部分地区；非洲和中东地区的种群被一分为二：撒哈拉以南非洲的亚种（*F. l. cafra*）和中东甚至可能包括北非地区（研究中缺少遗传学样本）的亚种（*F. l. lybica*）。

在约 9000 年前的新月沃地，家猫从野猫中分离出来。在生物学上它们属于同一物种，家猫出现在野猫的分布区内，并与它们的野生亲戚杂交，从而使该种的分类更加复杂。

● 描述

野猫和家猫长得很像。通常情况下，野猫的体型更大，腿更长，也更为强壮。但是在偏远地区，流浪的家猫或是生活在乡村的家猫，就很难和野猫区分开来了。

根据形态学特征，野猫主要分为 3 个亚种，形态差异表现在亚种的外形特征上，不同族群和过渡群也有很大的差异。

欧洲野猫看起来像是更为强壮的条纹虎斑猫，皮毛浅色至深灰褐色，尾巴毛茸茸的，还有标志性的白色脸颊和胸部。

亚洲野猫的皮毛为浅黄褐色至黄褐色，身上有大量深褐色至黑色的斑点，是所有亚种中最为"斑驳"的。亚洲野猫大多都有细小深色的耳毛，这在其他亚种身上很少见到。

非洲野猫的皮毛为灰色或黄褐色，身上通常伴有模糊的斑点或斑纹。生活在撒哈拉以南地区的非洲野猫，耳背呈颜色鲜明的砖红色，这让它们明显区别于家猫。

所有亚种的尾巴上都有条纹且尾尖呈深色，腿的上部覆有条纹。大多数生活在撒哈拉以南地区的非洲野猫，前腿上的条纹就像是独特的黑色"臂章"。

那些皮毛为杂色、姜黄色或黑色的变种，都是野猫和家猫杂交的后代。

相似种：除了家猫外，野猫和荒漠猫也很像。荒漠猫没有亚洲野猫那招牌式的斑点，但如果与斑点较浅的亚洲野猫相比，二者就很难被区分开来。荒漠猫几乎只分布在中国青藏高原的东北角。更大型的丛林猫在亚洲中部至印度地区与野猫同域分布，但这些区域的野猫通常斑点更重，而且没有丛林猫标志性的白色口鼻和短尾。

↓这是一只正在雪地中行走的欧洲野猫。野猫生活在欧亚大陆温带地区的雪线之上，但不出现在常年积雪的地区（下图为圈养条件下拍摄的照片，下文以"C"作为标识）

• 分布和栖息地

野猫广泛分布在欧亚大陆和非洲的大部分地区，足迹遍布苏格兰和欧洲大陆西部——从西班牙、法国、德国到欧洲东部的白俄罗斯、黑海南岸和高加索地区。

在非洲，野猫的分布横跨非洲大陆，但在西非和中非雨林及撒哈拉沙漠的内陆地区，还没有发现它们的踪迹。另外除了阿拉伯半岛，它们遍布整个中东地区。

野猫在亚洲中部和西南部广泛分布，从里海东岸的伊朗到哈萨克斯坦南部，向东南延伸至印度中部，向东则到达中国中部和蒙古南部。野猫分布区的东界为青藏高原北缘和蒙古的阿尔泰山脉。中国的塔克拉玛干沙漠内陆地区也没有发现野猫的痕迹。

野猫的栖息地类型多种多样。除了潮湿茂密的森林及开阔的沙漠腹地，野猫几乎出没于从海平面到海拔 3000 米之间所有类型的栖息地。它们会避开非常开阔的地带、裸露的海岸、高海拔少植被以及积雪很深或长时间积雪的地区。只要有遮挡，野猫很容易占据人为改造后的栖息地，包括砍伐后的森林、农田、牧场和农场，但它们通常会远离缺少植被等隐蔽条件的农耕地区。

• 食性

野猫通常以小型啮齿类动物为主，如果兔子的相对丰度够高的话，也会捕食兔子。大多数野猫都可以接触到数量充足的啮齿类动物，所以在它们的猎物中最常见的物种是老鼠、田鼠、仓鼠、沙鼠和跳鼠等。不过，在兔类数量充足或啮齿类数量稀少的地方，野

↓ 南非的卡拉哈里南部，非洲野猫正在捕食啮齿动物。在不受人类侵扰和捕杀的地区，野猫更喜欢在白天狩猎

兔是野猫的主要食物来源。

在苏格兰东部，兔类（主要是欧洲兔）在野猫猎物中所占的比重高达 70%。春季和夏季，幼兔是野猫的主要猎物，因为冬季时成年兔易患兔黏液瘤病（这种疾病不会传染给野猫），这可能增加了它们被捕食的死亡率。在西班牙也一样，欧洲兔是野猫在地中海低海拔地区的主要猎物，在没有兔类动物生存的地中海高山地区，野猫主要捕食小型啮齿类动物。

有些非常小的有蹄类动物或其幼崽有时也会出现在野猫的食谱中，如北山羊、臆羚、狍子、马鹿、野猪、麂羚和瞪羚等，这些记录大多可能是因为野猫吃了它们的腐肉。此

外还有记录显示，野猫有时还会捕食小型食肉动物，包括小斑獴、细尾獴、石貂、林鼬和伶鼬等。偶尔还记录到同类相食的情况。

除了啮齿动物和兔类外，鸟类是野猫最重要的猎物，尤其是那些会在地面觅食的鸟类，比如鸠鸽、山鹑、沙鸡、珍珠鸡、鹌鹑、麻雀和织巢鸟等。有记录显示，生活在沼泽湿地的野猫还会捕食多种水鸟，包括骨顶鸡、秧鸡和雁鸭，在黑海沿岸还有野猫摄食白尾海雕的记录（也很可能是本来已死的个体）。

野猫也随机捕食各种各样的爬行动物，主要是小型蜥蜴和蛇，有记录证明野猫也吃大型毒蛇（如蝰蛇、鼓腹蝰蛇和眼镜蛇）。此外，野猫的食谱中还有两栖动物、鱼类和无

脊椎动物。

野猫一有机会便会捕杀家禽，虽然少见但也会杀死刚出生不到六七天的山羊和绵羊的羊羔。如果条件允许，它们每天都会喝水，但是它们也经常出现在远离水源的卡拉哈里沙漠、纳米布沙漠和撒哈拉沙漠中，这意味着它们可以独立生存而不受固定水源的影响。

虽然野猫通常在地面上捕猎，但它们很擅长攀爬和游泳。不管是在较低的树枝上或是高大的灌木丛中，在浅水或是被水淹没的植被中，它们都可以无所顾忌地追逐猎物。

野猫主要在夜间和黄昏活动，但根据地区、季节、竞争者、捕食者或人类影响等因素的变化，它们会灵活调整活动模式。例如在寒冷干燥的季节，卡拉哈里的野猫在早上和下午的早些时候相对活跃。

野猫利用绝佳的视觉和听觉来定位猎物，它们会在伏击范围内悄悄追踪猎物。当与猎物的距离足够近时，它们会突然出击——或是直接将其扑倒，或是骤然跳起到达 2 米的高度。当然，它们也会在适合伏击的地点耐心等待，如啮齿类动物的洞穴，以及在干旱栖息地有动物（尤其是鸟类）停留的水坑或人造水源，例如位于南非与博茨瓦纳边界的卡拉哈里大羚羊国家公园（Kgalagadi Transfrontier Park）和纳米比亚的埃托沙国家公园（Etosha National Park）。

关于野猫捕食成功率的数据仅来自卡拉哈里大羚羊国家公园的直接观察：在 46 个月的研究中共观察到 3676 次捕猎，其中有 2553 次（70%）成功。雌性野猫的成功率（87%）比雄性野猫（69%）更高，因为雄性野猫通常捕食大型猎物，成功率很低，而雌性野猫则能轻易捕获更多无脊椎动物。而在捕食它们最重要的猎物——小型啮齿动物时，二者的成功率相当。

人们在这个研究中还发现，狩猎中的野猫每晚平均移动 5.1 千米（变化范围 1～17.4 千米），平均捕获 13.7 只猎物，最多时一晚捕获的猎物数量可达 113 只（其中无脊椎动物占多数）。高加索地区的一只野猫胃里有 26 只老鼠，总重为 0.5 千克。野猫不介意吃腐肉，包括已死的家畜，它们有时会通过用沙子、土壤或落叶掩埋的方式来储存较大猎物的尸体。

· 社会习性

在西欧地区和南非地区对野猫的研究比较深入，而在亚洲的研究最少。野猫属于独

↓图为卡拉哈里南部的一只雌性非洲野猫及其幼崽。偏远的卡拉哈里使野猫和野生家猫之间产生了生殖隔离

居物种，极具领域意识，显著的特征是会用尿和粪便来标记自己的领域。但在不同的栖息地，野猫对于领域的防御程度也有不同。家域面积的差异较大，一般情况下为典型的猫科动物模式，即雄性野猫个体的家域会和多只雌性野猫的家域重合。但在某些种群中，雌性和雄性的家域差异并不大。

举例一些野猫家域面积的研究结果：1.7～2.75 平方千米（雌性）～13.7 平方千米（单只雄性，葡萄牙）；1.75 平方千米（雌雄两性家域的平均值，苏格兰东部兔子数量充足的地区）；3.5 平方千米（雌性的平均值）～7.7 平方千米（雄性的平均值，南非卡拉哈里南部）；8～10 平方千米（雌雄两性，苏格兰西部猎物稀少的地区）；11.7 平方千米（雌雄两性家域的平均值，沙特阿拉伯）；51.2 平方千米（单只雌性，阿联酋）。

此外，通过精确的方法计算得出的野猫的密度值居然惊人的相似，这可能是因为数据仅来自中至高密度的种群。如：25 只 / 百平方千米（南非，卡拉哈里）；28 只 / 百平方千米（意大利埃特纳火山）；29 只 / 百平方千米（瑞士汝拉山脉）；29 只 / 百平方千米（苏格兰东部）。

• 繁殖和种群统计

在季节性极强的地区如撒哈拉沙漠和欧洲大部分地区，野猫进行季节性繁殖：冬季至初春交配，春季至初夏分娩。在其他地方，比如东非和南非，一年到头可能都会有幼崽出生，但繁殖高峰通常出现在雨季期间或之后，与其猎物的繁殖高峰重合。

雌性野猫一年可以生多胎。卡拉哈里沙漠中以啮齿动物为食的雌性野猫，当啮齿动物的种群爆发时，它们一年最多可以生 4 胎。妊娠期通常在 56～68 天，每胎一般有 2～4 只幼崽，极其偶尔的情况可以达到 8 只。2～4 个月断奶，2～10 个月就可以独立觅食了。雌性和雄性野猫都在 9～12 个月时性成熟。通过观察，独立的幼崽还会回到幼时的巢穴，与弟弟妹妹、母亲玩耍（卡拉哈里沙漠）。

死亡率： 在大部分地区，关于野猫死亡率的记录都很少。在研究的种群中，野猫的死亡多是人为因素造成的。比如在苏格兰的两个种群，42%～83% 的已知死亡都是人为的，大部分是被射杀，落入陷阱或是被车轧死。目前已知的天敌包括大型猫科动物、大型猛禽、赤狐（捕杀幼崽）、蜜獾（捕杀幼崽）和家犬。在北半球的严冬，很多幼崽和亚成体野猫由于饥饿导致存活率极低。

寿命： 野生野猫寿命最长为 11 年，被圈

↑图中的两只雄性野猫正在领域上对峙。野猫的邻里冲突是惯例，对手通常会避免将冲突升级为激烈的攻击，但争斗偶尔也会造成严重的伤害

→在北非干旱的栖息地，掩蔽所至关重要，非洲野猫经常与苍狐共享沙地洞穴，显然二者可以和平共处

养的野猫寿命可达 19 年。

• 现状和威胁

野猫分布广泛，是常见的猫科动物，可与人类共存。在某些地区，野猫会因人类的栖息地而受益，如在非洲热带稀树草原的大部分地区，农耕区提高了啮齿动物的种群数量。

然而，野猫种群最主要的威胁也来自与人类的相处——野猫会与家猫杂交。在靠近城市或乡村的野猫种群中，与家猫的杂交最为常见，如在苏格兰和匈牙利，可能很快就没有纯种的野猫了。不能和家猫杂交的偏

远种群可能情况会相对好一些，比如在卡拉哈里大羚羊国家公园生活的野猫，基因依然纯正。

除了杂交外，其他人为威胁也导致野猫种群数量显著减少，分布范围大幅缩小。比如在西欧大部分地区，人们为了控制食肉动物种群而进行的猎杀，还有野猫栖息地的丧失，都曾非常普遍。同样的，在印度的野猫由于栖息地被改造和破坏而导致种群数量下降。在亚洲地区，亚洲野猫曾因其斑点皮毛而被大量捕杀。虽然目前国际交易相对较少，但在中国仍有人因皮毛捕杀野猫。此外，在中国的野猫分布区内还有对啮齿动物和鼠兔的毒杀，其造成的结果尚未可知。

7.2 ～ 8.7 厘米

《濒危野生动植物物种国际贸易公约》附录 II

IUCN红色名录（2008年）：易危

种群趋势：下降

体　长：♀ 35.3 ～ 41.5 厘米，♂ 36.7 ～ 52 厘米

尾　长：12 ～ 20 厘米

体　重：♀ 1 ～ 1.6 千克，♂ 1.5 ～ 2.45 千克

黑足猫

中文别名： 小斑猫

英 文 名： Blackfooted cat

英文别名： Small-spotted Cat

拉丁学名： *Felis nigripes*（Burchell，1824 年）

浅色型

深色型

→有些猛禽会在小型食肉动物捕食时尾随其后，在捕食者发起攻击之前冲下来把惊起的猎物叼走。人们发现南非的沼泽耳鸮和黑足猫之间就存在这种捕食者间的竞争关系，但是只有沼泽耳鸮能从这种关系中受益

↓南非本方丹自然保护区（Benfontein Nature Reserve）内，一只成年黑足猫在典型的高草栖息地中捕猎

• 演化和分类

黑足猫属于猫属支系。尽管相关数据不足，但普遍认为沙猫是与黑足猫血缘关系最近的物种。

黑足猫常被分为两个亚种：仅分布于南非东开普省地区的博茨瓦纳亚种（*F. n. thomasi*），以及广泛分布于其他分布区的指名亚种（*F. n. nigripes*）。区分两个亚种主要依据渐变的毛色和体型的差异（详见"描述"），但未经遗传学分析证实。

• 描述

身为世界上体型最小的两种猫科动物之一，黑足猫有着更为矮壮敦实的身体和相对较短的四肢，平均而言体型略大于锈斑豹猫，雄性黑足猫也略重于雄性锈斑豹猫。

黑足猫的毛色由浅黄褐色至浅黄色都有，而且从北到南的不同个体，毛色会逐渐由浅色过渡到深色。南方个体（*F. n. thomasi*）颜色更鲜艳，拥有醒目的黑色斑点和斑块；而北方个体（*F. n. nigripes*）颜色更浅，斑点为咖啡棕色至锈红色。这种毛色差异只在黑足猫分布区的两端较为明显，而在南非金伯利地区的种群兼具两种毛色特征，因此不存在上述差异。

此外，所有黑足猫的上胸处和四肢上部都分别有大块黑斑形成的轭状斑纹和环纹。黑足猫四足的足底均为黑色，因而得名。

相似种：野猫的后足底部有黑毛，分布范围也与黑足猫的整个分布范围重合，如果不仔细观察很容易将二者混淆。不过野猫体型更大，毛色单一，身体上无明显斑纹。薮猫的毛色和斑纹均与黑足猫相似，但薮猫的体型要大得多，且拥有修长的身形和四肢，还有非常大的耳朵。

• 分布和栖息地

黑足猫是非洲南部地区的特有物种，主要分布在南非、纳米比亚和博茨瓦纳（在博茨瓦纳的大部分理论分布范围内均缺乏近期记录）。在津巴布韦的西北边缘区及其靠近南非边境的南部地区都有黑足猫的分布记录；而在纳米比亚的边界也曾有过黑足猫的记录，人们由此推断，它们可能在安哥拉的东南边缘区也有分布。在莱索托、莫桑比克或斯威士兰至今还未有分布记录。

黑足猫极为适应干旱、开阔并有一定隐蔽物的栖息地，尤其喜好短草稀树草原、南非干旱灌丛、树木稀疏的开阔稀树草原和有草木覆盖的半沙漠地区。利用白蚁巢或其他生物留下的巢作为栖身之所是其生存的关键；在南非中部地区的一项研究记录中，98%的黑足猫居于跳兔的洞穴内。在缺乏类似庇护所的栖息地里难寻黑足猫的踪影，它们不会在开阔干旱的卡拉哈里沙漠，以及以沙石平原为主、缺乏适当植被和巢穴遮蔽的纳米布沙漠生活。黑足猫也会出现在畜牧区等受人类活动影响的地区，但是无法生活在农场和种植园等经过大规模改造的地区。

从海平面至海拔约2000米的地区，都曾记录到黑足猫。

• 食性

黑足猫是十分活跃的机会主义猎手，主要捕食非常小型的哺乳动物和在地面觅食的小型鸟类。在南非中部地区的本方丹自然保护区内进行的唯一一项针对黑足猫的深入研究中，各类鼩鼱、鼠和沙鼠构成了1725项黑足猫捕食记录中猎物总数的73%和全部摄食量的54%。其次是鸟类，占黑足猫猎物总数的16%和摄食量的26%。共有21种鸟类和鸟蛋被黑足猫捕食，主要包括各类百灵、扇尾莺、走鸻和三趾鹑等，其中体型最大的是白翅黑鸨（体重约0.7千克）。黑足猫经常凭借高超的跳跃能力（最高可达1.4米）捕获飞行中的鸟类。

黑足猫可以捕食接近自身重量的猎物，比如草兔（1.5千克）和年幼的红兔（1.6千克），后者是现有记录中黑足猫捕食过的体型最大的猎物。有人曾观察到雄性黑足猫试图攻击卧倒休息的新生跳羚幼崽（约3千克），但跳羚幼崽只需站起来便可抵御攻击。黑足猫偶尔还会捕食细尾獴、笔尾獴和南非地松鼠。常见的猎物还包括爬行动物、两栖动物和无脊椎动物（尤其是白蚁、蝗虫等），但它们在黑足猫的猎物总量中占比很低，比如在本方丹自然保护区的研究中只占

↓黑足猫栖息地的地形和结构变化较少。白蚁丘下的洞穴，通常是由土豚或跳兔挖掘出来的，可以作为基本的庇护所，避免被捕杀或遭受气候的影响

↑图为一只正在舔自己爪子的黑足猫。通过图片可以看出黑足猫的脚底（从踝部到爪子）的毛是黑色的。当它们在逃跑时，即使我们在后面匆匆一瞥，也能看到这个明显的特征

摄食量的 2%。

尽管黑足猫能够轻而易举地捕食家禽，但是并没有相关的记录，这可能是因为黑足猫刻意回避人类聚居地，而关于黑足猫曾捕杀山羊和绵羊的历史记录并不可靠。黑足猫的生存不需要靠近水源，但只要有水它们都会喝上两口。

黑足猫在夜间和晨昏时出没，基本只在地面觅食。在 –10℃ ～ 35℃ 温度范围内的各种天气情况下它们都是活跃的猎手，每晚要花 70% 左右的时间搜寻食物。黑足猫有三种独特的捕食技巧：在使用"快速捕猎法"时，它们在植物间快速且随机地跳进跳出，运气好的话可以把猎物（尤其是鸟类）从掩蔽处赶出来；而"慢速捕猎法"，则是悄无声息、谨慎小心地在遮蔽物周围潜行，利用绝佳的听力判断猎物的位置。除了这两种捕猎方式外，它们还会在啮齿动物的洞穴口静静

→猫眼里的反光膜是一层反光细胞，能将光线反射到视网膜上，即使光线很弱也能接收到光。图中这只黑足猫的眼睛正从反光膜中发出蓝色的光芒

埋伏，甚至可长达两个小时。

对于包括兔类动物在内的大多数猎物，黑足猫都是咬住其头部或颈部一招致命。而对付蛇，黑足猫会反复击打其头部，直到蛇头昏眼花、精疲力竭，最后咬住颈部使其毙命。黑足猫的捕猎成功率高达到 60%（本方丹自然保护区的研究数据），平均每晚捕获 10 ～ 14 只啮齿动物或鸟类，平均每次捕猎费时 50 分钟，每晚捕食猎物的总重量可以达到自身体重的 20%。黑足猫会将多余的食物贮存在土豚挖的浅坑里，或是空置的白蚁巢内。黑足猫也会捡食腐肉，例如跳羚的尸体。

• 社会习性

黑足猫是有领域意识的独居动物。雄性的家域面积比雌性大，通常与 1 ～ 4 只雌性的家域重合。同性黑足猫之间家域重合的面积通常是最小的，尤其是家域相邻的雄性之间。雌性家域重合的更多，共享的面积可高达 40%，可能是因为有亲缘关系的雌性更有可能比邻而居。

黑足猫主要通过尿液来标记领域边界，在交配季节，尿液标记的次数会急剧增加，雄性黑足猫一晚可排尿标记多达 585 次，同时发出响亮的叫声来寻找雌性配偶。雄性黑足猫会为了交配权而与其他雄性个体发生争斗。

雌性黑足猫的家域面积平均为 8.6 平方千米（最大为 12.1 平方千米），雄性的家域面积平均为 16.1 平方千米（最大为 20.2 平方千米）。黑足猫的分布密度不详，但在南非中部地区条件较好的栖息地里（本方丹自然保护区），平

均每 100 平方千米中分布着 16.7 只黑足猫。

● 繁殖和种群统计

在圈养环境中，黑足猫全年均可繁殖，在野外则是季节性繁殖。在雨水和猎物充足的南非，黑足猫的分娩通常发生在春季和夏季（9 月至次年 3 月），不会发生在寒冷以及猎物匮乏的冬季。野生雌性黑足猫通常一年产崽 1 次，但如果头次产崽失败的话，一年最多可产崽 2 次；曾有一只人工圈养的雌性黑足猫一年生产了 4 次。

雌性黑足猫每次的发情时间只持续 36 个小时，这可能是适应环境的结果，为了降低在野外交配时在天敌面前暴露自己的风险。妊娠期为 63 ～ 68 天，每次产 1 ～ 4 只幼崽，野生黑足猫通常产崽 2 只，而在圈养条件下黑足猫一次产崽 6 只的报道未经证实。

幼崽通常被安置在空心的白蚁巢或跳兔的洞穴中。两个月大时幼猫逐渐断奶，三四个月大时开始独立生活，不过通常会在出生地附近再待一段时间。圈养环境下，雌性和雄性黑足猫最早会分别在 7 个月大和 9 个月大时性成熟。

死亡率：情况不详。成年黑足猫及其幼崽的天敌包括黑背胡狼、狞猫、家犬和雕鸮等。曾有记录记载，一只雄性黑足猫因洞穴坍塌死亡，另有一只幼崽在一场严重的冰雹中死亡。

寿命：野生黑足猫寿命约为 8 年，圈养环境下黑足猫的寿命可达 16 年。

↑ 一只雌性黑足猫正在啮齿动物的洞穴外耐心等候，这是一种省力的守株待兔式的捕猎策略

● 现状和威胁

黑足猫行踪隐秘，其现状难以评估。根据路杀记录以及除害和皮毛捕猎中的低死亡率等间接数据估计，黑足猫可能是罕见甚至稀有的。在其理论分布范围内的大片地区，包括卡拉哈里沙漠的绝大部分地区，都缺乏经证实的或近期的记录。目前所描述其分布范围的很大一部分地区内可能根本没有黑足猫出没。

黑足猫面临的主要威胁是农业和畜牧业向半干旱地区的扩张。过度放牧和农药的使用会对啮齿动物和昆虫的数量造成影响（昆虫的数量会影响鸟类的数量），农药还会导致黑足猫二次中毒。在南非和纳米比亚，不加区分地投毒、布设陷阱和用家犬来控制胡狼和狞猫数量的做法，也对黑足猫的生存构成了严重威胁。

8 ～ 9.5 厘米

《濒危野生动植物物种国际贸易公约》附录 Ⅱ
IUCN红色名录（2008年）：近危
种群趋势：未知

体　长：♀ 39 ～ 52 厘米，♂ 42 ～ 57 厘米
尾　长：23.2 ～ 51 厘米
体　重：♀ 1.35 ～ 3.1 千克，♂ 2 ～ 3.4 千克

沙猫

英 文 名：Sand cat

拉丁学名：*Felis margarita*（Loche，1858 年）

• 演化和分类

　　沙猫属于猫属支系，在进化谱系中与野猫和黑足猫的亲缘相近。沙猫曾因形态学特征（主要是听觉相关的头骨构造）而被归于兔狲属，但现代遗传学分析表明，沙猫应归于猫属。根据它们在地理分布上的不连续性，沙猫通常被粗分为四个亚种，但这种分类还缺少相关的遗传学证据。

• 描述

　　沙猫是小型猫，拥有醒目的浅色毛发、宽而平的头部以及非常大的耳朵。其毛发为浅沙色、浅灰色或者亮金砂色，在颈部、肩部及胁部常分布模糊的黑银相间的鞍状条纹。沙猫的躯干部分局部有纵向深色纹路或斑点，但通常不明显甚至不可见，只有少数个体能清楚看见。四肢上的花纹则较为显著，如前肢上部显著的黑色"臂章"，以及后肢上稍浅的纹理。

沙猫的尾巴有模糊的环纹，从前到后逐渐明显，直至尾尖全黑。分布于亚洲中部（以及其他有极端温度的栖息地）的沙猫有着长而厚的冬毛。沙猫的脚覆盖着深色的细密毛发，这也许是为了隔热，同时也有利于在松软的沙地上行走。

相似种： 野猫是沙猫的近亲，在二者分布的重合区域，如阿尔及利亚、尼日尔和阿拉伯半岛，毛色很浅、有模糊斑纹的野猫通常很难与沙猫区分开来。记住，沙猫的典型特征是巨大的耳朵和较短的腿，而且在快速行走时，沙猫是特有的起伏步态，而野猫是跳跃姿态。

• 分布和栖息地

沙猫的分布在地理上并不连续。独立的几个种群分别分布于亚洲中部（哈萨克斯坦南部到伊朗中部）、中东地区和阿拉伯半岛，以及北非的利比亚西部（但没有任何记录）。

2014 年，沙猫首次在乍得的里梅干河 – 阿希姆干河动物保护区被发现，这说明它们在北非的分布没有人们预计的那么分散。在埃及、以色列、也门和巴基斯坦，沙猫最近的记录要追溯到至少 10 年前，无法确认现在这四个国家是否仍有沙猫分布。沙猫行踪隐蔽，肉眼极难观察，因此目前也无法确定沙猫种群分布的空白区是由于确实没有分布，还是因为缺乏记录。目前在叙利亚和伊拉克仅分别在 2001 年和 2012 年有过确切的记录。

沙猫是沙漠生存的专家，可以在年降水量低于 20 毫米的沙漠中生存。沙猫主要栖息于植被稀疏的沙地或石质沙漠（戈壁）地带，以及长有灌丛的干旱草原。它们通常会避开以移动性沙丘为主、寸草不生的纯沙漠地带，也不会出现在植被茂密的峡谷和灌木丛林，如中亚地区由梭梭树形成的低矮"森林"。

沙猫能够生活在温度差异极大的地区，如夏天温度高达 45℃ 而冬天只有 –25℃ 的土库曼斯坦的卡拉库姆沙漠。

• 食性

沙猫以沙漠中的小型脊椎动物为食。由于其生存环境中的物种多样性较低，沙猫食谱上的物种种类比大多数猫科动物要少得多。但毋庸置疑的是，沙猫是非常成功的机会主义者和多面猎手。

它们的食谱以小型哺乳动物为主，尤其

↓ 一只披着浓密冬毛的圈养沙猫。这只沙猫体表有着不同寻常的明显条纹，这在该物种中较为罕见（C）

↑沙猫的足布满浓密的毛，在沙漠上行走时就像穿着雪地鞋，有利于在松软的沙子上蓄力，还能起到隔热的作用（C）

↓沙猫会用沙子埋藏猎物，这也许是为了应对在变幻莫测的沙漠环境中可能出现的食物短缺，不过人们对出现这种行为的具体原因还知之甚少

是刺毛鼠、沙鼠、跳鼠、地松鼠等，也吃仓鼠、托氏兔幼兔和草兔。鸟类和爬行动物也是其食谱中重要的组成部分，在啮齿动物的数量出现季节性波动的时期，其占比甚至超过哺乳动物。有记录表明，沙猫会捕食麻雀、云雀、松鸦、鸠鸽、山鹑和沙鸡等鸟类，在中亚地区偶尔还会观察到沙猫捕食啄木鸟。

很多蛇和蜥蜴都在沙猫的食谱上，如毒性很强的角蝰和沙蟒。无脊椎动物，如蝎子和蜘蛛等，也常常被沙猫捕食。有时沙猫会进入人类的居住地捕捉家禽，还曾有报道说它们会偷喝容器中剩下的骆驼奶。

沙猫的生存不需要靠近水源，但遇到水源时也会喝水；而且它们经常在水源地附近活动，因为猎物较多。在一年中天气最热的季节里，沙猫主要在夜间活动。偶尔的记录表明，在其他季节，沙猫的日间活动更为常见，尤其是冬天夜晚温度降至冰点以下的地区。

人们对沙猫的捕猎行为还知之甚少。但它们在对付毒蛇时，会靠一连串的动作快速击打蛇的头部，直到可以安全地咬住蛇的脖

子或头骨。沙猫可以快速地挖掘沙子以捕捉穴居猎物，它们还常用沙子掩埋储存的食物。沙猫是否食腐，现在仍然未知。

• 社会习性

人们对沙猫的了解仅限于从以色列和沙特阿拉伯得到的非常有限的遥测数据。它们营独居生活，可能拥有固定的家域，但成年沙猫之间是否有保卫领域的行为目前还未可知。沙猫捕猎时会长距离搜索猎物，有记录显示，它们一个夜晚的行走距离可达 10 千米。由于其栖息地内生产力较低、活动范围大，可以推断沙猫的家域面积较大、种群密度较低。

白天，沙猫躲在地穴或是暴露在地面上的灌木根系下休息，它们还会对这些地方进行挖掘加工。在以色列南部，有少量观察发现，雄性沙猫与其他雄性的活动范围会发生重合，一只雄性个体的活动范围可达 16 平方千米（可能更大）。唯一针对沙猫的种群密度估计也来源于同一项研究：在 375 平方千米的地域中，共捕获了 11 只沙猫——即每 100 平方千米大约分布了 3 只沙猫——但这可能低估了沙猫的密度，因为这一范围内的沙猫很有可能并未被全部抓住。

• 繁殖和种群统计

在圈养环境下，沙猫全年都可繁殖。但有限的野外研究信息表明，至少在某些分布区，野生沙猫是季节性繁殖的，鉴于其生活

环境的极端性，这种推断是合理的。

在撒哈拉地区以及中亚，沙猫在 11 月到次年的 2 月之间交配，幼崽则在次年 1 月至 4 月间出生。巴基斯坦曾在 10 月记录到一窝刚出生的小猫，这让人推测它们一年可能会繁殖两次，不过这更加表明了在某些地区，沙猫的繁殖是季节性的。

圈养条件下的沙猫孕期为 59 ～ 67 天，一般每胎产 2 ～ 4 只幼崽。但其实还可以更多，曾经有过一胎 8 只幼崽的圈养繁殖记录。小猫大约 5 周后断奶，4 个月大就可以独立生活了。圈养沙猫在 9 ～ 14 个月的时候性成熟。

死亡率： 几乎没有沙猫自然死亡的记录，它们在生存的环境里几乎没有天敌。尼日尔有记录发现两只非洲金狼[1]捕杀一只沙猫。大型猛禽，包括荒漠雕鸮、雕鸮以及金雕都是沙猫潜在的天敌，尤其是沙猫幼崽。在中亚地区漫长多雪的冬季，曾发生过沙猫种群骤减，主要是由于啮齿动物数量锐减导致沙猫的食物短缺。

寿命： 野外未知；圈养环境下可达 14 年。

● 现状和威胁

人们对沙猫的生存现状和所面临的威胁知之甚少。

该物种在其所有分布区域内的种群密度都很低，因此被认为十分稀有。干旱生态系统极易受到植被退化以及人类活动的影响，尤其是不断扩张的种植业和畜牧业。结群活动的流浪猫狗作为潜在竞争者、疾病传播者以及捕食者（特别是狗），也是沙猫潜在

←沙猫的猎物除了鸟类外，几乎都藏在洞里或居住于地下。沙猫能够快速挖掘以捕捉地下的猎物，如蝎子、蜘蛛、爬行动物和啮齿动物

的威胁（尽管其影响仍需要评估）。

沙猫有时会在绿洲和人类社区附近被捕捉胡狼和狐狸的兽夹夹住，也会因为捕食或仅仅被怀疑捕食家禽而遭受猎杀。沙猫所受到的局部地区的人类威胁在某种程度上也许可以得到平衡，因为它们所栖息的广大地区通常远离人烟。

荒漠化和持续干旱影响的范围很大，这也许会增加沙猫的栖息地，降低当地的人口密度，但这两个因素同样也会形成更多荒芜的流动沙丘——植物和猎物都会因此变得稀少，不利于沙猫的生存。

1. 译者注：原文中的 "Golden jackal" 常被翻译为亚洲胡狼或金豺，但现在已经被重新命名为 "African golden wolf"（非洲金狼）。

↓圈养状态下记录到沙猫一胎能产 8 只幼崽，这说明在优良的繁殖条件下，沙猫的幼崽数量会增加（C）

9.8 ～ 14 厘米

《濒危野生动植物物种国际贸易公约》附录 II
IUCN红色名录（2008年）：无危
种群趋势：下降

体　长：♀ 56 ～ 85 厘米，♂ 65 ～ 94 厘米
尾　长：20 ～ 31 厘米
体　重：♀ 2.6 ～ 9 千克　♂ 5 ～ 12.2 千克

丛林猫

中文别名：沼泽猫、苇猫
英 文 名：Jungle Cat
英文别名：Swamp Cat，Reed Cat
拉丁学名：*Felis chaus*（Schreber，1777 年）

深色型

浅色型

• 演化和分类

　　丛林猫因与猞猁长得很像，一度被认为是猞猁的近亲，但它无疑属于猫属支系。科学家认为丛林猫早在 300 万年前就从猫属支系分化出来，与其亲缘关系最近的可能是黑足猫，但支持这一说法的遗传学数据并不充分。基于表观差异，尤其是在种群内部与种群之间都存在多样的毛色差异，分类学家将丛林猫分出了六个亚种。但大多数亚种很可能都不准确，而能论证其亚种的现代分子生物学研究还未开展。

　　一些农村地区的家猫，比如印度与中南半岛的个体，通常与丛林猫极为相像，这增大了杂交的可能性（在圈养条件下已被证实）。在印度，至少有一例雄性丛林猫与雌性家猫生下幼崽的记录。

• 描述

丛林猫在猫属中体型最大，身形高瘦，腿长，短且带条纹的尾巴约占体长的1/3。基于对少量样本的研究，一般认为分布于西部与北部地区的丛林猫体型最大，以色列丛林猫的体重是印度丛林猫的1.43倍。

丛林猫相对紧凑的头部有一对大大的三角形耳朵，耳尖上有一簇短短的深色耳毛，有时耳毛不显；通常幼猫的耳毛比较明显。

丛林猫的毛色较为均匀，一般浅至深褐色，辅以灰色、金色或锈红色。它们的身上有模糊不清的斑点，但有些个体全无斑点；四肢的下端及尾巴有更为明显的深色斑块与条纹。幼猫的斑点通常更为明显，在其出生时清晰的黑色斑点覆盖全身，但在长大的过程中，这些黑斑会迅速消退。

丛林猫的面部有不明显的颊纹与前额纹，典型特征是具有独特的亮白色口鼻与下颌。温带地区的个体一般色彩更为鲜艳，且斑点更为明显：夏毛颜色多样，带深橘色到咖啡棕色调；而在其分布的最北边，则记录到披银灰色冬毛的个体。印度与巴基斯坦都有黑化个体的记录。

相似种： 从印度到土耳其，丛林猫与狞猫的分布区重合，二者都具有较高的身形、长腿和短尾等特征。狞猫耳尖上有非常明显的长耳毛，但没有丛林猫腿部和尾巴上那样的花纹。丛林猫幼崽极易被误认为是野猫或野化家猫。白色的口鼻是丛林猫独有的标志。

• 分布和栖息地

从越南到中国南部，再到土耳其西部与埃及，丛林猫的分布范围广泛却不连贯。它们密集分布在亚洲南部，包括印度、孟加拉国全境，斯里兰卡大部，以及从巴基斯坦到缅甸的喜马拉雅山麓。

在中南半岛，丛林猫的分布区从中国南部延伸到泰国南部以及柬埔寨，在该区域的很多地方，丛林猫已被人类赶尽杀绝，产生了很多分布断裂带，因此，它们在这一地区已经极为罕见或根本不为人所知。从土耳其到哈萨克斯坦南部、阿富汗西部与伊朗南部，它们零散地分布于亚洲西南部与中部地区。

在非洲，丛林猫的分布区仅限于埃及的地中海沿岸，沿尼罗河谷从三角洲到阿斯旺，以及尼罗河西部的零星绿洲。

尽管名为"丛林猫"，但它们并不喜欢茂密的森林生境，甚至可能完全不会出现在林冠郁闭的雨林中。因其极为偏爱潮湿浓密的芦苇丛、草丛，以及临近沼泽、湿地、海滩的灌木林地等，因此称呼它们"沼泽猫"

↓图为一只健壮的雄性丛林猫，从图中可以明显看出其长腿、短且带条纹的尾巴等特征。雄性丛林猫比雌性的肩高更高，体重更重

↑虽然常被与野化家猫混淆，这只年轻的丛林猫已然展现出了该物种独有的特征——更大号的耳朵与浅白色的下颌

↓丛林猫在水中也能灵活自如。它们的游泳能力极强，能在浅水区捕捉水生动物，包括各种鱼类

或"苇猫"似乎更为贴切。

它们也会出现在干旱地区的绿洲与河谷，比如在埃及和伊朗南部，它们栖息于湿润森林的林间空地、草地或低矮灌丛中。在中南半岛，丛林猫主要栖息于落叶林地、多河道的开阔森林、洪泛平原以及其他分散水源地。丛林猫对不同环境下水、隐蔽所和猎物的适应性极强。人们还发现丛林猫可以与人类伴生，有记录显示它们会出现在有大量啮齿动物繁衍的农垦区，如甘蔗田、稻田、灌溉草场等。它们也会出现在水产养殖池塘周边与各种开阔的种植园林地，尤其是带灌溉渠的那些。从海平面到海拔 2400 米的喜马拉雅山麓，均有丛林猫的分布。

• 食性

丛林猫主要捕食体重低于 1 千克的小型哺乳动物，主要有老鼠、沙鼠、跳鼠、田鼠、地松鼠（黄鼠）、鼹鼠和鼩鼱，以及麝鼠（体重可达 2 千克，在部分分布区被人为引入）和野兔。据估计，在印度西部半干旱地区（萨里斯卡虎保护区，Sariska Tiger Reserve），一只丛林猫一年可捕食 1095～1825 只小型啮齿动物。

丛林猫相对强壮，偶尔也会捕食包括海狸鼠（体重为 5 ～ 9 千克）在内的较大型的哺乳动物。在俄罗斯曾有目击者证实，一只体形巨大的成年海狸鼠成功击退了进犯的丛林猫（该丛林猫的年龄、体型大小未有报道）。

丛林猫偶尔也会捕食瞪羚和白斑鹿幼崽，一只成年丛林猫曾捕杀过在大型围栏中圈养的山瞪羚亚成体。有报道称，在里海西海岸有野猪幼崽被丛林猫捕食，尽管这只野猪有可能是捡来的死尸。只有无看护的、极其年幼的野猪个体才易受到攻击。

丛林猫第二重要的猎物是鸟类，包括一些小型鸟种（尤其是草原上的麻雀和云雀），还有雁鸭、鹧鸪、雉鸡、孔雀、原鸡和鸨等。在乌兹别克斯坦，有丛林猫捕食白头鹞的记录。它们也捕食爬行类、两栖类和各种鱼类。在塔吉克斯坦还曾记录到丛林猫在食物匮乏的严冬时节食用了大量沙枣。丛林猫亦捕食家禽，甚至因猎杀小型家畜而遭诟病；虽然缺乏足够的数据信息支持，但其猎杀小型家畜的可能性依然存在。

丛林猫主要在具有浓密遮蔽物的陆地上觅食，通常是在水域边缘或是在被水淹没的植被中活动。它们是游泳健将，可以穿越长距离的开阔水域直抵小岛和芦苇丛，并能在水中灵活地捕捉鱼类和水禽。有记载称它们可以从麝鼠巢穴（与河狸巢穴相似）中将其挖出。丛林猫昼夜活动，在没有人为干扰的地区，它们倾向于在晨昏和白天觅食。丛林猫也不介意食腐，它们会吃落入人类陷阱中的动物尸体，也会取食非洲金狼、狼、亚洲狮和虎等食肉动物吃剩的猎物。

• 社会习性

丛林猫并不为人所熟知。尽管没有基于遥测或长期观察的研究，但有限的信息仍表明它们遵从典型猫科动物的生活习性——成年丛林猫营独居生活，并通过气味与声音宣告其家域核心区域的主权。根据在以色列零星的观察可知，雄性丛林猫的家域往往覆盖了多只雌性的更小家域。虽没有严格的密度统计，但这一社群现象常见于南亚地区适宜丛林猫生存的环境中。

• 繁殖和种群统计

有关丛林猫在野外的繁殖信息不多，普遍认为它们在部分有极端气候的分布区域，为季节性繁殖，如埃及、中东及其分布范围的极北端（哈萨克斯坦至俄罗斯南部）。记录显示，在这些地区的交配行为多发生在 11 月到次年 2 月，幼猫则在 12 月到次年 6 月出生。妊娠期为 63 ～ 66 天。每胎通常有 2 ～ 3 只幼崽，异常情况下可能有 6 只之多。幼猫长至八九个月时开始独立生活。雌性丛林猫 11 个月时性成熟，雄性在 12 ～ 18 个月时性成熟。

死亡率： 有关丛林猫自然死亡的记录极少，但据推测，它们会遭到体型更大的食肉动物捕杀。非洲金狼在丛林猫的分布区域内较为密集，可能会对幼猫的生存造成威胁。在巴基斯坦曾发现纠缠在一起的丛林猫与印度眼镜蛇的尸体，可见那是一场持久战。在人类活动区域，丛林猫常死于人类或狗的捕杀。

寿命： 丛林猫在野外的寿命不详。在圈养环境下可达 20 年。

• 现状和威胁

丛林猫分布广泛，能够适应农业区与人类定居点，这使它们成为一些区域中最为常见的猫科动物，尤其是南亚的农村地区。但在中南半岛、亚洲西南部和中亚地区，情况则恰好相反。在埃及的分布区内，丛林猫一度很常见，但就目前而言，它们在那里的种群情况并不稳定。尽管它们有能力与人类毗邻而居，但其湿地栖息地变成了人类的居住地与农业区，这影响了它们的种群繁衍。

在中南半岛与南亚的大部分地区，由于丛林猫所偏爱的开阔栖息地也是人类易于到达的地带，到处都有无差别性的陷阱，这使得它们深受其害。在分布区的北部，人们为了获取皮毛而猎杀丛林猫，特别是在前苏联国家中的海狸鼠与麝鼠皮毛农场周围，这种捕杀行为尤其严重。丛林猫也因捕杀家禽而被人类猎杀，人们还在农业区布下无选择性陷阱及投毒，这也使丛林猫的种群数量锐减。

↓ 图为生活在印度古吉拉特邦奇佳迪亚鸟类自然保护区（Khijadiya Bird Sanctuary）的一只雌性丛林猫和它的孩子。这里是为数不多的可长期观察野生丛林猫的地点之一

8.5～9.3 厘米

《濒危野生动植物物种国际贸易公约》附录 II

IUCN红色名录（2015年）：近危

种群趋势：下降

体　长：♀ 46 ～ 53 厘米，♂ 54 ～ 57 厘米
尾　长：23 ～ 29 厘米
体　重：♀ 2.5 ～ 5 千克，♂ 3.3 ～ 5.3 千克

兔狲

中文别名：小野猫、草原猫
英 文 名：Pallas's Cat
英文别名：Manul、Steppe Cat
拉丁学名：*Otocolobus manul*（Pallas，1776 年）

• 演化和分类

　　兔狲独特的形态学和遗传学特征显示其与猫属支系和豹猫支系都有亲缘关系，因此被单独分为一属，即兔狲属（*Otocolobus*）。有证据表明，兔狲最近的亲戚是豹猫（但仍然相当遥远），所以兔狲经常被划分在豹猫支系下，但其进化谱系仍未被彻底探明。通常认为，兔狲有三个亚种，但这也需要进一步的分子分析来评估其真实性。

• 描述

　　兔狲是一种外形独特的、矮胖的、毛茸茸的小型猫科动物，大小约等同于一只胖墩墩的家猫。它那宽阔的头部非常有特点，前额平坦，脸部宽阔，头侧长有密密的鬓角和大耳朵。兔狲的脸颊两侧各有一对标志性的黑色条纹从眼睛延伸到颊部，条纹间通常分布着白毛，额头醒目地点缀着黑色斑点。浓密的毛发颜色从银灰色到褐灰色均有，躯干部基本没有花纹，或者偶尔有浅浅的横纹。兔狲的冬毛很长且浓密，看上去就像是覆了一层浅霜；夏毛往往颜色更深更鲜艳，毛色通常偏红，斑纹也更加明显。兔狲浓密的尾巴上有狭窄的条纹，末端呈黑色。

　　兔狲的毛色为它在开阔的岩石栖息地活动提供了极好的伪装。它不擅长奔跑，因此当发现可能的威胁（比如一个远处的捕食者）时，它便会静止不动、摊平身体紧贴地面，这是一种有效的隐藏方法。

　　兔狲的体重随季节变化而波动很大。在蒙古，通过对佩戴着无线电颈圈的雌性兔狲的监测可知，它们在夏末（7～9月）抚养幼崽后，体重平均下降23%，之后体重会逐渐恢复，直至冬季结束（次年2～3月）后，迎来第二次体重下降。雄性兔狲的体重在11月冬季交配期前达到高峰，次年3月交配期结束时，体重平均下降22%。

　　相似种：兔狲是一种非常与众不同的猫科动物，除了仅在中国中部与其共存的荒漠猫之外，基本不会与其他物种混淆。

• 分布和栖息地

　　兔狲在欧亚大陆的寒冷草原上分布广泛但不连续。它的种群主要分布在蒙古、俄罗斯邻近蒙古的地区，以及中国的大部分地区，越往西分布越分散。兔狲被认为在吉尔吉斯斯坦东部、哈萨克斯坦东部和阿富汗北部等地有面积相对较大的连续分布，但在巴基斯坦西部、印度北部和伊朗北部的栖息地则更为碎片化。而在阿塞拜疆和土库曼斯坦的分布范围

非常有限，且不连续，甚至说还不确定。2012年，不丹的旺楚克百年国家公园（Wangchuck Centennial National Park）和尼泊尔的安纳普尔纳保护区（Annapurna Conservation Area）均首次用红外相机抓拍到兔狲的身影，这把该物种在中国青藏高原的分布向南和向西分别扩展了约100千米和约500千米。它们很可能沿喜马拉雅山脉连续分布。

　　兔狲生活在寒冷、干旱、有遮蔽的栖息地中，特别是裸岩较多的干性草原、灌木草原以及戈壁沙漠，从海拔450米到5073米均有分布。兔狲在开阔地带很容易被猎食者捕捉，所以它们对沟壑、岩石山坡和植被丰富的山谷等地形有强烈的偏好。它们避免将自己暴露在青藏高原广袤的矮草原和低地沙漠盆地等开阔的栖息地环境中，但有时也被发现沿着季节性河道深入这些开阔生境。虽然兔狲对极寒气候的适应力超强，但是它们会避开深雪地区，并止步于积雪厚度超过15～20厘米的地方。

• 食性

　　兔狲主要捕食小型兔类和啮齿类动物。在兔狲的整个分布范围内，鼠兔是特别重要的猎物，通常能占兔狲食物构成的50%以上。它们也常捕食沙鼠、田鼠、仓鼠、黄鼠和幼年的旱獭。除了小型哺乳动物，小型雀形目鸟类是兔狲最重要的食物来源。其他偶然性的猎物还有野兔、刺猬、较大的鸟类（包括一例猎捕蒙古猛禽的记录）、蜥蜴和无脊椎动物等。

↑兔狲的皮毛通常是浅灰色至深灰色，但存在红色变异体，特别是在中亚地区。这只圈养个体就是一个毛色尤其鲜艳的例子（C）

在蒙古的大纳尔廷岩自然保护区（Ikh Nartiin Chuluu Nature Reserve）曾有一例兔狲捕食新生盘羊幼崽的记录。但即便真有此事，兔狲捕食家养动物肯定是非常罕见的；家禽在兔狲的大部分分布范围内数量很少，而且当地人也未曾上报牲畜的幼崽被兔狲捕食的事件。

兔狲的活动不分昼夜，但觅食主要集中于晨昏，这是猎物活跃度高且天敌（特别是日间活动的雕）或竞争者活跃度低的时段，兔狲会尽可能充分利用这段时间。它们通过三种截然不同的手段猎食：第一种为"追踪"，它们会非常缓慢地潜行，锁定并偷偷摸摸地接近猎物；第二种是"移动加追赶"，主要在春夏季使用，它们在高草丛中快速行走或在灌木丛中奔跑，以惊起藏匿其中的啮齿动物

和鸟类；第三种是"埋伏"，它们会埋伏在啮齿动物的洞穴入口伺机捕猎，这是在冬天惯用的伎俩。有记录显示它们也会食腐，包括取食那些死掉的牲畜。人们不清楚它们有没有储存食物的习惯，但它们习惯将猎物带回洞穴慢慢吃掉。

• 社会习性

兔狲仅在蒙古中部的呼斯坦瑙鲁国家公园（Khustain Nuruu National Park）得到深入研究，那里有 29 只兔狲佩戴了无线电颈圈。在中国的青海省以及俄罗斯的达乌尔斯基自然保护区（Daursky Nature Reserve）也正在开展针对兔狲的追踪研究，人们在那里给少量兔狲佩戴了追踪颈圈。

兔狲是独居动物，雌性和雄性兔狲均拥有固定的家域，雄性的家域很广且互相重合，雌性家域的重合度则低得多。一只雄性兔狲的家域往往会覆盖 1 ～ 4 只雌性兔狲的家域。它们的分布很可能具备领域性，至少在繁殖季节是这样，在这期间雄性往往比较好斗，经常受伤，大概是为了获得与雌性交配的机会。

对于兔狲这种体型的猫科动物来说，它们的家域算是很大了，雌性兔狲的家域面积在 7.4 ～ 125.2 平方千米，平均 23.1 平方千米，雄性兔狲的家域面积 21 ～ 207 平方千米，平均 98.8 平方千米（呼斯坦瑙鲁国家公园）。蒙古中部的一些成年兔狲会离开原有的领域开拓新的家域，而这显然与猎物数量或种内竞争无关。这类迁徙发生在 8 ～ 10

↓兔狲的毛色让它可以很好地融入有岩石掩体的开阔栖息地，掩护自己免受来自高速运动的视觉型捕食者如大型猛禽和犬科动物的攻击（C）

月，恰逢春夏繁殖季节之后，赤狐、沙狐和各种猛禽的数量达到高峰，这可能就是兔狲寻求新家域的原因。有记录显示成年兔狲的迁徙直线距离为 18 ～ 52 千米，曾经有一只雄性兔狲进行了两个多月长达 170 千米的探索性巡游，活动面积达 1040 平方千米。

关于兔狲的种群密度几乎没有严谨的估算，部分原因是它们的种群密度本来就很低，很难进行调查。在呼斯坦瑙鲁国家公园，最谨慎的估算结果是大约每 100 平方千米生活着 4 ～ 6 只兔狲。在俄罗斯南部地区，通过在冬季实施雪地足迹计数法，获得了兔狲种群密度的超高数据，为每 100 平方千米 12 ～ 21.8 只，但实际上这个方法可能并不适于估算兔狲的密度，应谨慎对待这个结果。

• 繁殖和种群统计

兔狲生活在具有极端环境条件的生境中，因此其野外繁殖具有高度的季节性。交配发生在 12 月至次年 3 月，生产时间为 3 月底到 5 月。兔狲的发情期很短，在圈养环境下只有 24 ～ 48 小时。妊娠期 66 ～ 75 天。每胎平均产 3 ～ 4 只，有时多达 8 只（圈养条件下）。幼崽 4 ～ 5 个月时开始独立。9 ～ 10 个月时性成熟（圈养条件下）。蒙古记录到有 3 只雌性小兔狲在 6.5 ～ 8 个月大时离开出生地，向外扩散了 5 ～ 12 千米并成功定居。它们都成功在 10 个月大时诞下第一胎。

死亡率： 68% 的幼年兔狲都活不到离家的年龄，50% 的成年兔狲活不过 3 岁（呼斯坦瑙鲁国家公园）。大多数死亡事件发生在 1 ～ 4 月的冬季。被捕食是兔狲主要的自然死因，来自大型猛禽（6 次）和赤狐（1 次）的猎杀占呼斯坦瑙鲁国家公园已知死亡数的 42%。家犬和人类猎杀导致的死亡占兔狲已知死亡数的 53%。圈养环境下的兔狲，特别是幼年兔狲，很容易感染弓形虫病，这种病在野外也会偶尔被记录到，不过没有证据表明这种病会广泛传播及导致死亡。

寿命： 在野外可能达到 6 年，但平均寿命只有 3 年。圈养的兔狲可以活到 11.5 岁。

• 现状和威胁

兔狲生活在人口密度低的偏远地区，但这个物种并不常见，它依赖于特定的栖息地和猎物，且很容易在开阔地被猎杀，所有这些因素使得它的生存易受威胁。中国、蒙古和俄罗斯的畜牧业、农业、采矿业的扩张和发展，大面积地破坏了兔狲的栖息地。此外，由于遭受在中亚地区和中国广泛开展的、得到国家支持的投毒灭鼠活动的影响，兔狲的重要食物来源鼠兔和旱獭正在减少——它们被认为是疾病的传播媒介，是放牧牲畜的竞争者。兔狲过去曾因其皮毛而被广泛捕猎，而在 20 世纪 80 年代国际皮毛贸易被大规模叫停的时候，地方上的捕猎仍在继续，尤其在蒙古，狩猎和国内交易是合法的。尽管禁止了国际皮毛贸易，蒙古仍然公开售卖兔狲皮张到中国。靠近人类定居点和游牧营地的兔狲，经常会掉入为狼和狐狸准备的陷阱而被杀死，而家犬则是对兔狲构成威胁的另一个重要的捕食者。

↑ 在开阔生境中，兔狲的主要防御方法就是让自己摊平趴在地上，依靠静止和伪装来躲避天敌的侦察

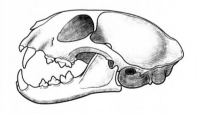

7.9 ～ 10.2 厘米

《濒危野生动植物物种国际贸易公约》附录Ⅰ（孟加拉国，印度和泰国），附录Ⅱ（其他地方）
IUCN红色名录（2008年）：
◎ 无危（全球）
◉ 易危（菲律宾）
● 极危（西表岛）
种群趋势：稳定（全球），部分岛屿种群呈下降趋势

体　长：♀ 38.8 ～ 65.5 厘米，♂ 43 ～ 75 厘米
尾　长：17.2 ～ 31.5 厘米
体　重：♀ 0.55 ～ 4.5 千克，♂ 0.74 ～ 7.1 千克

豹猫

英 文 名：Leopard Cat

拉丁学名：*Prionailurus bengalensis*（Kerr，1792 年）

阿穆尔豹猫

西表猫

南方豹猫

• 演化和分类

豹猫属于豹猫属，与之亲缘关系最近的是渔猫，其次是扁头猫。豹猫的亚种多达12种，其中有7个岛屿亚种，但这个分类标准仍需核查。有限的遗传数据表明，亚洲大陆有两个差别很大的豹猫亚种，分别是北方亚种阿穆尔豹猫（*P. b. euptilurus*）和南方亚种（*P. b. bengalensis*，豹猫指名亚种）。北方亚种分布在俄罗斯远东地区、中国东北部和台湾地区、朝鲜半岛、日本对马岛和西表岛等地；南方亚种分布在除了马来半岛以外的亚洲大陆其他地区。

一些曾经被归类为不同物种的豹猫种群现在被分进了同一亚种，特别是日本西表岛的西表猫和东北豹猫，现在均被归为豹猫北方亚种。最近有遗传学证据表明，分布在克拉地峡南部（马来半岛、加里曼丹岛、苏门答腊岛、爪哇岛和巴厘岛）的豹猫种群实际上是一个单独的亚种。基于更多样本的进一步分析将有助于解决豹猫的分类问题，比如分布在菲律宾境内的米沙鄢豹猫（Visayan Leopard Cat，*P. b. rabori*）是否是独立的菲律宾亚种。虽然没有豹猫在野外杂交的实际证据，但据报道，乡村地带的豹猫很容易与家猫发生杂交。

• 描述

分布于不同地区的豹猫在体型和外观上有很大差异，北方豹猫种群甚至还会因季节的不同而显示出差异。生活在热带岛屿上的豹猫体型最小，其成年个体的体重可能还不到 1 千克，而北方的个体却能超过 7 千克。在俄罗斯有记录表明，夏末初秋时节，当豹猫在储备脂肪以备严冬时，重量可达 8.2 ～ 9.9 千克。

豹猫体色非常多变，亚洲热带地区的个体往往色彩丰富艳丽，毛色浅则黄色，深则黄褐色或姜棕色；斑点从实心到花形多种多样，边缘或中心为暗黄褐色。生活在加里曼丹岛和苏门答腊岛的种群，毛色从姜褐色到深棕色都有，身上的斑点没那么明显，且又小又分散。已归入北方亚种的西表猫，毛色很深，有些个体除了脸部和腹部以外都呈黑灰色。

而分布于俄罗斯、中国和韩国的温带地区的阿穆尔豹猫，冬季拥有长而浓密的毛，毛色呈淡姜灰色到银灰色；夏季换毛后，毛色则呈黄褐色、褐色至灰褐色等。

尽管豹猫偶尔会出现因大量黑斑扩大并

相互连合而成为伪黑化个体的记录，但完全黑化的个体从无记录。

相似种： 深色型的豹猫和与其亲缘关系密切的渔猫长相相似，虽然渔猫的体型和体重更大，但二者的幼崽几乎无法区分。豹猫的斑点形状也可能与亚洲金猫混淆，但亚洲金猫体型更大，尾巴更长、更细[1]。

• 分布和栖息地

豹猫是亚洲所有小型猫科动物中分布最广的。它们生活在亚洲的热带、亚热带和温带地区。东从俄罗斯远东地区、一直分布到中国东北地区和朝鲜半岛；向西穿过中国东部到青藏高原的喜马拉雅山脚下，最西可到达阿富汗中部；向南从巴基斯坦北部、尼泊尔和不丹到印度南部，乃至整个东南亚，包括加里曼丹岛、爪哇岛和苏门答腊岛。与其

←图为一只阿穆尔豹猫在韩国泰安地区冰冻湖边的芦苇丛中捕鸟

1. 译者注：亚洲金猫的白色尾巴后缘颇具识别度，可由此区分两个物种。

息在寒冷的温带森林中植被覆盖的山谷中，这里冬天会下雪，但它们的活动范围仅限于浅雪地区。豹猫栖息于各种各样的林地、灌丛、灌木林、沼泽、湿地和红树林环境中，也会出现在树木茂盛或仅有零星灌木的草原，但它们基本上会避开开阔的草原、干性草原及植被较少的岩石地带。豹猫可以适应人类改造的栖息地，包括遭受砍伐的森林，以及甘蔗地、油棕林、咖啡种植园、橡胶林和茶叶种植园等。只要当地啮齿动物的数量充足，豹猫也可能会大量聚集在开阔的、人为开发过的栖息地。它们会出现在与人类居住地非常接近的地区，包括大都市中适宜其生活的栖息地，例如中国北京的密云水库和野鸭湖国家湿地公园等。

↑岛屿上的豹猫种群，身上的斑点通常比大陆种群的少。正如这只出现在加里曼丹岛沙巴州基纳巴唐岸河河边森林的豹猫

他小型猫科动物相比，豹猫占据了更多岛屿，其中包括中国的海南岛、台湾岛，菲律宾的巴拉望岛、班乃岛、内格罗斯岛和宿务岛，以及日本的西表岛和对马岛等，豹猫甚至是日本本土唯一的小型野生猫科动物。斯里兰卡没有豹猫。

　　豹猫能适应各种栖息地类型，从低地热带雨林到喜马拉雅山麓（尼泊尔东部）海拔3254米的干旱的针阔混交林，它们在所有类型的森林里均可安家。分布在北方的种群，栖

· 食性

　　豹猫主要捕食小型猎物，尤其是小型脊椎动物。在大多数深入研究过的豹猫种群中，其最主要的猎物是各种小鼠和大鼠，辅以松鼠、花鼠、树鼩、鼯鼠、鼹鼠和其他小型哺乳动物。其中有些体型较大的哺乳动物，包括野兔、叶猴、小鼷鹿和野猪等，大部分可能是食腐记录。

　　在俄罗斯曾报道过豹猫攻击有蹄类动物新生幼崽，包括狍子、梅花鹿和长尾斑羚，这些攻击行为主要发生在幼崽出生一周内且没有母亲保护的情况下。豹猫还会捕食大至雉鸡的各种鸟类以及两栖动物和无脊椎动物。

　　在日本，有3种石龙子、4种蛇、1种青蛙和1种大型蟋蟀是西表猫的主要食物来

↓与豹猫属的其他成员一样，豹猫与水关系密切。豹猫是游泳健将，能轻易游过河流或小湖。它们经常在浅水中觅食

源，而啮齿动物可能是从人类将黑鼠（现在是被摄入量最大的猎物）引入当地后才成为豹猫食物的。豹猫对有蹄类家畜无害，但它们会捕食家禽。当人们以鸡为诱饵时，豹猫很容易上当。

豹猫是非常活跃且全能的猎手，主要在地面和低矮植被中搜寻猎物。同时，它们也是优秀的"轻量级登山运动员"。虽然直接观察的数据很少，但它们无疑能在细长的树枝和棕榈叶上如履平地，并在其中捕猎。与其他豹猫属的物种类似，它们非常喜欢水，也是游泳健将；它们很擅长在浅水中捕食两栖动物、淡水螃蟹和其他无脊椎动物。

豹猫的捕猎行为非常多样化，在有些地区夜间狩猎，也会跨昼夜地随机出行，这可能取决于猎物的可获得率，以及大型食肉动物或人类的影响。据报道，它们也能接受腐食，会在洞里取食掉落或死亡的蝙蝠和穴金丝燕。豹猫也会把大型猎物储存起来，例如一只阿穆尔豹猫会把一只环颈雉藏在灌丛里，多次进食。

• 社会习性

豹猫遵循猫科动物基本的生态习性。它们在很大程度上是独居的，其中雄性豹猫的家域通常与一只或多只雌性豹猫的较小家域重合。某些豹猫种群的活动范围在雌雄个体间的差异很小，例如在泰国的绿山野生动物保护区（Phu Khieo Wildlife Sanctuary）。通常，同性成年个体的家域在边缘地带发生重合的现象非常普遍，但在专属的核心区域很

少重合，然而在绿山野生动物保护区，不同豹猫个体的核心活动区域也存在显著重合的现象。豹猫的家域范围大小为 1.4～37.1 平方千米（雌性）和 2.8～28.9 平方千米（雄性）。

豹猫会在领域内排尿，并用后腿蹬踏做出刨痕——这是猫科动物典型的领域标志方式，但它们对自己领域的防御状况尚不明确。西表猫的成年个体在圈养状态下会彼此进犯，但这种情况可能是由于人为环境导致的。

在亚热带和温带喜马拉雅地区，如印度干城章嘉峰国家公园（Khangchendzonga National Park），豹猫种群密度为 17～22 只 /百平方千米，西表岛的豹猫种群密度为 34只 / 百平方千米；而在低地雨林及毗邻的油棕树种植园，如沙巴的塔宾野生动物保护区（Tabin Wildlife Reserve），豹猫的种群密度为37.5 只 / 百平方千米。

↑ 众所周知，豹会捕食豹猫，但豹的捕杀对豹猫种群的影响我们无法得知。而人类因皮毛和其他原因对豹猫的捕杀，直接导致了豹猫种群数量的下降

↓ 在所有栖息地中，豹猫通常是数量最多的猫科动物，也是人类最容易遇到的猫科动物（C）

↑ 豹猫是非常敏捷的攀爬者，可以在受到天敌威胁或被追捕时爬到树上避难（C）

2. 译者注：原文描述不准确，在中国所有未经批准的豹猫捕猎均为非法，且没有合法的野生豹猫皮毛交易。

• 繁殖和种群统计

虽然野外情况尚未查明，但据可靠信息，豹猫在温带地区可能营季节性繁殖，但在其余大多数分布区内都无明显的季节规律。阿穆尔豹猫的繁殖明显呈高度季节性，它们只在 2 月下旬至 5 月产崽。圈养的豹猫每年可繁殖 2 次，但野外可能只有 1 次，妊娠期 60～70 天。豹猫一胎能生 1～4 只幼崽，通常是 2～3 只。小豹猫在 8～12 个月时性成熟（圈养条件下）；圈养豹猫繁殖的最小年龄纪录来自一只 13 个月大的雌性个体。

死亡率： 在人为干扰较少的偏远地区，成年豹猫的年死亡率为 8%（绿山野生动物保护区），而在人类可达的保护区，如泰国艾山国家公园（Khao Yai National Park），死亡率飙升到 47%；在靠近人群的非保护地区，豹猫的死亡率可能更高。

因体形娇小，豹猫偶尔会被各种野生天敌捕食，但此类记录较少；豹和家犬都是已经证实的豹猫捕食者；而在对马岛上，野猪也是豹猫幼崽的天敌之一。对许多豹猫种群而言，如东南亚和中国大部分地区，人类是它们的致死主因，路杀更是主要的致死因素。在西表岛，因路杀而死的豹猫个体达 40 只（1982～2006 年）；而在对马岛，至少有 43 只豹猫个体死于路杀（1992～2006 年）。

寿命： 野外未知，圈养个体最长寿命纪录为 15 年。

• 现状和威胁

豹猫分布广泛，适应性强，有的甚至能够与人为邻。在适宜的栖息地内（包括一些人为景观），豹猫的种群密度很高，在其分布区内通常是数量最多的猫科物种。然而，它是唯一能被合法采集皮毛的亚洲猫科动物，尤其在温带地区，它们被大范围捕猎，其种群密度也低于其他分布区。

1985～1988 年，在中国每年有多达 40 万只豹猫因皮毛贸易而丧生。中国在 1993 年中止了豹猫皮毛的国际贸易，但当时可能仍有 80 万张库存皮毛。国际贸易的停止明显降低了豹猫被猎捕的压力，但在中国的保护区外，捕猎豹猫仍然合法，且其皮毛在中国的皮毛仓库中非常普遍[2]。如此大的采集量对种群的影响仍属未知。

尽管在亚洲热带和亚热带地区的狩猎活动非法，但是为了获取皮毛和肉，或者为了报复它们捕食家禽的行为，豹猫仍被广泛猎杀。它们也是宠物贸易的目标，在雅加达、爪哇和越南，经常在野生动物市场发现被出售的豹猫。豹猫的许多岛屿种群数量都很少，并随着环境的迅速开发而备受威胁。如今，对马岛和菲律宾班乃岛、内格罗斯岛和宿务岛的豹猫种群数量正在减少；西表岛的豹猫种群数量在 100 只左右，中央山地生境中的种群得到了很好的保护，但沿海低地的种群数量正在减少。

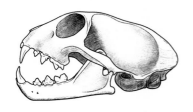

9 ～ 9.8 厘米

《濒危野生动植物物种国际贸易公约》附录 I

IUCN红色名录（2015年）：濒危

种群趋势：下降

体　长：♀ 44.6 ～ 52.1 厘米，♂ 41 ～ 61 厘米

尾　长：12.8 ～ 16.9 厘米

体　重：♀ 1.5 ～ 1.9 千克，♂ 1.5 ～ 2.2 千克

扁头猫

英 文 名：Flat-headed Cat

拉丁学名：*Prionailurus planiceps*

（Vigors & Horsfield，1827 年）

• 演化和分类

扁头猫属于豹猫属，被认为与豹猫和渔猫的亲缘关系最近。未划分亚种。

• 描述

扁头猫是一种独特的小型猫科动物，身体短而圆，四肢短而纤细，尾短粗。头部小而紧凑，面部缩短，眼大，前额扁平，耳小而圆。脚具部分蹼，爪鞘退化，爪外现，因此即使它们与典型的猫科动物一样爪子可以伸展，却仍被描述为无伸缩性。扁头猫头部毛色由沙棕色渐变为深锈棕色。双颊、眉、眼下部均为亮白色，深锈棕色的颊纹和眉纹则与之形成鲜明对比。体毛浓密柔软，除腿部与腹部有浅色的斑点与条纹外，全身基本没有斑纹；尾部偶有浅色条纹。

相似种： 扁头猫与其他所有猫科动物都截然不同。它们与锈斑豹猫近似，但分布范围不同。乍一看，可能会被误认为是小而健壮的家猫。

• 分布和栖息地

扁头猫的分布范围局限于加里曼丹岛、苏门答腊岛与马来半岛。分布的边界可能至泰国最南部与马来西亚的交界处，该地的保诚杜登泥炭沼泽森林（Pru Toa Daeng Peat Swamp Forest）曾有扁头猫的记录，但在 1995 年之后便再无踪迹。2005 年泰国罚没的两只扁头猫幼崽被认为是从马来半岛走私入境用于宠物贸易的。

扁头猫与湿润的低地森林及湿地栖息地关系紧密。超过 80% 的历史与近期记录显示，该物种的分布低于海拔 100 米，而超过 70% 的记录都在距离大型河流和水源地仅 3000 米的范围内。它们栖息于原始林、次生林、泥炭沼泽森林、红树林和沿海灌木林中。来自次生林和油棕树种植园的记录显

示，它们似乎可以适应栖息地的改变，但这类记录存疑或寥寥无几。

• 食性

扁头猫是世界上最鲜为人知的猫科动物之一，其野外生态情况在很大程度上仍是一个谜。该物种独特的形态、行为，以及对栖息地的偏好均表明，它们善于猎食生活在浅水区和泥泞河岸的水栖动物。

除了前脚掌的特化，扁头猫的牙齿（第一和第二上前臼齿）也非常尖锐巨大，这被认为是对抓捕身体湿滑的猎物的适应性表征。圈养的扁头猫会被吸引到水池边，敏捷地将自己隐没在水池中，并像浣熊一样用伸开的脚掌探寻水池中的猎物。

通过对几只野外死亡扁头猫的胃内容物的检查，发现其中有鱼和甲壳动物。圈养个体会迅速咬住老鼠的后颈将其制服，而野外个体几乎可以肯定会捕猎小型哺乳动物、爬行动物和两栖动物。它们有时被安装在家禽笼舍上的陷阱所杀，说明其偶尔会捕食家禽。

扁头猫的大多数记录来自晚上，尤其是红外相机所拍摄到的照片，说明它们以夜行活动为主。

• 社会习性

人类尚未对扁头猫进行无线电颈圈监测，因而对它们的社群行为无从得知。红外相机捕捉到的画面几乎都是单独的个体。正

↓ 在加里曼丹岛沙巴的苏高河岸边，一只扁头猫正在湿漉漉的植被中捕猎青蛙

如大多数小型猫科动物，它们可能是拥有固定的、半排他性领域的独居者，但这种生活模式尚未得到证实。

　　扁头猫的种群密度不详。在所有东南亚野生猫科动物里，在大范围红外相机的调查中，出现频率最低的就是扁头猫。2009年，该物种仅被拍摄到17次，而同一区域内的其他猫科动物被拍摄到了成百上千次。这说明扁头猫的分布密度非常低。然而一般情况下，红外相机会被安置在能最大限度拍到大型猫科动物的地方，而极少以扁头猫典型的栖息地如水源地沿岸地区为目标，所以它们实际上可能比相机记录到的更为常见。

←扁头猫的野外捕猎行为极少被观察到。但它们会在浅水区或泥泞的水域边缘，用它那部分有蹼的脚掌在水下感知猎物的所在

• 繁殖和种群数量

　　人们对扁头猫的野外繁殖情况一无所知。孕期为56天（圈养）。依据圈养状态下仅有的3次繁殖记录，雌性每次生育1～2只幼崽。

　　死亡率： 不详，但其体形如此袖珍，极可能受到多种捕食者的威胁。

　　寿命： 野外寿命不详，圈养可达14年。

• 现状和威胁

　　现今我们对扁头猫的认知仅来源于107个影像和目击记录（截止至2009年）。即使在过去数十年，野外调查力度已明显增强，但由于物种稀有度与取样偏差的综合影响，只在少数几个地点重复记录到这个物种，例如沙巴的德瑞马克特森林保护区（Deramakot Forest Reserve）和基纳巴唐岸野生动物保护区（Kinabatangan Wildlife Sanctuary）。

　　由于扁头猫分布范围相当局限，且与湿润的森林栖息地关系紧密，其栖息地的快速丧失也引起了研究者们的严重担忧。截至2009年，54%～68%适宜扁头猫生存的栖息地已被人为改造，尤以发展农业与林业而抽干清除森林湿地的项目为主。过度捕捞及农业和采矿业带来的淡水污染，加剧了扁头猫栖息地的丧失，而人类的猎杀也可能产生强烈的地区效应。扁头猫的皮毛常常出现在沙捞越的长屋中。活体，通常是幼猫，偶现于宠物交易中。许多权威人士认为，扁头猫是东南亚地区最受威胁的小型猫科动物。

7.3 ～ 7.9 厘米

《濒危野生动植物物种国际贸易公约》附录
Ⅰ（印度），附录Ⅱ（斯里兰卡）

IUCN红色名录（2008年）：易危

种群趋势：下降

体　长：35 ～ 48 厘米
尾　长：15 ～ 29.8 厘米
体　重：♀ 1 ～ 1.1 千克，♂ 1.5 ～ 1.6 千克

锈斑豹猫

英 文 名：Rusty-spotted Cat

拉丁学名：*Prionailurus rubiginosus*（I. Geoffroy Saint-Hilaire，1831 年）

• 演化和分类

锈斑豹猫属于豹猫属，是该属的早期分支，与该属其他三个物种之间的亲缘关系较远。锈斑豹猫被认为存在三个亚种，其中两个亚种分布于斯里兰卡，分别为低地种群和高地种群，第三个亚种分布于印度。但这一分类尚未获得分子遗传学的证实。一例来自斯里兰卡卢哈纳国家公园（Ruhuna National Park）的观察记录表明，锈斑豹猫确实会与家猫交配，但尚不知晓能否产生杂交后代。

• 描述

锈斑豹猫是体型最小的猫科动物之一，与黑足猫体重相似，但身材比例稍有不同，一眼看上去像是小型的家猫。被毛短而光滑，常呈红褐色或灰褐色，带有数排锈褐色到深棕色的斑点，颈背、肩膀和侧腹的斑点有时会连成完整的条纹。下腹部呈白色或淡奶油色。尾巴相对较粗圆，尾尖常为暗色。

相似种：锈斑豹猫与部分生活在印度的近缘物种豹猫同域分布，但锈斑豹猫体型更小且斑纹更不明显。锈斑豹猫容易被误认为是小型家猫。

• 分布和栖息地

锈斑豹猫是印度和斯里兰卡的特有物种。最近，比利皮德地方森林部门和卡塔尼亚加特野生动物保护区（Katarniaghat Wildlife Sanctuary）证实，印度北部与尼泊尔接壤地区生活着锈斑豹猫，尼泊尔巴蒂亚国家公园（Bardiya National Park）也很可能有其分布。

锈斑豹猫长期以来被认为是只生活于森林的物种，但现在人们已经知道它可以在多种栖息地中生存，包括湿润和干旱的森林、竹林、稀树草原、干旱灌丛以及有植被覆盖的多岩石栖息地。常绿森林中似乎很难见到它们的身影，但在斯里兰卡，它们栖息于海拔至 2100 米的湿润山地森林中。

锈斑豹猫能够适应人为改造过的栖息地，包括农产区、茶园和植物种植园等啮齿类和两栖类猎物丰富的栖息地；它们在青蛙和蟾蜍充足的会发生季节性淹没的田地上捕猎，如玉米地和水稻田。它们有时生活在人类附近，甚至出现在村庄废弃的居所中。

↓ 这只生活在印度伦滕波尔国家公园（Ranthambore National Park）的锈斑豹猫选择了一处较高的有利地势，既能晒到早晨的阳光，又便于搜寻猎物

→这只圈养的锈斑豹猫展示出明显的面部条纹，与其身上浅淡的纹路相比，这条纹通常是其最为明显的标志（C）

食性

锈斑豹猫极其凶猛，能够捕捉大型猎物，但这种观察来自非自然环境下的驯养个体。例如，一只八个月大的宠物锈斑豹猫差一点就成功咬穿一只体型数倍于它的家养羚羊的喉部气管，但这在野外几乎是不可能发生的事情。锈斑豹猫已知的食物组成包括小型啮齿动物（如印度沙鼠、板齿鼠和印度小田鼠等多种鼠类）、小型鸟类、雏鸟、爬行动物、两栖动物和无脊椎动物。锈斑豹猫有时会捕食四处游荡的家禽，主要是其雏鸟，但极少进入鸡舍。

大部分对锈斑豹猫捕食行为的观察表明，锈斑豹猫绝大多数情况下于夜间在地面捕猎，但它们是极佳的攀爬者，可能也在树上捕猎。锈斑豹猫通常采取静待猎物的策略，置身于树枝、岩石或其他高点，探听地面上的小型猎物。曾经有一个记录，正在捕猎的锈斑豹猫从低处的树枝纵身跳下捕捉地面上的猎物，追逐 50 米后，最终捕杀了一只树鼩。几例对其猎物的直接观察显示，印度沙鼠等小型猎物的致命伤口通常在颈背部，而板齿鼠等大型猎物则死于喉部伤口引发的窒息。

社会习性

目前尚未有对锈斑豹猫行为的深入研究或无线电颈圈监测，但已有信息显示锈斑豹猫具备典型小型猫科动物的行为特征。在同一地点重复捕获到同一个体的红外相机照片表明，锈斑豹猫具有固定的家域。通过观察斯里兰卡的一只雄性个体，可以得知其基本的领域巡视行为包括在低垂树枝和灌木丛排尿，以及用脸颊和前胸摩擦植物。但目前尚无其家域面积或者种群密度的信息。

繁殖和种群数量

野生状况未知。圈养条件下，锈斑豹猫的繁殖不受季节限制。被观察到的两窝野外出生的幼崽，分别来自印度和斯里兰卡，都发

↓锈斑豹猫是非常敏捷、有活力的捕猎者，它们有着闪电般的反应速度，鸟类刚从灌木丛飞出就会被它扑住翅膀

现于 2 月。妊娠期 66 ～ 79 天，通常为 67 ～ 71 天，一般每胎产崽 1 ～ 3 只。

死亡率：具体情况未知，但微小的体型意味着它们容易遭受各种大型食肉动物的捕食，如家犬、猫头鹰和蟒。斯里兰卡曾有一次观察记录：一只雌性锈斑豹猫携带着两只幼崽，其中一只被印度眼镜蛇所捕食。受威胁时，锈斑豹猫会逃入树林。

寿命：野生状况未知，圈养条件下可长达 12 年。

● 现状和威胁

　　锈斑豹猫被视为稀有物种。但最近几十年的调查显示，其分布范围比之前认为的更为广泛，然而最新的数据依旧表明，它们在任何自然生境类型中都不常见。尽管如此，锈斑豹猫却被发现屡次出没于与人类邻近的分布区，得益于其小巧的身形以及对啮齿类动物数量的控制作用，人类对它们的存在颇为宽容，这也使得它们能适应并安居于人为改造的栖息地。但在锈斑豹猫大部分分布区中均存在大范围使用杀虫剂和灭鼠剂的问题，尽管对其种群数量的具体影响尚未可知，但人们依然对此深感忧虑。锈斑豹猫常被路杀，偶尔也会丧命于家犬和家猫之口。

　　在斯里兰卡，有村民误以为锈斑豹猫是豹的幼崽，出于恐惧将其杀死。有时锈斑豹猫会被误认为对家禽有所威胁而被连带或有意杀死，尽管它们实际上很少威胁家禽。生活在印度西部和中部的村民就不认为锈斑豹猫是家禽的捕猎者。

←图为斯里兰卡的一只叼着幸存幼崽的雌性锈斑豹猫，另一只幼崽已被印度眼镜蛇捕食

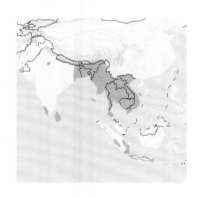

12.3 ～ 15.1 厘米

《濒危野生动植物物种国际贸易公约》附录 II

IUCN红色名录（2008年）：濒危

种群趋势：下降

体　长：♀ 57 ～ 74.3 厘米，♂ 66 ～ 115 厘米
尾　长：24 ～ 40 厘米
体　重：♀ 5.1 ～ 6.8 千克，♂ 8.5 ～ 16 千克

渔猫

英 文 名：Fishing Cat

拉丁学名：*Prionailurus viverrinus*（Bennett，1833 年）

• 演化和分类

渔猫属于豹猫属，与其亲缘关系最近的是豹猫，其次是扁头猫。渔猫有两个公认的亚种，一个分布于爪哇岛，另一个生活在亚洲大陆和斯里兰卡。这种分类方式是基于过时的形态学描述，并没有强有力的遗传学证据，而且从形态上也不能将分布于爪哇岛的个体与亚洲大陆上的个体相区分。最近有限的遗传学数据显示，被克拉地峡隔离的两个渔猫种群之间有微小的差异，但样本数量不足以进行明确的区分。

• 描述

渔猫是豹猫属中体型最大的现存物种，有着强健有力的身体、壮实的腿，以及相对短但肌肉发达的尾巴。头部结实有力，耳朵小而圆，耳朵背面为黑色，中央有白色的圆斑。渔猫趾间具部分蹼，爪子大而部分外现于爪鞘外。虽然爪看起来很长，但具有完全的伸缩性。被毛颜色通常为橄榄灰，有时呈灰褐色至浅黄棕色，腹部浅色。它们身体上覆盖着深棕色到黑色的斑点，通常在后颈、肩膀和背部呈条带状。在孟加拉国东北部的赫尔湿地（Hail Haor）有白化个体的记载。

相似种： 渔猫可能与近缘物种豹猫的暗色型个体相混淆，但豹猫体型更小且修长。这两个物种的幼崽难以区分。

• 分布和栖息地

渔猫分布于南亚和东南亚，分布区相对广泛但极为碎片化。最为集中的分布区位于尼泊尔南部、印度北部的德赖平原、印度东北部和东部、孟加拉国东北部，以及斯里兰卡全岛。

最近，渔猫被认为已在许多历史栖息地消失，包括印度河流域、巴基斯坦和印度西部。而在曾经的重要分布地如印度西北部的盖奥拉德奥国家公园（Keoladeo National Park）和拉贾斯坦邦，渔猫的现状不明，可能已经绝迹。在东南亚地区，渔猫的分布范围非常局限且碎片化，已知的种群仅出现在泰国、爪哇岛和印度尼西亚的少数地区，柬埔寨、老挝、缅甸以及越南少有近期记录。马来半岛、苏门答腊岛、中国台湾岛和中国西南部的记录有误或者不详。

渔猫与沼泽、芦苇丛、茂盛的草原（如德赖平原）、河岸林地、沿海湿地和红树林等湿地栖息地紧密相关。它们出现在紧靠沼泽、河迹湖以及缓水河流等水域的常绿林或干旱森林。它们有时也会出现在人工栖息地，包括水产养殖池塘、稻田、城市附近的运河（如印度的加尔各答和斯里兰卡的科伦坡），但不能忍受过度改造后的人工栖息地。渔猫通常生活在海拔0～1000米的范围内，但

海拔1525米的印度喜马拉雅山脉南麓也曾有一次分布记录。

• 食性

渔猫主要捕食水生生物，尤其是鱼，也吃甲壳动物、软体动物、两栖动物、水生爬行动物（包括孟加拉巨蜥和蛇类）、半水栖啮齿动物和其他生活在湿地的动物。

在印度的盖奥拉德奥国家公园，通过分析渔猫的粪便，发现其食物中70%为小型啮齿动物。渔猫前爪适于捕捉湿滑的猎物，除此之外，它没有其他专食性的适应特征。

渔猫有着典型的广谱食性猫科动物的强健牙齿。渔猫偶尔捕食的大型哺乳动物包

↓渔猫的野外捕猎记录极少，对其捕食行为的了解大部分来自近自然圈养条件下的观察，如新加坡动物园的这只渔猫（C）

↑渔猫的前爪有一层像蹼的薄膜，这有利于它们捕捉表面湿滑的水生动物

↓泰国的三百峰国家公园中，一只成年雄性渔猫正在沙滩巡视。渔猫会占据广阔的淡水和盐水湿地作为栖息地

括野兔、小灵猫和新生的白斑鹿幼崽。它们有时捕食鸟类，特别是雁鸭类、秧鸡类和鸻鹬类等高度水栖型的鸟类。昆虫也常见于渔猫的粪便中，但可能并不能为其提供太多能量。它们有时还会捕食家禽。渔猫经常被指控猎杀羊羔和牛犊，尽管渔猫有足够的力量杀死小型家畜，但几乎没有确凿证据。它们杀死人类婴儿的报道更是未经证实且极不可能的。

渔猫是游泳健将，可能主要采取在水边伏击近处猎物的捕食策略。它们善于在水中追捕猎物。渔猫在浅水区的狩猎行为非常活跃，会将自己没入水中游泳，追赶鱼类。

基于红外相机的记录和遥感数据，渔猫被认为是夜行性动物。但现有数据极其有限，且大多来自人类活动频繁的区域，在这些区域，猫科动物更倾向于避免日间活动。已知渔猫会以死去的家畜和大型食肉动物（如虎）的猎物为食，这也许是它们背上"家畜杀手"恶名的缘由。

• 社会习性

人们对渔猫的了解非常有限。对于该物种的无线电颈圈追踪只在尼泊尔有过一个小型的研究。正在泰国的三百峰国家公园（Khao Sam Roi Yot National Park）进行的一个较为大型的研究可能将产生更多深入的数据——17只渔猫被戴上了颈圈（截至2014年10月），但目前尚未发布研究信息。有限的可用信息显示，渔猫遵循小型猫科动物典型的独居式行为体系，较小的雌性家域与较大的雄性家域相互重合。来自德赖平原有限的监测数据显示，其家域面积为4～6平方千米（两只雌性），一只来自尼泊尔奇特旺国家公园（Chitwan National Park）的雄性家域面积为22平方千米。目前没有严格的密度估计。

• 繁殖和种群数量

人们对渔猫的野外繁殖情况知之甚少。圈养条件下，它们的妊娠期为63～70天，通常产崽1～3只（特例有4只的情况），圈养繁殖的13窝渔猫的平均数为2.6只。虽然渔猫的繁殖常被认为具有季节性，但几乎没有证据。尽管记录极少，但1～6月都有来自野外的幼崽记录，这表明渔猫没有明显的季节性繁殖现象，或者样本量不足影响结果的准确性。圈养条件下，雌性渔猫性成熟的时间为15个月。

死亡率：目前尚无自然条件下的死亡记录。基于其栖息地偏好，大型鳄鱼和蟒蛇可能是其主要天敌。在进行监测的地区，人类和家犬也是导致其死亡的主要原因。

寿命：野外情况未知，圈养下可达12年。

• 现状和威胁

直到最近，渔猫还被认为分布广泛且较为常见，但亚洲热带地区的湿地、河漫滩、红树林等栖息地正以极快的速度被改造为人类定居点和农业区，这造成了渔猫分布区的严重缩减。最近，水产养殖被引入红树林和沿海栖息地也成了一个普遍的威胁。余下的渔猫宜居湿地栖息地又进一步受到过度捕捞和污染的威胁，这些都加重了对渔猫种群的伤害。

渔猫被人类杀害的主因是被视为对家禽和家畜的潜在威胁。它们也会死于将其视为渔网偷鱼贼的渔民之手。有时针对其他物种的陷阱也会将其意外杀害。极少情况下，它们会因某些地区人们的口腹之欲而丧生。

因为渔猫适应的湿地栖息地往往具有较高的人口密度，直接或间接的人为威胁几乎无处不在。针对渔猫最有前景的保护地区是喜马拉雅山脉南部低地，渔猫最常见于这里的保护区，以及斯里兰卡、位于孟加拉国和印度西孟加拉邦的孙德尔本斯，还有泰国的一些沿海地区。东南亚大部分地区的渔猫种群现状不容乐观，可能濒临灭绝或已经灭绝。孤立的爪哇种群可能极度濒危。

↑摩擦头部是所有猫科动物表示亲密关系的方式，它们以此来加强社会联系。比如图中的渔猫母子（C）

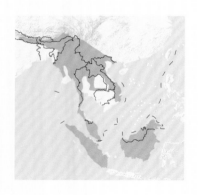

8.8 ～ 10.3 厘米

《濒危野生动植物物种国际贸易公约》附录 I

IUCN红色名录（2008年）：易危

种群趋势：下降

体　长：45 ～ 62 厘米
尾　长：35.6 ～ 53.5 厘米
体　重：2.5 ～ 5 千克

云猫

英 文 名：Marbled Cat

拉丁学名：*Pardofelis marmorata*

（Martin，1837 年）

• 演化和分类

云猫的外形特征与云豹非常相近，曾被认为是云豹的近亲。两者的毛发均布满斑点，尾巴细长，拥有特别大的足部和齿列。遗传学分析显示，云猫与婆罗洲金猫、亚洲金猫同属于纹猫支系。其中，后两者的亲缘关系更近，关系稍远的云猫在分类上自成一属。现在有越来越多的证据表明，亚洲大陆的云猫与苏门答腊岛和加里曼丹岛上的云猫，实际上是两个亲缘关系很近的独立物种（类似于云豹和巽他云豹）。

• 描述

云猫的体型与大型家猫相似。厚而蓬松的毛发使云猫看起来更大些，它的尾巴极长，毛也很厚实。云猫的尾巴很长，有时甚至会超过体长，这是在野外识别云猫的显著特征。在行走和休息时，云猫会稍微拱起身体使尾巴保持水平，与躯干处于同一条直线上。

云猫的头部相对小而圆，面部宽而短，耳朵呈圆形，耳背中央有一块白斑。其爪宽大，这可能是树栖能力的高超体现。

云猫有多种色型，从灰黄、黄棕到红棕

不等。全身布满边缘深色的大块斑纹，到四肢渐变为小斑点。尾巴上布满实心大斑点，有时会在末端渐变为环状。黑色型的云猫非常罕见，唯一确凿的记录为红外相机所拍摄，出现在苏门答腊巴里杉西拉坦国家公园（Bukit Barisan Selatan National Park）。

相似种：云猫的外形与小个子的云豹非常相似，但云猫体型明显更小。且云豹头部所占全身的比例较大，斑纹带有粗边且更加分散，而云猫没有这些特征。

• 分布和栖息地

从印度北部到尼泊尔东部，乃至不丹和中国西南部，云猫广泛分布于喜马拉雅山脉以南的狭长热带地区；而从缅甸北部一直到马来半岛、加里曼丹岛和苏门答腊岛，云猫则为零星分布。孟加拉国最北端可能有云猫的分布，但没有确凿记录。

云猫仅生活在森林生境，主要是喜马拉雅山脉南麓海拔 3000 米以下未受人为干扰的针叶林、阔叶林和热带雨林中。在受到人为干扰的季节性泥炭林（如印尼加里曼丹岛萨邦高森林）、次生林和采伐林中，也有少量云猫分布。不过还不清楚人为改变过的森林是不是其次优栖息地。而在遭到严重人为改造的栖息地中，如油棕树种植林，从未有云猫的记录。

• 食性

云猫是被研究得最少的猫科动物之一，人

↓图为一只生活在低地雨林的野生云猫，拍摄于马来西亚加里曼丹岛沙巴州斗湖山国家公园（Tawau Hills National Park）

↑云猫非常擅长爬树，几乎可以肯定它们会在树冠上捕食树栖动物，包括鸟类，甚至灵长类动物

们对其生态特征知之甚少。唯一的无线电颈圈监测是在泰国绿山野生动物保护区开展的，研究人员给一只成年雌性云猫佩戴了无线电颈圈，并追踪观察了一个月。

云猫的形态特征表明，它们具有很强的树栖性，身手敏捷，能够以头部向下的姿势飞速爬下树。还有人目击过云猫在树上狩猎，比如扑击鸟类，但没有观察到成功猎杀的案例。

红外相机记录表明，云猫也在地面上活动，也许它在地面和树上都可以捕猎。云猫主要以小型树栖和陆生脊椎动物为食，如啮齿类动物、鸟类和爬行动物；人工圈养的云猫会取食松鼠、鼠类、鸟类和蛙类。云猫齿列较大，尤其是犬齿，这表明它有能力压制体型较大的猎物。在泰国，曾有人目击到一只云猫捕猎幼年菲氏叶猴，后者的体重至少和该云猫相当。

云猫是否食腐仍不确定，但一只人工圈养的个体拒绝腐肉。红外相机拍摄到的云猫影像均发生在白天，但样本量比较少。而颈圈追踪的雌性个体在夜间都很活跃。这表明云猫的活动节律可能是可塑的，这取决于有没有更大的猫科动物和人类出现。

• 社会习性

几乎未知。偶尔会观察到成年云猫结伴活动，据此推测成年云猫会结成长期的伴侣关系。但是绝大部分红外相机拍到的云猫都是单独行动的，这表明云猫也遵循猫科动物典型的独居生活方式。佩戴颈圈的泰国雌性

云猫，一个月中的家域面积为 5.3 平方千米。

云猫的种群密度不详，根据红外相机调查结果显示，云猫总体上非常罕见，且在亚洲野生动物贸易中也很少发现云猫。这些迹象表明，云猫种群密度本就很低。加里曼丹岛的云猫密度可能高于亚洲大陆。

• 繁殖和种群统计

相关信息非常少，有限的资料全部来自对圈养个体的研究。根据对圈养个体的两次生产观察，云猫妊娠期 66 ～ 82 天，平均每胎产 2 只幼崽。人工圈养的雌性个体 21 ～ 22 个月大时性成熟。

死亡率：未知。潜在天敌包括大型猫科动物和家犬，但没有确凿记录。

寿命：圈养个体可达 12 年。

• 现状和威胁

云猫似乎本就很罕见，并且依赖森林生存，因此特别容易受到栖息地丧失的影响，而这种现象在其分布范围内普遍发生。由于森林砍伐以及人类居住区和农业的扩张，特别是油棕树的种植，使东南亚成为全球毁林速度最快的地区。

该物种在野生动物贸易市场上很罕见，但偶尔也有人捕杀云猫，售卖其皮毛及器官。盗猎是严重的潜在威胁，尤其是在栖息地丧失的情况下。云猫偶尔会因捕食家禽而被人们捕杀。

8.5 ～ 10 厘米

《濒危野生动植物物种国际贸易公约》附录 II

IUCN红色名录（2008年）：濒危

种群趋势：下降

体　　长：53.3 ～ 67 厘米

尾　　长：32 ～ 39.1 厘米

体　　重：2 千克（数据来自一只瘦弱的雌性）

婆罗洲金猫

英　文　名：Bay Cat

英文别名：Bornean Bay Cat

拉丁学名：*Catopuma badia*（Gray，1874 年）

• 演化和分类

　　婆罗洲金猫与亚洲金猫亲缘关系很近，一度被认为是后者体型较小的岛屿亚种。然而，遗传学分析明确地将它们分为两个不同的物种，即金猫属仅有的两个物种。它们共同的祖先可以追溯到 490 万～ 530 万年前，当时加里曼丹岛（旧称婆罗洲）还没有成为孤立的岛屿。这两个物种及与其亲缘关系较近的云猫共同组成纹猫支系。

灰色型

红色型

↑婆罗洲金猫与亚洲金猫亲缘关系很近，腹部均为亮白色，与身体基色形成鲜明对比。对幼崽而言，这可能相当于一面"旗子"，有助于在昏暗的森林中找到母亲

• 描述

婆罗洲金猫类似于体型较大、身体较长的家猫，但尾巴明显更长，外观上像是瘦小版的亚洲金猫。婆罗洲金猫的头部小且圆，耳粗短、呈圆形，位于头侧面相对较低的位置。

婆罗洲金猫有两种色型，红色型呈锈红色或红木色，灰色型则不同程度地掺杂浅红色毛发，尤其是从躯体侧面到浅色腹部之间。不同色型间也有融合，在为数不多的博物馆标本中，红色型婆罗洲金猫更为常见。但红外相机拍摄的结果表明，红色型和灰色型的婆罗洲金猫在野外数量相当。

除了前额和脸颊上的条纹，以及上半身侧面与腹部间的模糊斑点外，婆罗洲金猫没有其他斑纹。其耳背为黑色，没有白色斑点。婆罗洲金猫的野外识别特征是：腹部至尾巴下侧均为亮白色，尾巴背侧为黑色。

相似种：婆罗洲金猫与同域分布的其他猫科动物都不像，唯一的相似种亚洲金猫在加里曼丹岛上没有分布。

• 分布和栖息地

婆罗洲金猫是加里曼丹岛特有的猫科动物。根据历史记录记载，它们仅生活在海拔 800 米以下茂密的低地森林和河岸森林。但过去十年间，红外相机调查发现该物种的栖息地其实更加多样化。2010 年，在马来西亚加里曼丹岛的克拉比特高地，分别安装在海拔 1459 和 1451 米的红外相机记录到两次婆罗洲金猫。这表明婆罗洲金猫在高地森林的分布比人们之前所了解的更广泛，但还有大片区域从未开展过调查。

它们似乎不喜欢极端低洼的沼泽地区。在沙巴州的下基纳巴唐岸和加里曼丹岛的萨邦高泥炭沼泽森林展开的大量调查中，均没有发现婆罗洲金猫。

红外相机调查还表明，婆罗洲金猫能在

→图为马来西亚加里曼丹岛沙巴州斗湖山国家公园低地雨林中的一只成年雄性婆罗洲金猫。该物种是最罕见且图像记录最少的野生猫科动物之一

人为改造过的森林中生活。在最近被砍伐过的次生林和人为干扰频繁的人工林中，都曾记录到婆罗洲金猫。然而，油棕树种植园中从未监测到它们的身影。因此，相对茂密的原生森林对该物种的生存是必要的。

食性

婆罗洲金猫是相关研究最少的猫科动物之一，我们对其生态学特性知之甚少。据推测，该物种主要摄食小型脊椎动物。

2003 年，两只婆罗洲金猫在袭击野生动物贩卖者的雉鸡笼舍时被捕获，这表明它们可能也会捕食家禽，尽管很少有农户反映过类似情况。

红外相机全天都能拍摄到婆罗洲金猫，但白天的记录明显更多。这可能是它们为了躲避巽他云豹，也有可能与其猎物的活动节律有关，比如重要猎物——地栖鸟类大多是昼行性的。婆罗洲金猫可能主要在地面摄食。

社会习性

未知。红外相机拍摄的照片大多是单独活动的成年个体，这意味着婆罗洲金猫营典型的独居生活。红外相机拍摄率低，这表明其种群密度较低。例如，在沙巴州东部安装的 4 台红外相机，4 年间共拍摄到 25 次婆罗洲金猫，而巽他云豹有 259 张照片，豹猫超过 1000 张。关于婆罗洲金猫的家域面积和种群密度，相关信息均为空缺。

繁殖和种群统计

研究人员没有获得关于婆罗洲金猫繁殖的任何信息，圈养个体的信息也没有。截止至本书写作时，婆罗洲金猫没有圈养个体，也从未在圈养条件下繁殖。

死亡率：天敌可能有巽他云豹、大型爬行动物如网纹蟒和湾鳄，以及家犬等。不过没有婆罗洲金猫被天敌捕食的记录，推测这种情况并不常见。

寿命：未知。

现状和威胁

婆罗洲金猫非常稀有，高度依赖森林，保护前景令人担忧。森林的破坏是对婆罗洲金猫的严重威胁，特别是油棕树种植园大量取代天然林的情况。野生动物贩子也发现了它们的稀有性和价值，盗猎带来的威胁变得越来越严重。

↓研究人员猜测，婆罗洲金猫大部分时间在地面捕食，鹧鸪、雉鸡等地栖鸟类可能是它们的重要猎物

11.9 ～ 15.7 厘米

《濒危野生动植物物种国际贸易公约》附录 I

IUCN红色名录（2008年）：近危

种群趋势：下降

体　长：♀ 66 ～ 94 厘米，♂ 75 ～ 105 厘米

尾　长：42.5 ～ 58 厘米

体　重：♀ 8.5 千克，♂ 12 ～ 15.8 千克

亚洲金猫

英 文 名：Asiatic Golden Cat

英文别名：Temminck's Golden Cat

拉丁学名：*Catopuma temminckii*（Vigors & Horsfield，1827 年）

川藏金猫

● 演化和分类

　　亚洲金猫与其近缘种婆罗洲金猫都属于金猫属。科学家一度认为二者是同一个物种，但遗传学分析结果证明，大约在 490 万～ 530 万年前，它们从共同的祖先分化成两个独立的物种。亚洲金猫和婆罗洲金猫与云猫，共同组成纹猫支系。

　　亚洲金猫一度被认为和非洲金猫是同类，但其实两者亲缘关系较远。亚洲金猫通常依据毛色差异划分为 3 个亚种，但遗传学分析并不支持这种划分。

● 描述

　　亚洲金猫中等体型，身体健壮，尾巴相对细长。毛色非常多变，通常为金褐色或黄褐色，但也有浅黄褐色、深咖啡色和深灰色等多种色型。单一色型的个体除了面部丰富的条纹，以及胸部、腹部和四肢内侧的斑点，基本上没有其他花纹；有些浅色个体在基色上具有不明显的斑点，呈现出模糊的大理石或"水印"状的花纹。

　　不丹、中国和缅甸都曾记录过具有类似"虎猫"斑纹型的个体，浅灰色毛发上布满具有深色边缘的黄褐色大块斑点（这一色型也被称为川藏金猫，早期曾被分为独立亚种，但暂未被承认）。亚洲金猫还有完全黑化的个体。除黑化个体外，亚洲金猫的尾巴下侧为明显的亮白色，尾端背侧为黑色。

相似种： 婆罗洲金猫与小个子的亚洲金猫非常相似，但这两个物种的分布区不重合。川藏金猫与云猫较为相似，但后者具有极长的管状尾巴，非常独特。非洲金猫在外形上与亚洲金猫非常相似，但是两者血缘关系较远，而且分布区不重合。

• 分布和栖息地

亚洲金猫沿喜马拉雅山脉南坡分布，从尼泊尔最东端到不丹南部和印度东北部地区，延伸到中国的南部至东南部（和中西部）、孟加拉国东南部、东南亚的大部分地区和苏门答腊岛。在加里曼丹岛没有分布。

亚洲金猫主要生活在森林中，包括低地和高地的热带雨林、干旱落叶林、针叶林和山地森林。偶尔在更开阔的栖息地也能发现亚洲金猫的身影，如茂密的灌丛、灌木草原、高山上的矮竹丛 – 草原斑块和矮杜鹃丛 – 草原斑块；它们也会出现在次生林或其他有人为干扰的林地。有时候会在人类聚居区附近目击或捕杀到亚洲金猫，包括在开阔的农田、小片森林、油棕林和咖啡种植园等环境。然而，类似的相关记录非常稀少，亚洲金猫不会在干扰严重的栖息地中长期生活。

通常在海拔 3000 米以下区域分布。在不丹的喜马拉雅山坡（海拔 3738 米）和印度锡

←除了通体黑色的个体，亚洲金猫的深色型还包括深灰色和深咖啡色。深咖啡色个体有时被称为"冷棕色"色型（C）

↓图为一只大理石纹或"水印"纹的亚洲金猫，具有模糊的斑点，介于单色型和花斑色型之间。这张红外相机照片拍摄于马来西亚兴楼—云冰国家公园（Endau-Rompin National Park），这种色型在该地区比较常见

↑雌性亚洲金猫的打滚行为主要出现在交配期。雌性通过打滚表示已准备好与雄性交配。交配结束后也会剧烈地滚动，原因未知，通常认为是为了提高受精成功率，但可能性不大

金（海拔 3960 米）也有过记录。

• 食性

人们对亚洲金猫所知甚少。跟大多数亚洲小型猫科动物一样，对亚洲金猫从未有过深入的系统研究。经过确认的食物组成包括多种中小型脊椎动物，各种鼠类和松鼠等啮齿类动物很可能是其主要的食物来源。

在现有的确切记录中，亚洲金猫最大的猎物是一只郁乌叶猴——约 6.5 千克，记录于马来西亚大汉山国家公园（Taman Negara National Park）。同一研究还发现，亚洲金猫还会捕食两种鼷鹿、帚尾豪猪、鸟类、蛇类和蜥蜴等动物。

亚洲金猫体形健壮，相传能够捕杀中型有蹄类动物，包括麂，以及与小牛体型相似的家畜。但亚洲金猫不大可能捕杀家畜。虽然有人射杀过位于家畜尸体旁的亚洲金猫，号称证实该物种会捕杀家畜，但实际情况可能是亚洲金猫正在吃死去的家畜腐肉；但它们有时会袭击家禽。

亚洲金猫似乎全天活动。在印度尼西亚、马来西亚、缅甸和泰国的不同地点，根据红外相机拍到的照片和两只个体的颈圈数据来

→圈养的亚洲金猫，头骨强壮、坚实。虽然缺乏直接证据，但这种头骨结构可能是亚洲金猫能够捕食小麂等有蹄类动物的原因（C）

看，相比夜间，它们在白天和晨昏更活跃。亚洲金猫非常善于爬树，但可能只是偶尔在树上捕猎，主要还是在地面觅食。

• 社会习性

目前仅有三只亚洲金猫个体的颈圈跟踪数据。其中两只成年个体（来自泰国绿山野生动物保护区）的数据表明，亚洲金猫营典型的独居生活。

雄性个体的家域面积（47.7平方千米）大于雌性（32.6平方千米）；并且雄性个体的一半家域与雌性个体家域的78%相重合，这种高度重合表明雄性个体的家域可能覆盖多个雌性个体的部分或全部家域。这些个体平均每天移动0.9～1.3千米（旱季/雨季，雌性）到2.1～3千米（雨季/旱季，雄性），单日最长移动距离分别为3千米（雌性）和9.3千米（雄性）。

亚洲金猫的种群密度还没有进行严谨估算。在泰国的14个保护区中，它们被红外相机拍摄到81次，与云豹（79张照片）相近；在当地的6种猫科动物中，亚洲金猫的相对丰富度排第4位，居豹、虎和豹猫之后。

• 繁殖和种群统计

亚洲金猫在野外条件下的繁殖情况未知。圈养条件下，亚洲金猫没有固定繁殖期，妊娠期78～81天。通常每胎产下1只幼崽，一胎2崽的情况很少，极少情况下会产下3只幼崽。对圈养个体的32次分娩观察中，29次产崽1只，其余3次产崽2只。圈养个体在18～24个月时性成熟；雌性最大生育年龄为14.5岁。

死亡率： 尚不明确；潜在天敌有虎、豹，可能还有云豹和豺。人为捕杀是导致亚洲金猫死亡的主要因素。

寿命： 野外个体寿命未知，圈养条件下可达17岁。

• 现状和威胁

亚洲金猫面临森林栖息地丧失和盗猎的威胁。这些威胁在其分布区内普遍存在，但种群现状和受威胁程度鲜有人知。

研究人员开展了大量红外相机调查，但在孟加拉国、柬埔寨、中国、印度和尼泊尔，亚洲金猫的记录依然非常少。在泰国、不丹、印度尼西亚（苏门答腊岛）、老挝、马来西亚、缅甸和越南，该物种的分布较广。

由于大部分时间在地面活动，亚洲金猫容易被猎套、猎狗所捕获。在更大型兽类均已销声匿迹的地区，亚洲金猫往往会成为人们狩猎的目标。例如，在孟加拉国东南的吉大港山区，人们会食用亚洲金猫。在中国和缅甸，盗猎猖獗，皮毛交易活跃。亚洲金猫偶尔会因捕食家禽而遭到捕杀。

↑亚洲金猫抓挠树干有两个目的：除了标记领域外，还可以磨掉断裂损坏的爪尖，保持爪子的锋利。有时能在标记过的树干中发现其断裂的爪尖

10.5 ～ 14 厘米

《濒危野生动植物物种国际贸易公约》附录 I
IUCN红色名录（2015年）：
◎ 无危（撒哈拉以南的非洲地区）
● 极危（北非地区）
种群趋势：稳定

体　长：♀ 63 ～ 82 厘米，♂ 59 ～ 92 厘米
尾　长：20 ～ 38 厘米
体　重：♀ 6 ～ 12.5 千克，♂ 7.9 ～ 18 千克

薮猫

英 文 名：Serval

拉丁学名：*Leptailurus serval*（Schreber，1776 年）

斑点型

麻点型

• 演化和分类

薮猫的形态与众不同，被分为独立的薮猫属。遗传学分析显示，它与非洲金猫和狞猫亲缘相近，共同组成了独特的狞猫支系。该支系大约从 850 万年前分化而来。部分学者认为，薮猫应归入狞猫属，拉丁学名改为 *Caracal serval*，以体现其演化过程。

根据体色和斑点特征，薮猫目前被划分出 7 个亚种，但这些特征即使在种群内也存在很大差异，其分类仍然存疑。其中，极危的北非亚种（*L. s. constantinus*）与撒哈拉以南非洲地区的种群长期隔离，因此该分类最为可靠。

• 描述

薮猫体型中等，高瘦苗条，腿惊人的长。尾短，仅为体长的1/3。头部小巧，耳朵奇大，呈抛物线形。背部呈淡黄褐色或金黄色，腹部逐渐过渡为浅灰色，全身布满粗犷的黑色斑点，在颈背、肩部和四肢合并成长条形的斑点。

一些带有淡色斑点的黄褐色薮猫，通常被称为"小薮猫"或"小斑薮猫"，一度被认为是独立物种，但其实只是薮猫的一种色型而已。这种色型多来自西非和中非地区，生活在热带稀树草原和热带雨林的交错地带。该色型最近的一次记录来自2013年的乌干达基巴莱国家公园。

在埃塞俄比亚、肯尼亚潮湿的高原地区，一些薮猫种群中常见黑化个体。主要分布在埃塞俄比亚、肯尼亚及坦桑尼亚的潮湿高原地区，但在干旱的稀树草原林地和雨林–稀树草原嵌合型生境中也偶有记录，前者如肯尼亚的察沃国家公园（Tsavo National Park）和安博塞利地区；后者如加蓬东南部的巴泰凯高原，以及中非的欣科河盆地中也偶有记录。有时正常色型、小型个体和黑化型会出现在同一个种群里，这类现象在巴泰凯高原和欣科河盆地曾有记录。

相似种： 薮猫的外形十分独特，在野外不容易与其他猫科动物混淆。一些浅黄褐色且无斑点的小型薮猫跟狞猫非常像。有时会因其皮毛而被误认成猎豹。

• 分布和栖息地

薮猫是非洲特有物种，广泛分布于非洲南部和东部，西非有零散分布，北非只有残余种群。在刚果盆地和撒哈拉的绝大部分地区都没有薮猫分布。

薮猫可以栖居于各种类型的稀树草原、草原和季雨林，尤其偏好河流、沼泽、苇地及漫滩生境。而在沙漠、半荒漠和赤道附近茂密的热带雨林中都没有它们的身影。不过，雨林–稀树草原嵌合生境和林间空地对于薮猫来说倒不失为理想的栖息地。

薮猫在干旱生境中会沿河道生活，很少深入干旱地区。比如1990年，在卡拉哈里大羚羊国家公园位于南非境内的卡拉哈里沙漠中就曾记录到一只薮猫。而在摩洛哥（可能

↓ 在所有猫科动物中，相较其体型，薮猫的耳朵所占全身的比例最大。图中这只来自肯尼亚的成年雌性薮猫，休息时耳朵几乎在头部中央交会

→很少能见到树上的薮猫，不过必要时它会成为攀爬好手。如果地表遮蔽不足，在受到天敌（包括人）的威胁时，薮猫便会爬到树上寻求庇护

还有阿尔及利亚）滨海地区，有湿地点缀的干旱灌丛生境中仍生活着薮猫的残存种群。

薮猫的分布海拔上限可达 3850 米，在非洲东部的高山和亚高山高沼地、竹林和草地生境都能生存。薮猫也能在农田里生活，那里有高密度的啮齿类动物。不过它们会避开缺乏遮蔽的开阔单一作物农田，其余的如咖啡园、香蕉园、甘蔗园、桉树林和松树林中都曾记录到薮猫的身影。

• 食性

在长草茂盛的区域，薮猫专性捕食小型兽类。按比例来说，薮猫的腿是所有猫科动物中最长的，自肩关节开始算的话，甚至比同支系的狞猫还要长 10 ～ 12 厘米。于是，它在使用超级敏锐的大耳朵听寻隐藏的猎物时，仍

→黑化个体大致分布在赤道两侧 5° 范围内，除此之外鲜有记录。原因尚不可知

能在茂盛的高草丛中敏捷且安静地行走。

通过对一个种群的详细研究，在薮猫的食谱中，啮齿目和鼩鼱科的动物至少占3/4，在南非夸祖鲁–纳塔尔省中部的农田里，该比例的峰值甚至达到了93.5%。其常见猎物的体重多在10～200克，包括非洲沼鼠、乳鼠、草原鼠、沟齿泽鼠、非洲侏儒鼠和尼罗河垄鼠等。薮猫偶尔也会捕食体型更大的啮齿类动物，如黄鼠、蔗鼠和跳兔，以及兔类（主要是草兔和薮兔）。

除了啮齿类动物，薮猫最重要的猎物便是小型地栖鸟类，如巧织雀、扇尾莺、侏秧鸡、云雀、奎利亚雀和织雀。在赞比亚卢安贝国家公园（Luambe National Park）开展的一项研究发现，薮猫经常捕食鸦鹃。其他大型鸟类，如头盔珍珠鸡、黑腹鸨、苍鹭、鹳和火烈鸟等，也是其捕猎对象。

薮猫还会伺机捕捉爬行动物和两栖动物（在湿地生活的个体会大量捕食青蛙和蟾蜍）。虽然节肢动物的能量不多，但是薮猫也会欣然接受大型昆虫（蝗虫、蚱蜢、蟋蟀）和淡水蟹类。

薮猫捕食小型肉食动物（如缟獴和大斑獴）的记录十分罕见，但也有发生。在塞伦盖蒂，人们观察到薮猫杀死了一只孤单的侧纹胡狼幼崽。薮猫还会捕捉有蹄类幼崽（最重可达7千克，包括汤氏瞪羚、侏羚和麂羚）及猛禽（如仓鸮，以及赞比亚的某种隼）。

薮猫可能会杀死无人照顾的绵羊或者山羊幼崽，不过这种情况很少见。在它们的排泄物中偶尔会发现植物，如草（可能起催吐作用），以及人工栽培的香蕉与牛油果。

薮猫主要在黑夜和晨昏时捕猎，并具领域性。除了追回逃走的猎物或寻获树栖的爬行动物和雏鸟，薮猫很少上树。天气寒冷时，带幼崽的雌性薮猫更多地会在白天出没，栖息地无人为猎杀干扰时，其个体也有如是节律。但与人为邻时，薮猫多在夜间活动。

捕猎时，薮猫会缓慢移动，频繁停顿辨听，定位猎物；锁定目标后，即弓起身体迅猛弹出将其擒获（可窜起至1米，"射程"可达3.6米）。通过前肢的快速伸展，薮猫可以强有力地控制住猎物；一套流畅的动作会迅速俘获猎物，并可能顺便将其吓得半死。

薮猫还可以生擒飞行中的鸟类和昆虫。捕捉大型鸟类时，薮猫会在短暂冲刺后迅速跃起，腾空将猎物拽下，离地垂直高度超过2米。它们还会用"钓鱼"的方法抓捕躲在洞穴里的啮齿类动物。例如，薮猫会在鼹鼠洞口连抓带挠，引诱后者出现。

大多数猎物都被薮猫精准咬住头部或颈背致死。薮猫的头骨构造轻巧，搭配上下颌，能快速杀死小型猎物。面对危险的蛇类（包括鼓腹咝蝰和莫桑比克射毒眼镜蛇）时，薮猫会不停地攻击蛇的头部，致其昏迷，再安全地咬住它们的头。薮猫会在进食前去掉鸟

↑一只薮猫向白腹鹳发起进攻，杂技般的捕猎动作令人眼花缭乱。迁徙季节，鹳及许多其他鸟类从欧亚大陆飞往非洲，薮猫捕食大型鸟类的数量也随之增加

类的羽毛，偶尔会去掉兽类猎物（如野兔）的皮毛。

在坦桑尼亚的恩戈罗恩戈罗火山口，最理想的、得到良好保护的栖息地，薮猫的捕食成功率为 50%；某只带幼崽的雌性，捕食成功率高达 62%。

薮猫在日间和夜间的捕食成功率相差不大，猎获物的相对比例取决于猎物本身的密度。比如，典型的夜行性动物如鼩鼱，大多是在夜里被捕获。一只薮猫平均每天杀死 15 ～ 16 只猎物，每千米范围内杀死 1.9 ～ 2.5 只。在恩戈罗恩戈罗火山口，人们曾深入研究过一群易于接近的驯化薮猫，发现成年个体每年大约要吃掉 4000 只啮齿动物、260 条

小蛇和 130 只鸟。

薮猫很少食腐。仅在少数情况下，人们发现它们啃食黑背胡狼和斑鬣狗的残羹；在肯尼亚还观察到它们在夜间偷吃狮子杀死的斑马，而狮子就在附近歇息。

• 社会习性

戴有无线电颈圈的薮猫不多，因此人们对它们的空间行为知之甚少。在恩戈罗恩戈罗火山，科学家曾开展过一项为期 4 年的研究，搜罗到了迄今为止关于薮猫最全面的信息。

薮猫一般是独居动物，有领域行为。不

↓薮猫的捕猎技巧与其他专性捕食啮齿类的物种有共同之处。这种高拱形飞跃，跟捕食啮齿动物的多种狐狸很像。而精准击打，则与猫头鹰爪子瞬间猛烈撞击猎物相似

过成年个体对同类极为宽容，甚至会一起狩猎和出行。薮猫的家域相互重合，个体间的争斗十分罕见。成年薮猫会追逐和攻击年轻个体，不过少有伤亡记录。

在恩戈罗恩戈罗火山口，雌性薮猫的平均家域面积为 1.6～9.5 平方千米；雄性为 3.7～11.6 平方千米。由于没有佩戴颈圈，这些数值仅是对其家域面积的最小估计。在南非的夸祖鲁南特省，研究人员分别给两只雌性个体和一只雄性个体佩戴了无线电颈圈，发现其家域面积分别是 15.8～19.8 平方千米（两只雌性）和 31.5 平方千米（一只雄性）。

薮猫的种群密度较高。在南非农田，有着完好的湿地栖息地，薮猫密度为 6 ～ 8 只 / 百平方千米。在恩戈罗恩戈罗火山，漫长的雨季期间，薮猫密度可达 41 只 / 百平方千米，不过该数据来源并不可靠。

• 繁殖和种群数量

薮猫没有固定的繁殖期。雨季期间，啮齿类动物数量暴增（南非通常是 11 月至次年 3 月，恩戈罗恩戈罗火山口则是 8 ～ 11 月），薮猫的幼崽出生率最高。妊娠期 65 ～ 75 天；每胎 2 ～ 3 只幼崽，最多时可达 6 只（仅记录于圈养状态下）。

圈养状态下，雌性 15 ～ 16 个月大时性成熟，可持续繁殖到 14 岁（野外个体的最高

↓尽管这只三个月大的薮猫幼崽已经能杀死小型猎物，但其生存仍然完全倚赖它的母亲

繁殖记录是 11 岁）；雄性 17～26 个月大时性成熟。6～8 个月大时，幼崽就已经独立，但会跟随母亲直至 12～14 个月大。

死亡率： 薮猫已知的天敌有豹、狮、尼罗鳄和家犬。马萨伊马拉还记录到猛雕捕捉薮猫幼崽——母猫试图救下幼崽但没有成功。薮猫也可能被其他大型猛禽、黑背胡狼、斑鬣狗和非洲岩蟒捕杀，但还没有确凿的记录。

寿命： 野生个体可达 11 岁（雌性），圈养条件下 22 岁。

● 现状和威胁

在撒哈拉以南非洲地区，薮猫分布广泛，相对常见。但在历史分布区的非洲北部、西部和最南端的大部分地区，薮猫已经灭绝或仅残存部分种群。北非的薮猫极度濒危，只在摩洛哥沿海和阿尔及利亚残留有少量种群。突尼斯的薮猫早已绝迹，目前已从东非将其重新引入费吉达国家公园（El Feijda National Park）。

在少数地区，薮猫的分布范围有所扩大。例如，它们正逐渐重新占据南非中部地区，那里农业发达、人造水源多。与此类似，由于森林砍伐，稀树草原生境逐渐侵蚀中非赤道两侧的林带边缘地区，这也可能有利于薮猫生存。

威胁薮猫生存的主要因素是栖息地丧失和人为猎杀。在非洲，湿地和稀树草原正面临过度开发的巨大压力。牲畜用水、焚烧林地和过度放牧使得适宜的栖息地和啮齿动物数量越来越少。只要有足够的遮蔽物和水源，在无人猎杀的情况下，薮猫也能适应农田生境。然而，即使薮猫基本不会攻击家畜和家禽，也往往会因为"具有潜在威胁"而遭到猎杀，因此遭殃的物种也不止薮猫一种。在皮毛和医药贸易中，薮猫十分受欢迎，尤其是在非洲东北部、西非的萨赫勒地区和南非。南非拿撒勒浸信会信徒会将薮猫的皮毛做成披肩，代替更为昂贵的豹皮。在刚果民主共和国、加蓬以及其他中非和西非国家，居住在乡村的人们常常捕捉薮猫作为野味。非洲有 10 个国家（包括没有确切证据的阿尔及利亚）允许合法捕捉薮猫。

↓年轻薮猫，如这些八周大的幼崽，仍无力抵御众多天敌。在这个年龄段，它们还无法随母亲外出猎食，因此，外出的雌猫通常将它们藏于茂密的植被或其他藏身之处

11 ～ 15 厘米

《濒危野生动植物物种国际贸易公约》附录 I
（亚洲），附录 II （非洲）

IUCN红色名录（2008年）: 无危

种群趋势: 无危

体　长: ♀ 61 ～ 103 厘米，♂ 62.1 ～ 108 厘米

尾　长: 18 ～ 34 厘米

体　重: ♀ 6.2 ～ 15.9 千克，♂ 7.2 ～ 26 千克

狞猫

英 文 名: Caracal

拉丁学名: *Caracal caracal*（Schreber，1776 年）

• 演化和分类

由于形态相仿，狞猫曾经被归入猞猁属，然而只看外表就将其归为同类并不可靠，实际上这两种猫并没有很近的亲缘关系——自然，狞猫曾经的异名"非洲猞猁"和"荒漠猞猁"也是误称。

在如今的分类系统中，狞猫和它亲缘关系最近的亲戚——非洲金猫共同组成了狞猫属。这个属和薮猫共同构成了狞猫支系，在850 万年前从猫科动物进化树上分化出来。

目前人们确认的狞猫有 9 个亚种，其中

7 个在非洲，剩下 2 个种则发现于亚洲和中东地区。这些亚种的区分主要基于毛色的细微差异。但事实上，狞猫的色型差异极大，以此作为分类依据是否合理也存在争议。

• 描述

狞猫体型中等，体格强壮，尾巴相较于身体显得有些短，垂下仅及后脚踝。后肢强健修长，前肢相对较短，因而站立时总显

↑没人确切知道狞猫醒目的耳毛究竟有何用处，有人认为这长长的"双马尾"有助于捕捉高频声波，但这个猜测目前未经任何科学研究证实（C）

得踮脚撅臀，成年雄性尤为如此。颅骨健硕，头顶生着令人难以忽视的大耳朵，耳郭背侧黑色，密布白毛，耳尖各有一簇黑色长毛。这簇耳毛的作用尚不明确，很可能同对比鲜明的深色脸斑一样，有助于狞猫个体间的视觉交流。

狞猫的体色深浅多样，可以浅到近乎白沙色，也可以深到砖红色，还有些是偏粉的浅黄褐色，而它们的腹部则都是极浅色的。一般来说，生活在荒漠地区的狞猫毛色较浅，比如中东地区的很多个体就是极淡的沙黄色。它们大体上没有斑纹，但有些个体的腹部有淡淡的斑点或斑块。深色如褐巧克力色的狞猫偶有记录，而真正的黑色型则极为罕见，仅有的三次对纯黑个体的观察记录分别来自肯尼亚和乌干达。而在以色列则有一种体色深灰、四肢通常有重点色的特殊色型的狞猫。

相似种：狞猫是非常与众不同的动物。若是在非洲，一眼看去会觉得它和非洲金猫有些相似，但这两种动物的分布范围基本没有重合。在西非和中非稀树草原上生活的狞猫可能容易和纯色型的薮猫相混淆。而在其亚洲的分布范围内，它那与猞猁相似的外表又会给人带来困惑，不过仅在塔吉克斯坦西南部、伊朗东北部和土耳其东南部的一条狭长区域中，才有零星几块狞猫和欧亚猞猁的分布重合区。

• 分布和栖息地

土耳其南部、除了阿拉伯半岛内陆的整个中东地区，以及从里海东岸一直到印度中部的西亚地区都有狞猫分布；除了纯粹的沙漠和雨林覆盖区，在非洲大部分地区也都能找到狞猫的踪迹。

狞猫对栖息地的适应程度很高，能比其他近似体型的猫科动物更好地利用开阔地带和干旱环境。稀树草原、干旱森林、草地、滨海灌丛、半荒漠的丘陵或干旱的山地环境都可以成为它们的理想家园。在特定区域，狞

→肯尼亚马萨伊马拉禁猎区（Masai Mara National Reserve）内，一只狞猫匍匐在低矮草原上追踪猎物

猫也会选择栖身于常绿灌丛或山林之中，特别是有开阔平原环绕的小片森林覆盖区，例如埃塞尔比亚高原。它们避开了接近赤道的中非和西非森林带，在刚果盆地周围广阔的森林－稀树草原交错带中也难觅其踪。狞猫不会涉足阿拉伯半岛内、纳米布沙漠和撒哈拉沙漠一带那些真正的不毛之地，但有时会现身于极干旱环境中散布的岩石地带、孤山以及河道附近。

就海拔而言，摩洛哥阿特拉斯山上海拔2269 米处曾有它们出没的记录；而在埃塞俄比亚高原上，狞猫生活的海拔记录达到了惊人的 3300 米。只要找得到藏匿之所，狞猫不会特意避开牧场和农田，甚至在人工桉林以及松树种植园中也曾发现过它们的行踪。

• 食性

狞猫是可怕的猎手。它们那肌肉发达的修长后肢可以爆发出惊人的弹跳力，一跃之下，速度和垂直高度都足以令人瞠目。和体型相近的薮猫相比，它们的前爪显得更加巨大、强壮；它们的颅骨、牙齿、颞肌和咬肌都极为强健。以上这些适应特征都反映出狞猫惊人的捕食能力——狞猫可以猎杀体重 4 倍于自身的哺乳动物，尽管没有哪个种群会专门打超大型猎物的主意。

总的来说，5 千克以下的兽类构成了狞猫的日常餐食，而偶尔收获的大型猎物——有时重达 50 千克——则是特别的盛筵。哺乳动物占狞猫食谱的 69.8% ～93%，甚至 95%，前者为南非西海岸国家公园（West Coast National Park）的调查数据，后者为南非山地斑马国家公园（Mountain Zebra National Park）的数据。在开普省，狞猫的主要猎物是岩蹄兔、啮齿动物、山羚、短角羚、黑耳岩羚、小岩羚、山苇羚、跳羚和几种麂羚。在卡拉哈里大羚羊国家公园中，其食物构成中近 60% 由跳兔、海威尔德沙鼠、勃兰特旱台鼠和花鼠构成；而土库曼斯坦的狞猫

↓ 在所有中型猫科动物中，狞猫的生境是最开阔、干旱的。这张照片摄于纳米比亚埃托沙盐湖边缘地带，那里有涌泉滋润着草甸和苇丛的生长，为狞猫提供了合适的蔽身之处

↑阿拉伯半岛上的狞猫种群只活动于沿海的山地荒漠环境，长远来看，生活于这样的环境中不免前景堪忧。图中个体摄于也门豪夫自然保护区（Hawf Protected Area）

则以托氏兔、大沙鼠和各种跳鼠为主食。

现有记录中，狞猫收获的最大型猎物是成年薮羚、雌性高角羚和尚未成年的扭角林羚；若把范围限定在亚洲和撒哈拉地区，这项记录还包括亚成体或一岁以内的蛮羊、小鹿瞪羚和鹅喉羚。如果时机正好，狞猫对小型食肉动物也会毫不客气地大开杀戒。根据记录，"丧身猫口"的最大掠食者是黑背胡狼和赤狐。蝠耳狐、南非狐、笔尾獴、非洲野猫和非洲艾虎则携手填饱了卡拉哈里大羚羊国家公园里10%的狞猫。在以色列，家猫和埃及獴也不时成为狞猫的腹中餐。

除哺乳动物以外，狞猫食谱中占比最重的猎物是鸟类，主要包括珠鸡、鹧鸪、鹌鹑、石鸡、沙鸡、鸠鸽和小型雀鸟，更大些的种类有灰颈鹭鸨和蓝孔雀，甚至根据粪便记录，鸵鸟也被狞猫列于菜单之中。没人知道狞猫能以什么样的频率猎得成年鸵鸟，但有可靠资料证明曾有一只鸵鸟的成年个体在睡梦中成为狞猫的爪下亡魂。大型猛禽遭到"毒手"的事例虽然罕见，但战斗力强如猛雕、草原雕、茶色雕，在夜间休息时也难免被狞猫乘虚而入。

爬行动物也不能幸免，狞猫甚至可以捕食巨蜥和大型蛇类。在南非西海岸国家公园，爬行动物占狞猫食谱比例的12%~17%。狞猫偶尔还会捕捉两栖动物、鱼类以及无脊椎动物来打牙祭。在卡拉哈迪区收集到的狞猫的粪便中，有1/4的概率可以找到甲虫，但这些无脊椎动物在狞猫的摄食量中占比微乎其微。

狞猫也会袭击小型家畜，尤其是在家畜放养、无人看管的区域，如果再加上野生猎物密度低，这种袭击事件就发生得更加频繁。在非洲南部的农牧区，家畜占狞猫食物来源的3.6%～55%，家禽就更是轻而易举了。

狞猫一般在夜间和晨昏时外出觅食，若是在温度较低的区域，则更倾向于日间活动，这可能反映了猎物密度下降的时期，或者反映出偏好猎物的日行习性；例如，卡拉哈迪区狞猫就相当依赖日行性的勃兰特旱台鼠。在保护良好的区域，狞猫也会更多地选择在日间活动。

虽然多数的捕猎行为发生在地面，但狞猫其实是攀爬高手，猎杀高树栖鸟的行为证明了它们的树上捕食能力。它们主要靠视觉和听觉定位猎物，而后要么悄悄靠近，要么埋伏起来，待猎物靠近至5米以内时发动致命一击。

通过追踪足迹，重建捕猎过程，人们发现卡拉哈迪区狞猫在2/3的捕猎行动中均未尝试潜近猎物，它们要么是在猎物出现后埋伏于灌丛，待到距离足够接近时直接现身出击；要么是一锁定目标就立即出手。它们的最后冲刺是爆发性的——事实上，我们常常将这个物种誉为"小型猫科动物中的博尔特"。它们追击猎物的奔袭距离可以达到379米，但一般情况下实际追逐距离会短得多，对小型猎物的平均追赶只有12米，而追击大型猎物的平均距离也仅有56米（卡拉哈迪区的数据）。

狞猫是出类拔萃的运动健将，立定一跃至少能达到两米以上的高度，而奔跑中的一跳则可轻松超过 4.5 米。众所周知，它们可以捕捉飞行中的鸟，甚至可以在一跃之间击落数只鸟。这项技能颇受青睐，多个亚洲国家都曾驯养狞猫来辅助狩猎。

狞猫杀死小型猎物只消在其颅骨或后颈上致命一咬；而要制服有蹄类动物，则会咬住其咽喉使之窒息，同时，它们还会用强有力的后爪狠狠挠在猎物的胸前或腹部，在尸体上留下骇人的深长爪痕。有时也会发生针对后颈和咽喉发动两次致命攻击才得手的情况，比如在卡拉哈迪区记录到的一次狞猫捕杀非洲野猫的案例，其伤痕可能说明了狞猫根据猎物的挣扎和防卫而改变了攻击点。

狞猫的捕猎成功率我们知之甚少。根据对其足迹的追踪，卡拉哈迪区的狞猫大约有 10% 的命中率，但这种调查方法很可能会低估它们对小型猎物的捕猎成功率，因为食用这些小动物几乎不会产生残余。在同一项研究中，狞猫成功捕食大型猎物的概率是 20%。上述数据平均来看，卡拉哈迪区狞猫每活动 1.6 千米会发动一次袭击，而每 16.3 千米的活动距离能捕杀一只猎物。据估计，在印度萨里斯卡虎保护区中，一只狞猫每年能够吃掉 2920 ～ 3285 只啮齿类动物。

狞猫会用厚厚的覆盖物来掩藏大型猎获物，这类存货够它美餐 4 ～ 5 个夜晚。它们很少会拖着大型猎物长距离奔波，一般会在捕猎后当场用餐；如果不远处能找到遮蔽物，它们也可能将美餐拖离几米保护起来。

狞猫不会啃食大型猎物的主要骨骼。它们往往会吃光有蹄类猎物所有的软组织和软骨，留下关节连接完好的整具骸骨。狞猫十分乐意捡食动物尸体，也不介意盗食寄生，特别喜欢从非洲金狼嘴里抢夺现成猎物（当然非洲金狼也会从猫口夺食）。在沙特阿拉伯，骆驼和瞪羚的残骸是狞猫重要的食物来源；而在非洲南部沿海地区，非澳海狗的尸体则是"便宜"的美餐。极少见的情况下，狞猫会将猎物拖上树，这种行为大概是为了应付其他食肉动物的直接威胁。

←尽管两只非洲金狼果断反击，但还是被一只狞猫侵占了它们的战利品——一只死去的蝠耳狐。图片摄于南非卡拉哈里大羚羊国家公园

• 社会习性

针对狞猫的生态学研究还太少，仅有以色列和非洲南部进行的无线电颈圈追踪研究，这些有限的信息揭示出其典型的猫科动物行为模式。成年狞猫基本是独来独往的，还会长期维持较为固定的家域，这些领域中的核心区域是"他猫勿入"的禁地，但更广阔的边缘区域则与邻里有所重合。狞猫采用气味标记或地面刨坑等方式宣示领域。成年狞猫，尤其是雄性个体，脸上和耳朵上常常留有很多可能是同类争斗造成的伤疤。

狞猫的家域很大——当然，人们倾向于在较为干旱的生境中进行无线电追踪，这样的数据显示其家域面积偏大也在意料之中。记录中的狞猫家域面积最小的种群在相对湿润的南非西开普省沿海一带，雌性家域为 3.9～26.7 平方千米，雄性家域为 5.1～65 平方千米。在以色列阿拉伯谷，雌性狞猫的家域面积平均为 57 平方千米，而雄性平均为 220 平方千米。

根据有限的测量数据，卡拉哈迪区狞猫的雌性个体平均拥有 67 平方千米的家域，雄性拥有 308 平方千米。纳米比亚中部的三只雄性个体，家域范围为 211.5～440 平方千米。在沙特阿拉伯哈拉特哈拉保护区（Harrat al-Harrah Protected Area），有一只雄性个体佩戴了 11 个月无线电颈圈，它涉足的范围达 865 平方千米，而且没有任何迹象表明哪一处是它最为看重的核心区域。

很少有对狞猫种群密度的可靠估算——在一个小型保护区内，如果啮齿动物数量充足，又没有构成竞争关系的大型食肉动物，那么每100平方千米内可以容纳将近15只成年狞

↓这两只 6 个月大的狞猫依然在母亲（左一）的庇护下生活，它们还要再过 3～6 个月才能离开母亲独立生存。图片摄于肯尼亚马萨伊马拉禁猎区

猫个体（数据来自西海岸国家公园内的波斯特博格保护区）。

● 繁殖和种群统计

狞猫全年都可繁殖，在气候温和的地区有微弱的季节性——分娩高峰期分别为 10 月至次年 2 月（南非）和 11 月至次年 5 月（东非）。这种节律在季节更替较为明显的地方会更为显著。

狞猫的发情期为 1～6 天，这段时间内雌性狞猫和雄性狞猫会成对活动。曾有记录显示，曾有多达 3 只雄性狞猫伴随同一只发情的雌猫，而它们都得到了交配的机会。孕期为 68～81 天，平均一胎可以娩出 2～3 只幼崽，偶尔也能达到惊人的 6 胞胎。小狞猫在 9～10 个月大时开始独立生活，之后便遵从典型的猫科动物扩散模式：女儿留在母亲领域附近，儿子远走高飞。一只以色列的雄性个体在离开繁殖地后散居于 60 千米以外，而一只年轻的卡拉哈迪区雄性个体在 5 个月内远迁了 100 千米，直到它遭到射杀。雌雄两性都会在 12～16 个大月时性成熟。在圈养环境下，曾有一只雌性在 18 岁时仍能成功分娩。

死亡率： 成年狞猫不时会遭到如狮和豹这样更大型食肉动物的捕杀。有记录表明非洲金狼会捕食狞猫幼崽，这些小猫在广大的食物链中可能十分脆弱。雄性的杀婴行为也偶有出现，但并不清楚究竟是在何种情况下发生的。

寿命： 野外个体的寿命尚不明确，圈养狞猫可以活到 19 岁。

←在缺乏遮蔽物的环境中，狞猫很容易成为食腐动物的打劫对象。尽管它们会竭力守护猎获物，然而当对手是体型远大于自己的斑鬣狗时，狞猫往往只能弃食而逃

● 现状和威胁

狞猫分布很广，在非洲东部和南部较为常见，罕见于中部、西部和北部，这里有些种群不过是勉强维持，但在大型的保护区中其种群数量可能会比较稳定。它们在中东和亚洲西部较为广布，但种群密度都很低。在人类活动的威胁下，这些狞猫的生存状况更为恶劣，因此它们在亚洲的大部地区都被视为濒危物种。

在非洲中部、西部和北部以及亚洲的大部分地区，栖息地退化、猎物数量减少以及人类猎捕是悬在狞猫头上的“三把剑”。在畜牧场，针对狞猫的人为捕杀极为密集，特别在纳米比亚和南非，狞猫一般被看作是当地的“有害动物”，在保护区外可无限制猎杀。不过尽管如此，它们在非洲南部的种群相对稳定。大概是由于对栖息地的适应良好，猎物又很多，再加上没有更大型的天敌出没，因此这个区域的狞猫并不那么容易遭受灭顶之灾。狞猫的长途迁徙能力也让它们得以迅速占据人类长期猎捕留下的栖息地空档。非洲东部和南部的人们会将狞猫作为运动狩猎的目标，并且几乎没有限制。

12.6 ～ 14.6 厘米

《濒危野生动植物物种国际贸易公约》附录 II
⊙ IUCN红色名录（2015年）：易危
种群趋势：下降

体　　长：61.6 ～ 101 厘米
尾　　长：16.3 ～ 37 厘米
体　　重：♀ 5.3 ～ 8.2 千克，♂ 8 ～ 16 千克

非洲金猫

英 文 名：African Golden Cat

拉丁学名：*Caracal aurata*（Temminck，1827 年）

• 演化和分类

　　非洲金猫的形态特征与亚洲金猫非常相似，以前二者曾被归为一类。不过遗传学分析显示，二者并非近亲。与非洲金猫亲缘关系最近的物种是狞猫，两者约于 190 万年前分化，现在均被归入狞猫属。非洲金猫与薮猫的亲缘关系稍远，约于 850 万年前分化。这三个物种共同组成了狞猫支系。

红色型

灰色型

目前发现非洲金猫有 2 个亚种，分别分布于尼日利亚的克罗斯河以西，以及刚果民主共和国的刚果河以东。亚种划分主要基于被毛的外观差异，仍需要遗传分析加以确认。

←非洲金猫口鼻粗大，外形独特，跟小个子的非洲豹外形相似。非洲金猫有多个俗名，大多意为"豹之子""豹的兄弟"，反映了非洲金猫与豹的相似（C）

• 描述

非洲金猫中等体型，结实稳健，尾巴不长不短，恰能垂至后脚跟。头部相对健壮，面部较短，口鼻部较大，耳圆，耳背为灰黑色。刚出生的幼猫有时耳尖长有簇毛，这可能是非洲金猫与狞猫共祖的标志。幼猫的簇毛数月后会消失，未曾见于成年个体。

非洲金猫的毛色差异较大，主要分为红棕色和灰色两种色型。这两种色型各自变化

↓在非洲金猫的许多分布区，非洲金猫都与豹同域共存，而豹也是非洲雨林地区唯一的大型猫科动物。在豹消失的地区，非洲金猫就成为了当地的顶级食肉动物，如乌干达的基巴莱国家公园，图中的金猫个体就拍摄于此

↑一只非洲金猫正在攻击一只红疣猴。近期有视频证实金猫会尝试捕捉比它们重很多的猎物

较大，前者可从黄褐色至红褐色，后者从银灰色到蓝灰色，二者之间还有过渡色型，不同色型之间非常容易混淆。同一窝幼崽可以出现两种色型。斑纹的样式也多种多样，大如玫瑰花瓣状的大块斑纹，小如黯淡的小斑点都有，甚至有的个体除腹部外全身无斑点。

在分布区西部（如加蓬）的个体，斑纹的差异性更大，斑点多的个体更为普遍。而分布区东部（如乌干达）的非洲金猫则比较相似，身上的斑纹都比较轻。刚果民主共和国、利比里亚以及乌干达都有过非洲金猫的黑化个体记录，但出现频率较低（低于种群数量的 10%），黑化个体可能在高海拔地区更为常见。

金猫个体不换毛色。一个可疑的报告曾引起误解，称一只年老体衰的圈养金猫的毛色从淡红色慢慢变成了灰色，不久后死亡。不过对圈养个体的观察证实，随着年龄的增长，非洲金猫的毛色确实会逐渐变深。

相似种： 外表与亚洲金猫相似，但在野外不会同域分布。非洲金猫与狞猫有些相似，但大多数金猫生活在雨林中，而雨林中没有狞猫。非洲金猫与狞猫同域分布的范围非常有限，不及金猫分布区的 6%，比如中非南部。

• 分布和栖息地

非洲金猫是赤道非洲的特有物种，在西非和中非生存有两个互不相连的种群，被达荷美峡谷所隔离。金猫在西部裂谷——艾伯丁裂谷以东有分布，但东部裂谷——格里高利裂谷以东的分布尚未被证实。

非洲金猫喜欢潮湿的森林，包括竹林、山地森林及亚高山森林，从海岸到海拔 3600 米的混合林均有分布。在热带稀树草原地区，金猫栖息在河畔树林中。但热带稀树草原就是它们分布的"极限"，比其更干旱、更开阔的栖息地不会有非洲金猫。而树木茂密的热带稀树草原，以及草原森林混合植被区，也会有非洲金猫出没。受到人为干扰的地区，如森林中的香蕉种植区以及长有次生林植物的采伐区，也可以成为非洲金猫的栖息地。

• 食性

非洲金猫是非洲最鲜为人知的猫科动物。目前主要通过粪便分析法确定其食物构成。金猫最重要的猎物是体重小于 5 千克的小型兽类，主要是各种鼠类、松鼠、非洲丛尾豪猪以及地鼠、鼩鼱等食虫动物。

森林中的小型羚羊，尤其是蓝麂羚，也

会成为非洲金猫的猎物。在一些地区，蓝麂羚甚至在金猫的食谱中比重更高。金猫还会捕食树穿山甲，小型灵长动物如婴猴，以及稍大的灵长动物，如长尾猴（4～6千克）、疣猴（4～6千克）等。

目击金猫捕猎的案例很少，其中有一例是金猫在地面上捕杀一只白喉长尾猴。在乌干达的基巴莱国家公园，从2014年起，有两台摄像机拍下了金猫捕食的画面：一只金猫叼着刚刚捕杀的年轻成体红尾猴；而另一个画面更为惊人，一只体型较小的金猫（可能是雌性成体）攻击正在地面上觅食的红疣猴群，并抓住一只比自己体型大很多的成年猴，但猴子最终还是逃脱了。

薮猪也在金猫的食谱中，但不清楚金猫是直接捕杀薮猪（年轻的薮猪比较脆弱），还是吃其腐肉。

鸟类也是金猫的重要猎物，其重要程度仅次于小型兽类，尤其是地栖鸟类，如鹎鸫、珍珠鸡等。毫无疑问，金猫也会吃两栖、爬行动物，尽管这样的记录很少。在来自加蓬的205份金猫粪便中，有11份发现了爬行动物的鳞片。

金猫可能也会猎杀无防备的家禽，但加蓬及乌干达基巴莱地区的受访农民并没有把金猫当成害畜。在基巴莱国家公园的周边地区（金猫是当地除家犬外最大的食肉动物），金猫偶尔涉嫌捕杀小羊，但目前缺乏明确的证据支持。

金猫主要在地面捕食。红外相机记录显示，金猫昼夜都很活跃，其中黎明、中午、傍晚至黄昏这些时段最为活跃。金猫偶尔会

←非洲金猫的栖息地植被茂密，即便是白天，也总是光线黯淡。与生活在开阔地带的其他猫科动物相比，非洲金猫的夜间视力可能是最敏锐的

↓图为一只红色的非洲金猫，拍摄于加蓬伊温多国家公园（Ivindo National Park）附近的特许采伐区，这只金猫身上的斑点数量中等。红外相机通常沿金猫经常使用的小路安放，确保拍摄照片时不会干扰金猫

吃死于陷阱、围网的动物，也会吃被鹰杀死后掉落到森林地表的动物。

• 社会习性

红外相机拍摄到的影像大多是独居的成年金猫。非洲金猫拥有典型猫科动物的社会习性，即雄性家域与数只雌性成年个体的全部或者部分家域重合。成年金猫更喜欢沿着道路或界限清楚的小径活动，并在显著的位置留下尿迹和粪便，这是金猫标记领域的行为。

目前还没有对金猫家域面积的可靠估算，对其种群密度的唯一严谨估计来自加蓬：在未受保护的、打猎强度中等的成熟森林中，非洲金猫的种群密度是 3.8 只 / 百平方千米；在保护良好的、未受干扰的森林中，其种群密度可高达 16.2 只 / 百平方千米（伊温多国家公园）。

• 繁殖和种群统计

研究人员对非洲金猫野外种群的繁殖了解极少。关于其妊娠期的唯一记录来自圈养条件下的金猫，妊娠期为 75 天。该金猫产崽 3 次，每胎 2 只幼崽，幼崽大约 6 周龄时断奶。圈养雌性金猫 11 个月达到性成熟，雄性则为 18 个月。

死亡率：未知。豹是已确认的天敌。

寿命：野外个体未知，圈养个体可达 12 年。

• 现状和威胁

近期的红外相机记录显示，在适宜的栖息地中（包括次生林和择伐林），金猫拥有中等甚至较高的密度，但金猫在自然界中仍被认为是罕见的。它们对森林环境变化的耐受性比预想的好，但还是依赖植被覆盖的森林。

在金猫的大部分分布区，森林被砍伐后成为开阔地，野生动物消失殆尽，这便是对金猫最严重的威胁。而西非及中非地区的野外狩猎已经严重影响金猫猎物的生存。在一些地区，金猫常常被误杀，或是因为人们为了口腹之欲和迷信的原因而被有意捕杀。

↓与许多猫科动物类似，非洲金猫喜欢沿着道路或者小径寻找捕食机会，还会在醒目的树木或灌丛留下气味标记

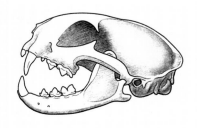

8.5 ～ 10.8 厘米

《濒危野生动植物物种国际贸易公约》附录 I
IUCN红色名录（2015年）：无危
种群趋势：下降

体　长：♀ 43 ～ 74 厘米，♂ 44 ～ 88 厘米
尾　长：23 ～ 40 厘米
体　重：♀ 2.6 ～ 4.9 千克，♂ 3.2 ～ 7.8 千克

乔氏猫

英 文 名：Geoffroy's cat

拉丁学名：*Leopardus geoffroyi*

（d'Orbigny & Gervais，1844 年）

• 演化和分类

乔氏猫属于虎猫属，和南美林猫亲缘关系最近，它们在大约 100 万年前从共同的祖先分化而来，这两个物种一度被认为和南美草原猫同属虎猫属。

最近的科学研究认为，乔氏猫和南美林猫与小斑虎猫一起，代表了虎猫属下一个亲缘关系密切的分支。在巴西南部，乔氏猫和南小斑虎猫的栖息地重合，彼此杂交，后代可育。这样的地区被称为活跃杂交区，反映了两个物种间非常密切的进化关系。

乔氏猫的亚种多达 4 个，但是初步的基因检测结果表明，这 4 个亚种在分子层面非常接近。

• 描述

乔氏猫是南美洲温带地区所有小型猫科动物里体型最大的，可以达到大型家猫的大小（基于少数测量数据，安第斯山猫可能和乔氏猫体型相似）。

雄性乔氏猫的体重通常是雌性的 1.2 ～ 1.8 倍。不同栖息地间的乔氏猫，体型差异也非常大，这可能取决于栖息地范围内猎物的丰富度（与通常报道不同的是，乔氏猫的体型在栖息地中并非由北向南变大）。

↑图片中的乔氏猫摄于玻利维亚中部的安第斯山区。摄影师模仿一种沙漠小动物的短促叫声，诱其接近

↓这只雄性乔氏猫脸上的伤疤可能是在和其他雄性的领域冲突中留下的。大多数猫科动物的领域冲突很少造成致命伤害，但是领域意识强的成年个体在一生中会不停累积这样的伤疤，年老雄性个体的身上尤为明显

根据少量捕获个体的测量结果，乔氏猫的平均体重在各分布地略有差异。在乌拉圭，雌性乔氏猫的平均体重为 3.1 千克，雄性为 3.7 千克。在智利百内国家公园（Torres del Paine National Park），雌性为 4.1 千克，雄性可达 5 千克。而在阿根廷图优原野国家公园（Campos del Tuyú National Park），雌性乔氏猫的平均体重达 4.2 千克，雄性则可重达 7.4 千克。

乔氏猫的皮毛颜色多样，可如黄褐色般浓重，也可如浅黄色和银灰色般苍白。一般说来，南部个体的颜色更淡，北部个体的皮毛则呈黄褐色或者红色。实心的黑褐色或者黑色小斑点覆盖全身，并在后颈、胸部和下肢相连。尾巴上有 8 ～ 12 条环状色带，色带间穿插有小斑点，越靠近深色的尾尖，色带越宽。

乔氏猫易患黑变病，该病高发于乌拉圭、巴西东南部和阿根廷东部地区，在其他栖息地则比较罕见。

相似种：在外形上，乔氏猫和它的近

亲南美林猫非常接近，不过后者体型远小于乔氏猫，皮毛颜色更加浓重，并且拥有标志性的毛蓬蓬的尾巴。这两个物种只在南美林猫栖息地的最东部有重合，比如阿根廷南部的卢斯阿莱尔塞斯国家公园（Los Alerces National Park）和智利的普耶韦国家公园（Puyehue National Park）。

• 分布和栖息地

从玻利维亚中部到巴拉圭西部、巴西最西南角到乌拉圭，以及阿根廷的大部分地区、智利南部麦哲伦海峡一侧，都能找到乔氏猫的身影；它们扩散的脚步停留在安第斯山东部，仅有少数个体深入智利东部与阿根廷接壤的地区。

乔氏猫的栖息地类型繁多，包括亚热带和温带的各种灌木林、树林、干性森林、半干旱低矮灌丛、潘帕斯草原、沼泽和高山盐碱荒漠等；从海平面到海拔 3300 米的安第斯山脉都有其分布。它们会出现在开阔草地，但更典型的活动区域则是密布林木和灌丛的地区，或是植被丰富的沼泽地带。热带或温带雨林中没有它们的身影。在一些人为改造过的区域，比如灌木和草地相间的大型农场，乔氏猫也偶有出现。另外，它们也会出没于针叶林种植园里，特别是还残留着原生植被的地方。

在阿根廷中部埃内斯托·托恩奎斯特省级公园（Ernesto Tornquist Provincial Park），佩戴了无线电颈圈的乔氏猫的活动轨迹显示，它们会避开被野马侵袭的自然草

地，而主要在公园外生长过剩的外来树种形成的林地活动。有报道显示，它们也会住在潘帕斯玉米田废弃的住宅里。

• 食性

乔氏猫是灵活的全能猎手，其猎物的78%～99%都是小型脊椎动物，猎物种类则依地区和猎物的可获得性而改变。在大部分种群里，体重200～250克的啮齿动物是其主要食物，包括草鼠、米鼠、沼泽鼠、豚鼠，此外还有小型雀形目鸟类。春夏之交时，乔氏猫对雀形目鸟类的捕猎尤甚。

一些乔氏猫也可能以体型更大的猎物为猎食目标，这取决于所处的季节和地点。在很多地区，欧洲野兔（体重2.5～3千克）已经成为乔氏猫的重要猎物。在智利南部，乔氏猫的体型较大，其超过一半的猎物都是欧洲野兔；而体型较小的乔氏猫则较少捕猎欧洲野兔，例如在阿根廷利韦尔卡莱尔国家公园（Lihué Calel National Park），野兔只占乔氏猫食物构成的2%。

生活在沿海潟湖地区的乔氏猫，主要以平均体重为1.3千克的大型水鸟为食，涵盖12个种类，包括美洲䴙䴘、白脸彩鹮、骨顶鸡、雁鸭，以及智利红鹳和扁嘴天鹅等更大的鸟类。在春季水鸟数量达到顶峰时，它们是乔氏猫最重要的食物；夏秋季节鸟类数量因迁徙而减少，乔氏猫便转而捕食啮齿动物和欧洲野兔。

乔氏猫偶尔也会捕食其他动物，如海狸鼠（引进物种）、六带犰狳、毛犰狳、树豪猪、小负鼠、小型爬行动物、两栖动物、螃蟹、鱼类和无脊椎动物（主要是甲虫，它们能提供的能量很少）。乔氏猫常会袭击家禽，还有食用绵羊尸体的记录（如在巴西南部）。

乔氏猫主要在夜间和黄昏出没，接近黄昏时活动增加，晚上21点到次日4点最为活跃。2003年，利韦尔卡莱尔及周边地区遭遇严重干旱，乔氏猫猎物的种群数量锐减。在此期间，无线电颈圈追踪结果显示，该地区的乔氏猫主要集中在日间活动，很可能是为了寻找食物。旱期过后，它们又恢复了夜间和黄昏猎食的模式，93%的活动都发生在晚上20点到次日6点间。

乔氏猫主要在地面寻找隐藏在地表植被里的小型啮齿动物和鸟类。尽管它们非常擅长攀爬，但从没有在树上狩猎的记录。它们也习惯于在沼泽里游泳和捕猎，在岸边捕捉海狸鼠、沼泽鼠、鸟类、蛙类和鱼。生活在沿海潟湖区域的乔氏猫会捕捉在浅滩密集植被里生活的水鸟。

乔氏猫会把大型猎物藏起来。在智利，人们曾两次观察到乔氏猫拖着欧洲野兔的尸体爬上南山毛榉树。在阿根廷，有人观测到一只雌性乔氏猫试图把一只红腿叫鹤的尸体拖上树，失败后转而将其藏在自己占领的洞穴里。

• 社会习性

乔氏猫是独居动物，雄性的家域比雌性大，且通常覆盖多只雌性个体的家域。一些无线电监测数据显示，乔氏猫的家域范围并不稳定，它们很容易放弃固定家域，不过

↑一只乔氏猫从脖子后侧咬死了一只豚鼠。这种猎杀方式非常有效，乔氏猫通常用这招快速杀死小型猎物。但大型猎物的脖子相对粗壮得多，难以一招杀死，乔氏猫便会咬住猎物的喉咙使其窒息而亡

这可能是因为监测时恰逢其种群生态压力极大，个体大量更新的时期。比如在利韦尔卡莱尔，2006 年大旱时监测到的乔氏猫，两年后只能找到 11% 的残留个体。

在智利的百内国家公园，一只雌性乔氏猫的家域维持 3 年不变；另一只雌性在亚成体时被捕获并标记，两年后它仍在当初被捕捉的地区活动。我们并不知道乔氏猫对领域的保护性有多强，但是它们会勤快地为自己的领域作标记。

乔氏猫与其他猫科动物不同的是，它们会在标记过的树上反复排便。日积月累，树上便会形成引人注目的粪堆。比如在百内国家公园收集到的乔氏猫的 325 个粪便样本，其中有 93% 的样本来自树上，这些粪堆一般位于树木主枝干分叉形成的天然平台或凹陷区域，离地高 3 ～ 5 米。地上的粪堆有时也被当作领域标记。在阿根廷的 5 个保护区里，47.6% 的排泄地点在树上；38.1% 在地上，其中大部分是沿着小径被采集到，剩下的则在洞穴里被发现。

雌性乔氏猫的家域面积为 1.5 ～ 5.1 平方千米，雄性领域则在 2.2 ～ 9.2 平方千米；乔氏猫最大的家域是在邻近人类活动的地区发现的，那是在阿根廷中部偏东，农业用地和林地间生的区域。无线电颈圈的跟踪数据显示，在保护状况良好的阿根廷潘帕斯草原，雌性乔氏猫平均每天移动 583 米，最远可达 1774 米；雄性乔氏猫平均每天移动 798 米，最远可达 1942 米。相比之下，在受人类活动影响的农业用地和林地相间的地区，雌性乔氏猫平均每天移动 680 米，最远为 2859 米；雄性则平均每天移动 1213 米，最远可达 3704 米。

乔氏猫的行动不受河流限制。无线电颈

→虽然乔氏猫不像其他新热带猫科动物（比如虎猫和豹猫）那样出名，但是在很久之前，它也因为自己的斑点皮毛而遭到大肆猎杀。尽管现在非法的皮草猎杀行为还偶有发生，但是在其活动区域内的保护行为已经比较完善了（C）

圈数据显示，智利的一只雌性乔氏猫经常横渡一条 30 米宽、流速很快的河流；另有两只雄性乔氏猫离开出生地向外扩散建立自己的领域时也曾游过同一条河流。在阿根廷埃斯皮纳尔生态区的牧场，乔氏猫的种群密度从 4 只 / 百平方千米（数据采自阿根廷潘帕斯草原的干旱期，在此期间乔氏猫猎物短缺）到 45～48 只 / 百平方千米。在阿根廷一块保护良好的灌木丛林，乔氏猫的密度估计高达 139 只 / 百平方千米，但这也有可能是高估了。

• 繁殖和种群数量

目前人们对乔氏猫野外种群的繁殖状况所知甚少。不过通常认为，当冬季非常寒冷时，乔氏猫会在其分布区南部呈季节性繁殖。根据有限的观察，小猫在 12 月到次年 5 月出生。圈养环境下，乔氏猫全年都可以繁殖。没有证据表明分布区北部的野外种群的繁殖具有季节性。

圈养条件下，乔氏猫的妊娠期一般为 62～78 天，每胎生产 1～3 只幼崽。野生雌性乔氏猫在洞穴中（可能通常为犰狳挖的洞）厚厚的植被上或者可能在树洞（同时是成年乔氏猫的休息区）里分娩。小猫在 6 个月时就可以长到成年体型（但体重未及），不过它们的性成熟非常晚，一般在出生 16～18 个月后才性成熟（圈养状况下）。

死亡率：已确定美洲狮会猎杀乔氏猫，此外还有一例疑似山狐捕食乔氏猫的记录。因严重干旱导致猎物锐减造成的饥荒，以及严重的寄生虫感染，都会大大提高乔氏猫的死亡率。在乔氏猫的研究区域，人类活动和家犬通常是乔氏猫死亡的主要原因。

寿命：野生乔氏猫的寿命未知，圈养条件下可达 14 年。

• 现状和威胁

乔氏猫分布广泛，生活于多种栖息地中，包括人为干扰严重的地区。在保护状况好的地区，其种群可以达到很高的密度，并且在大部分分布区中都很常见。但我们对它们面临的威胁知之甚少。

20 世纪 70～80 年代，人们为了获得其皮毛，大肆捕杀乔氏猫，尤其在阿根廷，仅 1976～1980 年就出口了至少 35 万张乔氏猫皮毛。皮毛市场规模之大，原因之一也是乔氏猫种群数量充足所致。不过这样的贸易不可持续，并且已经造成了严重的影响——乔氏猫在一些地区已大幅减少乃至消失。20 世纪 80 年代后期，斑点类猫科动物的皮毛国际贸易被禁止，皮毛贸易不再是乔氏猫生存的主要威胁，不过一些非法的本地皮毛利用市场依然存在。

如今，乔氏猫的主要威胁来自栖息地的改变，比如单一的农作物种植使其难以适应。此外，它们经常被路杀，或被家犬所杀，或因为攻击家禽而遭人类报复性捕杀。这些因素可能加剧了因栖息地消退而造成的种群压力。在阿根廷的两个保护区内，乔氏猫在一系列家养肉食动物的疾病和寄生虫检测里都呈阳性，不过还没有观察到疾病和寄生虫对乔氏猫个体或种群的影响。

↑ 在猫科动物里，乔氏猫是极少数会在固定地点排泄的动物，更为罕见的是它们的粪堆大部分在树上，如南山毛榉树（上图所示）。其他会在固定地点排泄的猫科动物有南美草原猫和虎猫，不过它们的粪堆一般在地面上，且比较少见

北小斑虎猫

南小斑虎猫

《濒危野生动植物物种国际贸易公约》附录 I
IUCN红色名录（2008年）：易危
种群趋势：下降

体　长：♀ 43 ～ 51.4 厘米，♂ 38 ～ 59.1 厘米
尾　长：20.4 ～ 42 厘米
体　重：♀ 1.5 ～ 3.2 千克，♂ 1.8 ～ 3.5 千克

小斑虎猫

• 北小斑虎猫

英　文　名：Northern Oncilla

拉丁学名：*Leopardus tigrinus*（Trigo, Schneider, de
　　　　　　Oliveira, Lehugeur, Silveira, Freitas & Eizirik,
　　　　　　2013 年）

• 南小斑虎猫

英　文　名：Southern Oncilla

拉丁学名：*Leopardus guttulus*（Schreber，1775 年）

中文别名：小斑猫，虎猫

英文别名：Little-spotted Cat，Tiger Cat

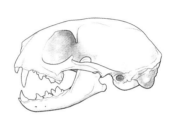

6.8 ～ 8.5 厘米

• 演化和分类

小斑虎猫是虎猫属的一员，但它与这个家族中其他成员的进化关系仍不清楚。直到2013年之前，小斑虎猫都被认为是一个单一物种。但最近的遗传学分析结果显示，小斑虎猫实际上包含了两个分化时间超过10万年、亲缘关系紧密的"隐形物种"——分布于巴西东北部的北小斑虎猫和分布于巴西南部的南小斑虎猫，而北小斑虎猫可能也与亚马孙河流域和南美洲北部的种群有所不同。

两个物种的分布范围在巴西中部有重合，但并无杂交现象。在野外，南小斑虎猫会和乔氏猫杂交，北小斑虎猫则不会，但历史上曾有过它们和南美草原猫杂交的证据。

虽然没有对拉丁美洲其他区域的小斑虎猫做过深入研究，但早期的个体样本表明，哥斯达黎加的小斑虎猫与巴西南部的不同，现在被认为是北小斑虎猫下的一个独立亚种——中美小斑虎猫（*L. tigrinus oncilla*）。更深入的研究可能会为我们揭示更多的"隐形物种"。

• 描述

小斑虎猫是拉丁美洲热带地区体型第二小的猫科动物，体态纤细轻盈，体型大小及身材比例和年幼瘦小的家猫差不多。毛色从浅黄色到深黄色或赭色，其上有序地排列着黑色或深棕色的斑块，或是中心为咖啡棕色或红色的小玫瑰花形斑点。

这两个最近才被分开描述的物种在外观

←从外表上看，南小斑虎猫与北小斑虎猫极其相似，尤其是脖子以上的部位更是难以区分。两者的头部很小而且轻，非常适于捕食体重低于500克的小型猎物（C）

上十分相似，但北小斑虎猫的颜色稍浅一些，玫瑰斑也比南小斑虎猫的稍小。有黑化个体记录。

相似种：小斑虎猫很容易与长尾虎猫相混淆，但长尾虎猫体型更大，斑纹更丰富，尾巴也更长。

• 分布和栖息地

从委内瑞拉北部到玻利维亚南部、巴拉圭东部、巴西极南部及至阿根廷的最北端，都有小斑虎猫的分布。这两个新描述的物种的分界线在巴西中部（可能延伸至玻利维亚，不过那里分布着的也可能都是南小斑虎猫）。

在哥斯达黎加中部山脉及巴拿马西北部分布着一个独立的种群（可能会独立为第三个亚种——中美小斑虎猫）。

这两种小斑虎猫的栖息地类型多种多样，包括所有类型的森林与林地、稀树草原、干旱灌木丛和滨海平原（沙滩上的灌丛）。

小斑虎猫通常生活在从海平面到海拔3200米的区域，但也有生存于海拔3626米（哥斯达黎加）到4800米（哥伦比亚）的特例。在中美洲，它们局限分布于海拔1000米以上的栎树云雾林和矮林。

有人猜测，北小斑虎猫在巴西主要栖息在开阔的干燥生境；而南小斑虎猫则主要生活在密林中。奇怪的是，亚马孙流域的低地雨林中没有小斑虎猫，抑或是十分罕见，但这也可能是样本量过低的缘故。

若有茂密的植被提供遮蔽，小斑虎猫可以占据靠近人类居住区的退化的栖息地，如牧场、种植园、零散不连续的农田和城郊。

• 食性

小斑虎猫的猎物通常都非常小，平均体重只有100～400克，现有记录没有超过1千克的。典型的猎物有小型啮齿动物、鼩鼱、小负鼠、小型鸟类和爬行动物等。无脊椎动物也经常出现在其食谱中，但难以满足小斑虎猫的能量需求。在巴西东北部的半干旱地区，啮齿动物的密度很低，因此中等大小的日行性蜥蜴（如鞭尾蜥和小型鬣蜥）就成了小斑虎猫的主食。

虽然缺少对小斑虎猫狩猎行为的直接观察，但根据其猎获物的信息来看，它们主要在黄昏或夜间的地面上觅食，并根据猎物的活动情况灵活应变（同区域如果有虎猫分

↓图中是一只南小斑虎猫。从粪便分析来看，小型鸟类是小斑虎猫第二重要的食物来源，但最重要的食物还是小型哺乳动物（C）

布，它们也会选择错开其活跃的时间）。在卡廷加，小斑虎猫更倾向于在白天活动，这一习性反映了它们对这里昼行性爬行动物的依赖。它们很少捕杀家禽。

• 社会习性

小斑虎猫大多遵循典型的猫科动物的独居式生活，但人们对其生态学特征知之甚少。仅有的家域面积估算来自对巴西稀树草原和农业与森林的嵌套生境的 8 只个体的研究：雌性为 0.9 ～ 25 平方千米，雄性为 4.8 ～ 17.1 平方千米。

使用红外相机得到的密度估算结果表明，相比于拉丁美洲其他小型猫科动物，小斑虎猫的数量十分稀少：其种群密度从亚马孙低地雨林的 0.01 只 / 百平方千米到其他领域范围内的 1 ～ 5 只 / 百平方千米。如果同区域没有虎猫的分布，就没有竞争和捕杀，它们的密度可以达到 15 ～ 25 只 / 百平方千米。

• 繁殖和种群统计

野外未知。从圈养个体得到的有限信息表明：小斑虎猫妊娠期为 62 ～ 76 天，每胎产 1 只幼崽，很少有 2 只的情况发生。

死亡率： 未知，目前仅记录到一只被虎猫杀死的成年个体，以及巴西一只死于心丝虫病的雌性个体。在人类活动区，家犬是其主要天敌。

寿命： 一只被圈养的雌性个体寿命为 17 年。但是野生个体的寿命肯定短得多。

• 现状和威胁

在大多数地区布设的红外相机中，小斑虎猫被拍摄到的概率非常低，由此可见其数量稀少。栖息地丧失是威胁其生存的主要因素。虽然有一些种群可以适应退化的栖息地环境，但它们的生存与森林生境仍密切相关。在中美洲以及哥伦比亚与委内瑞拉境内的安第斯山脉，由于森林向农耕地的转变，小斑虎猫在当地已经灭绝。

皮毛贸易导致小斑虎猫遭到了极其严重的猎杀，直至 1973 ～ 1981 年，贸易出口才被禁止，但在其分布国却仍然存在一些皮毛贸易。当地的皮毛需求、家犬、来自人类对其捕食家禽的报复性毒杀或猎杀，以及路杀，都有可能对生活在人类居住区周边的小斑虎猫种群造成影响。

↑一对在求偶期的北小斑虎猫，雌性通过脊柱前突——放低前躯，翘起臀部表示它接受对方的求偶。虽然没有观察和记录过野生小斑虎猫的交配行为，但是人们可以假定其遵循典型猫科动物的交配模式

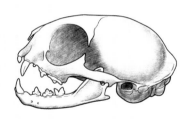

8.7 ～ 10.7 厘米

《濒危野生动植物物种国际贸易公约》附录 I
IUCN红色名录（2008年）：近危
种群趋势：下降

体　长：♀ 47.7 ～ 62 厘米，♂ 49 ～ 79.2 厘米
尾　长：30 ～ 52 厘米
体　重：♀ 2.3 ～ 3.5 千克，♂ 2.3 ～ 4.9 千克

长尾虎猫

中文别名：树虎猫
英 文 名：Margay
英文别名：Tree Ocelot
拉丁学名：*Leopardus wiedii*（Schinz，1821 年）

• 演化和分类

长尾虎猫属于虎猫支系、虎猫属，与虎猫的亲缘关系最近。该物种具有高度的遗传异质性，有 3 个截然不同的族群，即被亚马孙河区分开的南美洲北部族群和南美洲南部族群，以及中美洲族群；后者的遗传特征从墨西哥到巴拿马有渐变的差异。这些差异表明长尾虎猫应分为 3 个亚种，虽然目前被描述的亚种多达 10 个，不过大多数可能是无效的。

• 描述

长尾虎猫的体型大小类似瘦长的家猫，它修长轻盈，尾巴极长、呈管状，且为厚毛所覆。前爪健壮，还长着张开的大脚趾。头部呈紧凑的圆形，有一对大耳朵和一双极具辨识度的大眼睛。被毛浓密柔软，体色从浅灰黄色、赭色、黄褐色和肉桂棕色渐变成下体的乳白色或白色。长尾虎猫浑身遍布鲜明的巨大黑色玫瑰斑和实心斑，这些斑点通常会在头部、后颈和背部聚合成长条纹。

相似种：人们很容易将长尾虎猫与虎猫、小斑虎猫搞混，这些物种的幼猫都很难区分。总的来说，长尾虎猫的体型比虎猫要小得多，即使是最轻的虎猫，其体重仍比最重的长尾虎猫还重。而长尾虎猫和小斑虎猫相比，前者体型更大，斑点也更大更多。长尾虎猫最显著的特点是超大的眼睛、比例超长的尾巴以及超大的前爪。

• 分布和栖息地

长尾虎猫分布于美洲地区，北至墨西哥的锡那罗亚州和塔毛利帕斯州，南至阿根廷北部、巴拉圭东部和乌拉圭西北部，分布区贯穿整个中南美洲。大约在 1850 年，美国得克萨斯州伊格尔帕斯市附近的里奥格兰德河收集到一只长尾虎猫个体，那也是美国境内的唯一一次记录。不过它有可能是宠物或者被放生的个体，因为当地干旱的栖息地环境对于长尾虎猫而言是极其反常的。

长尾虎猫与其他新热带猫科动物相比，它们与森林栖息地的关系更为密切，是森林依赖者。只要在森林生境这个大范畴内，它们就能够占领所有类型的常绿和落叶林——从低地热带森林到山地云雾林，从海平面直达海拔 1500 米的山区，在安第斯山区甚至可以到海拔 3000 米处生活。在干旱森林 – 草原的嵌套生境中，如在巴西卡廷加的半干旱多刺稀树草原和乌拉圭的干旱稀树草原，长尾虎猫会栖于森林和河岸森林中。

它们还能在人为干扰严重的次生林、森林 – 种植园嵌套生境和小片森林中生存。只要植被足够茂密，长尾虎猫也可以在被人为改造的景观中生存，比如咖啡、可可、桉树以及松树等种植园，但诸如甘蔗地、大豆田及牧场这样的开阔农田就不适合它们。

• 食性

长尾虎猫是极其灵巧的攀树能手，而且也许是所有猫科动物中最擅长爬树的。为适应树栖，它具备一连串适应性的解剖学特征：宽大的脚掌有着非常灵活的足趾，松散结合的修长跖骨和超大的爪子，后脚踝甚至可以向内旋转 180°，而肌肉强健有力的长尾则能帮助它保持平衡。它们可以头朝下下树，可以在后足倒挂枝头的同时，用前爪处理猎物，甚至可以沿着树枝一路飞速向下，这一系列动作都可以高速完成。

虽然缺乏食性分析和直接观察，但这些有限的数据已足够揭示长尾虎猫的树上捕猎行为，它的猎物甚至包括极其敏捷的物种，如小型灵长类；但大多数猎物仍是地栖的，长尾虎猫的猎食主场仍在地面。大多数猎物的体重小于 200 克。

←长尾虎猫的大眼睛与众不同，与容易混淆的虎猫相比，长尾虎猫的眼睛占脸的比例要大得多（可与 105 页的照片对比）。此外，长尾虎猫的瞳色通常比虎猫的深一些

↑长尾虎猫可以沿着弯曲的藤蔓快速移动，在最细的地方，它们会倒挂着飞速通过

↓虽然对野外长尾虎猫的繁育行为缺少直接的观察，但根据长尾虎猫的树栖性，它们的求偶和交配行为很有可能都在树冠层进行（C）

主要猎物包括小型啮齿动物，如纤细美洲禾鼠和林棘鼠、短尾茎鼠、大耳攀鼠、松鼠以及鼩鼱和鼠猊等小型有袋类动物。大型猎物包括黑耳负鼠、豚鼠、长尾刺豚鼠、无尾刺豚鼠和森林兔。关于长尾虎猫捕杀树懒、卷尾猴和卷尾豪猪的记载流传甚广，但那其实是对一只虎猫的误判；但这些物种，尤其是其幼崽，还是有可能成为长尾虎猫的猎物——虽然至今缺乏证据。

在哥斯达黎加瓜纳卡斯特省，一只被人类惊扰的长尾虎猫被发现时正在啃食墨西哥卷尾豪猪的尸体，后者可能是为它所杀。长尾虎猫也捕猎猵和狨。圈养个体会在半野生环境下捕捉赤掌猵。而在巴西亚马孙地区，人们观察到一只长尾虎猫试图捕杀黑白花猵未果。当地人相信长尾虎猫会模仿幼年猵的叫声来吸引成年猵，最近甚至连一份科学报告也证实了这点，但其真实性仍值得商榷。当地人还认为美洲豹、美洲狮和虎猫也会模仿猎物叫声，但没有证据。

长尾虎猫常捕食的猎物还包括小型雀鸟、冠雉类、蜥蜴和蛙类。当科学家在巴西大西洋沿岸森林开展蝙蝠调查时，一只雌性长尾虎猫和它的两只幼崽一有机会便会偷走被迷网捕获的蝙蝠，这说明蝙蝠也可能是其潜在猎物。无脊椎动物也经常成为长尾虎猫的食物，但在其食物摄入量中所占比重很小；另外水果也经常出现在粪便样中，可能是其食果类猎物的胃容物。据说圈养的长尾虎猫会吃榕树果实。长尾虎猫会捕杀家禽，但仅限于靠近密林的人类定居点。

长尾虎猫主要在夜间觅食，活动高峰大约在晚上 21 点到次日 5 点之间。但巴西的一只佩戴无线电颈圈的雄性个体并未显示出任何昼夜节律。长尾虎猫在地面和树上一样行动自如，但是两只佩戴无线电颈圈的个体（一只是生活在巴西的雌性，另一只是生活在伯利兹的雄性）都显示它们主要在地面活动，这说明它们可能同时搜寻地栖和树栖的猎物，而白天则在树上休息。很少有人直接观察到长尾虎猫的捕猎过程。在乌拉圭曾有人观察到一只长尾虎猫竖直向上一跃两米以捕捉停歇的冠雉；而在巴西大西洋沿岸森林，一只长尾虎猫花了 20 分钟试图捕捉 6 米高竹丛中的鸟类，但以失败告终。

• 社会习性

人们对于长尾虎猫研究甚少，只有在伯利兹、巴西和墨西哥有少数佩戴无线电颈圈的长尾虎猫。研究发现，长尾虎猫是独居动物，通过猫科动物典型的标记行为来划分家域。雄性长尾虎猫的活动范围为 1.2～6 平方千米（墨西哥埃尔希耶罗生物圈保护区，El Cielo Biosphere Reserve），11 平方千米（一只雄性亚成体，伯利兹）和 15.9 平方千米

（一只雄性亚成体，巴西）。墨西哥埃尔希耶罗生物圈保护区（La Reserva Natural Sierra Nanchititla）的长尾虎猫，其小家域可能归功于保护区具备长尾虎猫栖息的最佳条件——高质量的栖息地、没有大型食肉动物天敌，以及良好的保护。极少有针对雌性长尾虎猫的家域研究；一只佩戴无线电颈圈的巴西雌性长尾虎猫在碎片化的亚热带森林–农田嵌套生境中的活动范围达 20 平方千米。墨西哥埃尔希耶罗生物圈保护区的 4 只佩戴无线电颈圈的雄性的领域重合度甚高，至于长尾虎猫会在多大程度上排斥同类进入其领域，还是待解之谜。

长尾虎猫快速长距离运动的能力令人着迷。伯利兹的一只雄性亚成体平均每小时可以跑 1.2 千米，平均每天跑 6.7 千米（可能在离家扩散过程中）。它总是在高于地面的树上休息，有时在 7～10 米高的藤蔓缠绕处，有时在巴西棕榈树的树干上；白天，它每隔 2～3 小时就会从地面上的一个休憩点移动到下一个休憩点。

红外相机调查显示长尾虎猫的密度比虎猫低，但目前仍没有太多严密的测算。在与美洲豹、美洲狮和虎猫共存的墨西哥中部受到良好保护的山地松栎混交林中，人们估计其密度约为每百平方千米 12.1 只（南奇蒂拉山自然保护区）。

• 繁殖和种群统计

野外情况未知。在圈养条件下，相对其体型而言，长尾虎猫的繁殖率低得惊人，怀孕期长，每胎产崽数少。长尾虎猫的繁殖没有季节性，孕期 76～84 天。不同寻常的是，雌性长尾虎猫只有一对乳头，每胎通常只产 1 崽（很少有 2 只）。幼崽 8 周左右断奶，雌性 6～10 个月大时性成熟，但通常到两三岁时才会产下野外第一胎。

死亡率： 几乎未知。

寿命： 圈养条件下能存活 24 年，但在野外时其寿命肯定短得多。

• 现状和威胁

长尾虎猫高度依赖森林，虽然它们有时也会出现在诸如巴西的森林与农田相间等受到高度干扰的栖息地，但仍被认为很难适应被改造和碎片化的森林生境，这也是长尾虎猫面临的主要威胁。在亚马孙河流域等广泛的森林区域之外，很多地区的长尾虎猫正经历着种群的碎片化和萎缩。而它们繁殖能力之低，也限制了它们从衰落中迅速恢复及重新占领栖息地的能力。

此外，人们普遍认为长尾虎猫的数量受到了体型更大、适应性更强的虎猫的显著压制。其次，由于时尚界对有斑点的猫科动物皮毛的追捧，长尾虎猫也遭到了大量猎杀，1976～1985 年，合法出口的长尾虎猫皮毛至少有 125 547 张。幸运的是，现在所有关于长尾虎猫的国际贸易都被界定为非法，但它们有时仍会被非法猎杀以供给皮毛市场。最后，杀害家禽的长尾虎猫也会遭到人类的迫害，同时，长尾虎猫幼崽有时也会被人们抓走充当宠物。在那些饱受人类压力的栖息地中，非法贸易和杀戮已经对长尾虎猫的数量产生显著影响。

↑对于长尾虎猫来说，独生子女最为普遍，双胞胎是少有的例外。同样，这种模式适用于虎猫支系的其他成员，特别是虎猫和小斑虎猫

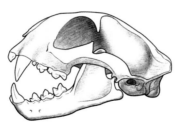

11.7 ～ 15.8 厘米

《濒危野生动植物物种国际贸易公约》附录 I

IUCN红色名录（2008年）: 无危

种群趋势: 下降

体　长: ♀ 69 ～ 90.9 厘米，♂ 67.5 ～ 101.5 厘米
尾　长: 25.5 ～ 44.5 厘米
体　重: ♀ 6.6 ～ 11.3 千克，♂ 7 ～ 18.6 千克

虎猫

英 文 名: Ocelot

拉丁学名: *Leopardus pardalis*

（Linnaeus，1758 年）

• 演化和分类

　　虎猫属于虎猫支系、虎猫属，与长尾虎猫亲缘关系最近。

　　该物种在其分布范围内显示出高度的遗传异质性，有 4 个不同的种群集群: 亚马孙河把南美洲南部和北部的所有种群隔离开; 南美洲北部分布着两个虎猫种群——其一分布于巴拿马东部、巴西西北部、委内瑞拉和特立尼达岛（没有调查的哥伦比亚很可能也属于此），其二分布于巴西北部和法属圭亚那（苏里南、圭亚那没有调查）; 此外还有分别生活在中美洲跟墨西哥的两个种群。这表明虎猫有 4 个亚种，尽管现在已经描述了 10 个亚种，不过这其中大多都可能是无效的。

• 描述

虎猫是拉丁美洲第三大的猫科动物。最小的成年雌性虎猫的体重大致与一只大型家猫相当。虎猫身体强健，四肢粗壮，管状的尾巴较短，通常短到够不着地面（但也有例外）。头部坚实，吻部宽阔，成年雄性尤甚。圆形的黑色耳朵背面有一个白色的斑点。它的脚掌结实有力，特别是前掌，且前掌比后掌大许多。所以虎猫在当地有多个俗名，如"马尼戈尔多"或"胖手"。

虎猫浓密柔软的被毛在种群内部或种群之间的底色差异很大，有乳黄色、黄褐色、肉桂色、红棕色和灰色等，配以白色的腹部。虎猫全身的斑纹十分多样，黑色的空心和实心斑块、条纹，以及中心红棕色的玫瑰斑相互交杂。四肢下部通常覆盖着简单的实心斑点或斑块，尾端黑色，其上分布着黑色的半环或整环。

相似种：虎猫和长尾虎猫非常相似。不过虎猫体型更大、更强壮，尾部也明显更短。但虎猫、长尾虎猫和小斑虎猫的幼崽极难分辨。

• 分布和栖息地

虎猫分布于墨西哥北部到巴西西南部、阿根廷北部的广阔地域，贯穿整个中美洲和南美洲，其中包括特立尼达岛（2014 年红外相机影像确认）和委内瑞拉的玛格利塔岛。虎猫在智利没有分布，在乌拉圭的情况目前还不确定，尽管其在巴西的分布区非常靠近巴西与乌拉圭的边界。

以前，虎猫曾出现于美国南部亚利桑那州到阿肯色州和路易斯安那州一带，但目前仅存的繁殖种群分布于得克萨斯州南部最南端的两块孤立栖息地中，即拉古纳阿塔斯科萨国家野生动物保护区（Laguna Atascosa National Wildlife Refuge）和威拉西县，共计 60～100 只。2009～2013 年，至少有 4 只雄性虎猫在亚利桑那州南部的华楚卡山脉、圣利塔山脉和科奇斯县被拍到。

虎猫的栖息地类型甚广，包括茂密的刺灌丛、灌木林地、稀树草原、红树林、沼泽–林地嵌套生境，以及各种干性或湿润的森林。但它们在所有生境类型中都倾向选择植被茂密的区域，与体型相近的物种如短尾猫相比，它们对栖息地的选择就没有那么宽泛了。但只要有茂密的植被和足够的猎物，虎猫就能够容忍人为改造过的栖息地，就如它们也会出现在次生林和灌木丛生的休耕农田中。

↓ 所有猫科动物都有极度敏感的胡须或触须，既可以帮助它们在完全黑暗的环境中移动，也可以让它们在发动致命一击时，迅速对猎物的移动作出反应。猫科动物还拥有第二种类型的触觉毛发——刚毛，稀疏地生长在不那么敏感的体表外层粗毛中

它们在大多数情况下会避开特别开阔的地方，但不介意在毗邻茂密植被的牧场和草地上狩猎，尤其是夜间。虎猫经常出现在海拔 1200 米以下区域，偶尔能到海拔 3000 米。

• 食性

虎猫肌肉强健，拥有大而强壮的前爪、坚实的颅骨和发达的犬齿，其突出的矢状嵴和发达的颧弓可以施加极强的咬合力。这些适应性进化使虎猫能够捕获诸如树懒、小食蚁兽、吼猴、幼年领西猯和幼年白尾鹿等大型猎物；也曾有虎猫吃成年红短角鹿的记录，但不清楚它们是否在取食腐肉。

除此之外，人们基于早期的研究，长期以来一直认为虎猫主要捕食体重不超过 600 克的小型哺乳动物。但对虎猫摄食行为的准确描述应该介于这两个极端之间。对多数种群来说，最重要的猎捕对象包括中型脊椎动物，主要是大型啮齿类，如长尾刺豚鼠、刺豚鼠和无尾刺豚鼠、负鼠、犰狳以及一些大型爬行类动物，特别是绿鬣蜥（约为 3 千克）。虎猫常常会杀死非常小型的啮齿类作为能量补充，但对其能量需求来说远远不够。

虎猫的食物构成灵活多变，其猎物类群在食谱中的比例取决于所在地区和猎物的可获性。虎猫捕食的最大型猎物（平均）位于巴拿马巴罗科罗拉多岛，它们在那里主要捕食霍氏二趾树懒、褐喉三趾树懒和刺豚鼠，占其猎物比重的 33%，与巴西大西洋沿岸森林的 0% 和巴西伊瓜苏国家公园（Iguaçu National Park）的 10.7% 形成对比。除此之外，它们还捕食无尾刺豚鼠、绿鬣蜥和白鼻浣熊。

其他相对常见的猎物包括松鼠、野兔、

↓ 虎猫的体型在不同分布区域也表现出差异，但并不是通常所说的随南北纬度差异而变化。真正决定其差异的是不同的栖息地类型，其中，热带雨林中的虎猫体型最大，而生活在如灌木林、丛林和干性森林等干旱环境中的虎猫体型最小

豚鼠、树豪猪、小型灵长类如狨猴和松鼠猴，以及鹅、冠雉、啄木鸟和鸠鸽等鸟类。

虎猫能够轻而易举地捕食包括鱼类、两栖类和甲壳类在内的水生和半水生猎物，在洪泛区的生境中游刃有余。虎猫是高度机会主义者，并且会根据可利用的猎物资源调整它们的捕食偏好。例如，在委内瑞拉亚诺斯（洪泛稀树草原）的雨季，大型陆蟹数量剧增，这时它们就变成虎猫的主要捕食对象。实际上，虎猫的附加猎物包括所有可遇到的小型动物，相关记录有蝙蝠、蜥蜴、蛇、小型水龟、凯门鳄（可能是幼鳄）和节肢动物等。

在虎猫的食物构成中，食肉动物相对较少，长鼻浣熊类和食蟹浣熊是在其食谱中最为常见的食肉动物，其他也只有一些捕食犬浣熊、蜜熊、食蟹狐、狐鼬、小巢鼬、长尾虎猫和小斑虎猫的单次记录。虎猫也会机会性地捕食爬行类动物或是取食鸟蛋。除了出现在人工饲养情况下的个别罕见案例，没有其他同类相食的记录。虎猫有时会杀死家禽，但是没有其他记录显示虎猫以家养动物为食。

观察发现，虎猫全天都会活动，但红外相机数据清楚地表明了它们主要在晨昏和夜间活动，活跃时间大多在晚上 20 点到次日早上 6 点之间。在阴天、冷天和雨季（例如在常年阴天的委内瑞拉亚诺斯），虎猫会增加在白天活动的时间。在秘鲁，一只佩戴无线电颈圈的雌性虎猫为了保证自己和孩子的日进食量，增加了白天的活动时间，这样每天觅食的时间就可以长达 17 个小时。

虽然虎猫分布广泛，而且经常是所在区域数量最多的猫科动物，但对其狩猎行为的直接观察却少得惊人。虎猫主要在地面觅食，但

←觅食时，猫科动物会在移动中根据环境变化调整捕食策略。因为不能准确判断猎物情况，这只虎猫后腿直立，悄悄爬上附近的树，决定在出击之前收集更多猎物的信息

它们善于攀爬，食物中树栖动物的出现频率也相对较高，这说明虎猫有时也会在树上捕猎。曾有观察记录，一只虎猫在树上攻击了一只年轻的鬃毛吼猴（巴罗科罗拉多岛）。

虎猫似乎主要采取两种狩猎方式：在悄无声息的移动中，用目光搜索、用听觉感知猎物的存在；或是坐下等待伏击的机会。在后一种情况中，虎猫经常会坐在制高点如倒木上等待猎物自我暴露，通常一坐就是一个小时。尽管虎猫主要在浓密的植被中猎食，但它们也经常沿着小径、河流或沿海海滩以及猎物丰富且容易被发现的开阔地带边缘寻找食物。

虎猫是游泳健将，经常游泳横越大江大河；虽然没有证据表明它们能在深水中捕食，但是虎猫会在水域边缘的浅水环境和洪泛区域如雨季的稀树草原（亚诺斯和潘塔纳尔）中觅食。对于大多数中小型猎物，虎猫会用咬住后颈或头骨的方式使其毙命。例如，6只重达2～3千克的中美刺豚鼠都死于头骨的一记致命咬伤（巴罗科罗拉多岛）。

虎猫也以腐肉为食，在巴西南部潘塔纳尔，虎猫每晚都会去它的"老地方"——渔夫留下的垃圾堆里捡食鱼的内脏。它们常常用落叶和土壤碎屑将食物掩埋起来，之后几夜再往返取食。

• 社会习性

虎猫营独居生活，研究区域内的个体均遵循典型猫科动物的社会习性。

像所有的猫科动物一样，虎猫会通过爪子刨土、留下尿液和粪便等一系列领域标记行为告知同类这是它的领域。不过，虎猫偶

↑在巴拿马的巴罗科罗拉多岛，虎猫曾被观察到捕食下地排便的树懒，那是树懒最脆弱的时候。而在树冠层，凭借保护色和出了名的行动缓慢，树懒很难被天敌发现，但即便如此，它们有时也会在树上为虎猫捕获

→在巴罗科罗拉多岛，一只虎猫杀死了一只绿鬣蜥。在那些经过深入研究的虎猫种群中，至少在哥斯达黎加、巴拿马和墨西哥三地的森林中，绿鬣蜥在虎猫的猎物中位列前三

尔也会使用公共的便坑，比如一块可供观察和遮蔽的小型混凝土地面。

　　成年虎猫需要维持家域，范围通常包括不容侵犯的核心区域和边缘重合区域。雄性虎猫的家域面积通常是雌性虎猫的 2 ～ 4 倍，而且对于较大的边缘重合区域，不会像雌性那么严防死守。

　　成年虎猫用巡逻和气味标记的方式保卫自己的领域不受其他同性虎猫的侵犯，有时甚至会陷入你死我亡的领域之争。定居的虎

猫双亲都会包容自己的孩子，可能在其独立一年之后，仍允许它在出生的地方逗留，证据表明它们还会不时互动。

　　与大多数猫科动物一样，即使大多数狩猎和日常活动都是独立进行，但熟悉的虎猫还是会相互交流。陌生的侵略者，特别是雄性，会遭到领域所有者的攻击和驱逐，这甚至会导致一些扩散个体的死亡。例如，在得克萨斯州，有两只虎猫在寻找领土时被定居雄性杀死（1983 ～ 2002 年，当地 29 只死亡

↓ 在秘鲁的坦博帕塔国家级自然保护区（Tambopata National Reserve），一只虎猫捕获了一只钴翅鹦鹉。这只鹦鹉是在舔舐黏土上凝析的矿物质时被虎猫扑击

的虎猫中，有 7% 死于扩散时的领域之争）。

在阿根廷、伯利兹、巴西、墨西哥、秘鲁、委内瑞拉和美国，科学家们已经通过无线电跟踪研究技术对虎猫的家域大小进行了评估。与其他体型相似的猫科动物相比，虎猫的领域非常之小；领域最小的生活在季节性洪泛稀树草原（巴西潘塔纳尔和委内瑞拉亚诺斯），最大的则在干旱的热带稀树草原（巴西的艾玛斯国家公园，Emas National Park）。雄性虎猫的家域（平均面积 5.2～90.5 平方千米）会与多个雌性的家域（平均面积 1.3～75 平方千米）重合。

事实上，虎猫在所有研究区域的密度似乎都比其他所有小型猫科动物的大，而且在好的栖息地中，密度尤其高。其在各地的密度评估结果如下：伯利兹热带松林每 100 平方千米生活着 2.3 ～ 3.8 只虎猫；巴西大西洋沿岸森林每 100 平方千米能容纳 13 ～ 19 只；伯利兹热带雨林每 100 平方千米有 26 只；而在玻利维亚查科 - 奇塔诺干性森林，每 100 平方千米的虎猫数量可高达 52 只。

• 繁殖和种群统计

虎猫的繁殖率出乎意料的低，妊娠期相当长，每胎产崽非常少，每胎间隔时间长，这使得每只雌性虎猫终其一生只能繁殖大约 5 只幼崽，和大型猫科动物的繁育水平相一致

→像所有猫类一样，虎猫会通过抓痕、排尿和排便等信息向同类留下领土的标记。虎猫偶尔也会在公共的地方上厕所，比如有人曾观察到虎猫在一个小型收容观察站的地板上方便

（甚至在一些情况下更少）。其繁殖行为不具有季节性。妊娠期 79 ～ 82 天。每胎 1 ～ 2 崽，圈养条件下最常见的情况是每胎产 1 只，也曾出现过一胎 3 只幼崽的情况，但极其罕见。

虎猫幼崽发育缓慢，17 ～ 22 个月可成熟独立，但可能会在两三岁之前都待在出生地。尽管数据（尤其是雌性）有限，而且大多数监测的扩散个体都在定居之前死亡，但仍可推断虎猫的扩散似乎遵循典型的猫科动物模式，即雄性扩散的比雌性更远。扩散距离为 2.5 ～ 30 千米。监测中，有 6 只幸存的得克萨斯州虎猫（被监测的总共有 9 只）扩散到了距离出生地 2.5 ～ 9 千米远的地方。

死亡率： 对大多数种群来说，无法直观得到该数据。得克萨斯州虎猫的平均年死亡率从定居成年个体的 8% 到扩散亚成体的 47%；该种群 45% 的个体死亡是人为因素造成的，主要是死于路杀，相比之下自然原因造成的死亡率为 35%（剩余 20% 死因未知）。

已知的虎猫天敌包括美洲豹、美洲狮和家犬。各有一次记录显示成年虎猫被巨蚺和密河鳄捕杀（得克萨斯州）。在大型水蚺、凯门鳄，可能还有角雕面前，虎猫都不堪一击。得克萨斯州一只佩戴无线电颈圈的虎猫死于响尾蛇咬伤。

寿命： 野外未知。圈养条件下 20 年。

• 现状和威胁

虎猫分布广泛，种群密度高，栖息地类型多样。在其分布的大多数范围内，虎猫较为常见而且安全。在其历史分布的边缘地区，栖息地大量丧失导致虎猫在当地灭绝或是仅残留少数种群，尤其是在美国南部、墨西哥北部和西部、巴西东部和东南部的大部分地区、乌拉圭和阿根廷北部。在大多数现存的分布范围内，该物种占据着连续或接近连续的广泛生境。

尽管如此，因为对茂密植被的依赖和繁育能力低下，虎猫的生存很容易受到人类的威胁，而且威胁消退之后，它们也很难恢复或占据原有的分布区。

生境破坏和非法狩猎是虎猫种群数量下降的主要原因。为了满足人们对豹纹皮毛的需求，虎猫一度被广泛猎杀，20 世纪 60 ～ 70 年代，每年从拉丁美洲出口的皮毛数量高达 14 万～ 20 万张。直到 1989 年皮毛国际贸易才被法律禁止，分布区各国开始禁止狩猎。但因为娱乐消遣，还有非法内贸和国际走私渠道的存在，盗猎现象仍普遍存在。

在大部分地区特别是在牧场里，通常用家犬把虎猫追上树，从而很容易地就能将其猎杀。由于家禽的死伤，人们会采取报复性措施，虎猫因此被故意杀害或误杀。人类可能会与虎猫争夺其重要猎物，如在整个虎猫分布区内，无尾刺豚鼠、刺豚鼠和犰狳等物种遭到人类大范围地猎杀；此外还有在墨西哥哈利斯科州，虎猫最重要的猎物白尾鹿和刺尾鬣蜥，也被人类大量猎杀。

↑尽管虎猫在许多地区都广泛分布，但其繁育生态学却鲜为人知。小虎猫的野外存活率基本未知

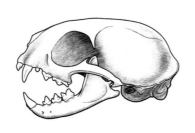

7.9 ～ 8.6 厘米

《濒危野生动植物物种国际贸易公约》附录 I
IUCN红色名录（2015年）：易危
种群趋势：下降

体　长：♀ 37.4 ～ 51 厘米，♂ 41.8 ～ 49 厘米
尾　长：19.5 ～ 25 厘米
体　重：♀ 1.3 ～ 2.1 千克，♂ 1.7 ～ 3 千克

南美林猫

英 文 名：Guiña

英文别名：Guigna，Kodkod，Chilean Cat

拉丁学名：*Leopardus guigna*

（Molina，1782 年）

• 演化和分类

南美林猫属于虎猫属，与其亲缘关系最近的是乔氏猫，它们在不到 100 万年间由同一祖先分化而来。南美林猫和乔氏猫曾经与南美草原猫一同被归入草原猫属。但目前学术界的最新共识是，南美林猫和乔氏猫这两个物种代表了虎猫属之下的一个子分支，同属该分支的还有与这两种猫都有亲缘关系的小斑虎猫。

南美林猫有两个亚种，二者在形态和基因上都有一些差异。与分布于智利中部的亚种（*L. g. tigrillo*）相比，分布于智利南部的亚种（*L. g. guigna*）明显体型略小，毛色更为鲜亮。

• 描述

南美林猫是美洲地区最小的猫科动物、体形袖珍、结构紧凑，拥有较短的四肢和毛发厚密的管状尾巴。其体色为灰棕色至红棕色，密布擦涂状深色小斑点，这些斑点在背部和后颈聚为虚线状。

南美林猫头部小且圆，面部五官紧凑，面颊处有深色条纹，眉毛为条纹状，眼部下方明显的深色条纹勾勒出口鼻部的边界。这些特征使南美林猫的面部看起来与美洲狮幼崽颇为相似。

黑色型的南美林猫最为常见，有时会出现赤褐色且具有明显斑纹的个体。在智利南部两个地点捕获的 24 只个体中，有 16 只为黑色型。

相似种： 南美林猫和近亲乔氏猫外观十分相似，但后者体型更大，头部更粗壮，尾部毛发也不如南美林猫浓密。这两个物种已知的分布重合区仅位于南美林猫分布区域的东部边缘，如阿根廷南部的卢斯阿莱尔塞斯国家公园以及智利的普耶韦国家公园。

• 分布和栖息地

南美洲的猫科动物中，南美林猫的分布范围最小，仅分布于包括奇洛埃岛在内的智利中部和南部，以及阿根廷最西南端与智利接壤的边境地区。

南美林猫非常依赖茂密的温带雨林和南部山毛榉林，特别是库勒秋竹和有蕨类植物密布的智利南部的瓦尔第瓦森林。而在智利中部，它们主要栖息于由温带森林、林地和密灌丛组成的常绿有刺灌丛栖息地中。它们的适宜栖息地包括从海平面到海拔1900 ～ 2500 米的林线。

↑ 图为智利圣拉斐尔潟湖国家公园（Laguna San Rafael National Park）的一只黑色型南美林猫幼崽。圣拉斐尔潟湖种群分布于泰陶半岛，这是该物种分布范围的最南端。东部广阔的冰原，将其与其他种群隔离开来

↓ 图中这只圈养的雌性南美林猫属于体型较大、毛色较浅的北部亚种，在野外分布于智利中部（C）

↑图为位于智利南部阿劳卡尼亚地区瓦尔第瓦雨林的一只野生南美林猫。这是一只体型略小、颜色较鲜艳的南部亚种

1. 译者注：南貒是古老的微兽目现存的唯一一个物种，微兽目是澳洲有袋类动物在南美洲的孑遗物种。

南美林猫会避免在耕种区和植被较矮的开阔区域活动。但它们会穿过非常小的开阔区域以到达隐蔽地。南美林猫也能在变化巨大的栖息地安家，如次生林、林木丛生的沟谷，以及海岸林带。在靠近林地且下层林木茂密的栖息地，南美林猫也能适应碎片化的小片森林（如桉树和松树林等）及种植园。

• 食性

南美林猫主要捕食以橄榄原鼠、长毛原鼠、智利攀鼠和长尾小啸鼠为主的小型啮齿类、微型有袋类（如体重只有 16 ～ 42 克的南貒[1]）以及成年鸟类或雏鸟，尤其是智利窜鸟和黑喉隐窜鸟等飞翔能力较差的物种。除此之外，诸如棘尾雷雀、南美鹬、凤头距翅麦鸡等一些地栖性或会来到地面觅食的鸟类也是南美林猫的捕食对象。南美林猫还偶尔取食小型爬行动物和昆虫。

在有人类定居的碎片化生境中（如奇洛埃岛），它们也会猎杀家鸡和家鹅，尤其是散养的家禽，也可能袭击鸡舍。家鹅是已知的南美林猫体型最大的猎物，然而没有任何证据表明南美林猫能够捕猎和家鹅体型相当的野生物种。当地居民还曾提交过这种"小猫"猎杀山羊的报告，甚至有人号称它们会集群到多达 20 只的规模共同狩猎，但这些记录都不足为信。

黄昏到夜晚是南美林猫最活跃的觅食时段。它们通常在灌丛浓密的下层植被地表捕猎——小型哺乳类和鸟类都在这里扎堆。南美林猫善于攀爬，经常在较低的树枝上捕猎。它们曾被目击在陡峭峡谷的树上追捕小型蜥蜴，并且最近被拍摄到袭击栖息于树上人工巢穴（高达 1.5 米）的鸟类和小型哺乳动物。入巢捕食可能是这种小型猫科动物重要的食物来源。

虽然其食谱中没有鱼类，但南美林猫可以游泳，曾有人目击一只年轻雄性个体尝试在潮间带水坑中捕鱼，但未能成功。南美林猫很可能会偶尔捕食鱼类和海洋无脊椎动物。虽然南美林猫也吃腐食，如普度鹿和绵羊尸体，但在它们的生活环境中，大型动物的尸体非常有限。

• 社会习性

南美林猫，独行性，会建立小面积的固定家域，但成年个体与独立亚成体的家域有显著重合。

一个针对智利南部两个保护种群（圣拉法埃尔湖和克乌拉特国家公园）长达 3.5 年的研究显示，所有佩戴无线电颈圈的个体与相邻个体的家域均有大范围重合，共享的区域甚至包括极少存在领域争斗行为的核心区域。南美林猫的争斗行为似乎甚为罕见且温和。该研究仅观察到两起成年雄性个体之间的争斗，且均未造成伤害。争斗之后，两起事件中更年轻的个体仍然留在附近区域。这点与其他许多猫科动物相似，在驱逐同性、捍卫领域的过程中，争斗行为并不发挥重要作用。

在奇洛埃岛上的南美林猫种群中，领域行为可能更加普遍，少数个体对其领域的核

↑一只南美林猫正站在普耶韦国家公园的柏油观光道上。道路修筑是大规模栖息地碎片化的诱因之一，这使很多南美林猫种群受困于森林的"孤岛"

←对人工巢穴的监测表明，南美林猫有袭击巢中雏鸟的能力，几乎可以肯定它们也会用这种能力"洗劫"天然树洞

心区域更具排他性。有限的证据表明，两个成年雄性个体在巡护领域边界时持续大吼大叫。在人类改造过的栖息地，由于猎物资源更加匮乏，这里的南美林猫领域性可能更强。

在被保护的南美林猫种群中，雄性和雌性的家域面积接近，雌性家域面积平均为2.4平方千米，雄性平均为2.9平方千米。在碎片化生境中的雌性家域小于雄性，但该结论仅基于非常少数的个体。例如在奇洛埃岛上，雄性家域面积为1.6～3.7平方千米，雌性为0.6～1.7平方千米；在人为改造过的阿劳卡尼亚地区，雌性家域面积为1.2～3.2平方千米，雄性家域面积为2.3～4.8平方千米。

南美林猫在24小时内的活动距离可达9千米，雌性平均活动距离为4.5千米，雄性则为4.2千米，雌雄之间并无明显差异。基于无线电跟踪研究方法计算得出的成年及亚成体的密度很高，为1～3.3只/平方千米。

繁殖和种群统计

野生南美林猫的繁殖及种群状况几乎未知。由于需要经历寒冬，南美林猫可能进行季节性繁殖，但具体情况仍然不为人知。根据对智利南部捕获的几只幼崽年龄的估算，推测它们的交配季节可能为早春及8～9月，妊娠期为10月下旬至11月上旬。圈养条件下，妊娠期为72～78天，每胎产崽1～3只。

死亡率：知之甚少。虽然美洲狮是体型最大的潜在天敌，但它们仅偶尔或临时出现于南美林猫现有的分布范围。大体型的山狐可能会捕食南美林猫幼崽。在研究区域内，人类和家犬是引发死亡的主要原因；在奇洛埃岛，7只佩戴无线电颈圈的个体中有2只因此死亡。

寿命：缺乏野外数据，在圈养环境中可达11年。

现状和威胁

南美林猫的分布范围极其有限（约为30万平方千米），并且高度依赖独特但已受到严重破坏的温带森林栖息地。以农业和种植业为目的的垦林活动导致南美林猫被隔离为很多碎片化的小种群。在智利中部，种群碎片化非常严重，南美林猫被分割为24个孤立亚种群，其中90%以上种群数量小于70只。智利南部是更好的栖息地，人类密度更低，并且拥有若干适合南美林猫种群的面积广大的保护区。

虽然被当作家禽害兽而遭到普遍杀害，但南美林猫造成的实际损失似乎少于人们所认为的情况。例如，在阿劳卡尼亚，199户受访养鸡户中仅有4.5%的报告记录称在过去一年中，家禽因南美林猫遭受损失（2011年数据）。尽管如此，当地居民仍利用南美林猫的习性——一旦受到追逐，就会逃向树木——对其实施非法猎杀。在合法的狐狸狩猎季节，南美林猫也会被猎犬以及人们所施的陷阱误杀。由于其体型较小、毛色相对单调，南美林猫未因皮毛贸易而遇害。

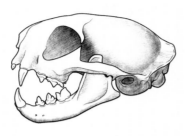

8.8 ～ 10.2 厘米

《濒危野生动植物物种国际贸易公约》附录 I

IUCN红色名录（2008年）：无危

种群趋势：下降

体　长：42.3 ～ 79 厘米

尾　长：23 ～ 33 厘米

体　重：1.7 ～ 3.7 千克

南美草原猫

中文别名： 潘帕斯猫、南美湿地猫

英 文 名： Colocolo

英文别名： Pampas Cat，Pantanal Cat

拉丁学名： *Leopardus colocolo*（Molina，1782 年）

南美草原型

潘帕斯草原型

● 演化和分类

　　南美草原猫曾与南美林猫、乔氏猫一起被归类为现已无效的草原猫属，或者单立一属（*Lynchailurus*），但最近的分子研究已经确认把它列为虎猫属。和它亲缘关系最近的被认为是安第斯山猫，但缺乏遗传学数据，还需要后续研究加以证明。北小斑虎猫也和它关系密切，有证据显示，历史上雄性北小斑虎猫和雌性南美草原猫在巴西东北部和中部曾发生杂交（目前这两个物种被认为不会杂交，但依然存在可能性，或许会在未来的研

潘塔纳尔湿地型

↑南美草原猫那大大的浅粉色鼻子有助于区分和它长得很像的安第斯山猫（○）

→尽管南美草原猫出现在各种开阔的栖息地，但它在开阔地很容易受到捕食者——尤其是家犬的攻击，因此它很少远离茂密的草丛、灌木丛或岩石区等遮蔽地带

究中发现）。

南美草原猫基于形态学可分为 3 个类群，这 3 个类群有时也被描述为独立的物种，但现有的遗传学分析结果表明不同类群之间只存在细微的差异。科学界曾将南美草原猫描述出多达 8 个亚种，但分子数据并不支持这一说法；现有分类体系或许会被更严谨的数据所修订。

● 描述

南美草原猫体型相对小而健壮，大小和家猫相似，但腿更短，尾巴短而粗。与南美其他小型猫科动物圆圆的耳朵相比，它的耳朵明显呈三角形。皮毛的颜色和图案非常多变，有三种不同的色型，唯一不变的是前腿

上的黑褐色条纹。

不同色型总体上具有地域特异性，而且每种色型种群内部也都有所不同，彼此之间还有过渡类型："南美草原型"总体浅黄色，全身遍布鲜艳的生姜色斑点，尾部有深色条纹（分布于秘鲁、智利和阿根廷的安第斯山区）；"潘帕斯草原型"是毛色最浅的一种色型，灰色的皮毛上覆盖着大块模糊的肉桂色斑点，尾巴为暗黑色（分布于安第斯山脉东部的哥伦比亚到巴塔哥尼亚）；"潘塔纳尔湿地型"是毛色最深的类型，锈褐色或赤褐色的皮毛上没有斑点或仅有很浅的模糊斑块，四肢末端深黑褐色（分布于玻利维亚东部、巴西、巴拉圭和乌拉圭）。巴西和秘鲁有黑色型的记录（可能在其他地方也广泛存在）。

相似种： 南美草原猫的南美草原型与安第斯山猫非常相似，而且也是安第斯山猫的分布区中最常见的色型，"撞脸"概率很大。但南美草原猫通常斑点更重，且没有安第斯山猫标志性的长而浓密的尾巴。南美草原猫的鼻子为粉色或红色，安第斯山猫则是黑鼻子。

• 分布和栖息地

南美草原猫的分布几乎纵贯整个安第斯山脉，从哥伦比亚南部到智利的麦哲伦海峡，内陆地区从整个玻利维亚的低地进入巴西中部和北部、巴拉圭、乌拉圭，以及阿根廷的大部分地区（除了北部和中东部大部分省份之外）。它的分布呈现种群的不连续性，但有可能反映的只是抽样的缺口而不是其分布

的特征；持续的红外相机监测经常会在原本认为的分布空白区记录到该物种。

南美草原猫的栖息类型广泛；它们通常在开阔的栖息地生活，虽然也会出现在茂密的林地和森林中。它们分布在潘帕斯草原和喜拉多草原、各种湿润和干旱的稀树草原林地、沼泽地、红树林、开阔的森林、半干旱的灌丛和沙漠，以及海拔5000米的安第斯山脉草原；也出现在安第斯高原和东部低地之间的安第斯山脉东麓湿润的山地森林带。但热带低地和温带雨林没有它们的踪迹。

除此之外，南美草原猫也出现在一些人为改变痕迹显著的栖息地，比如牧场、外来植物种植园和农耕地区——只要地表植被够茂密就行。它们无法容忍高度退化的草地或大面积的单一作物区，包括阿根廷如今的大部分潘帕斯草原。

• 食性

对南美草原猫的研究很少。在阿根廷安第斯山脉和巴西喜拉多草原正在进行无线电跟踪研究，这个研究肯定能让我们更好地了解这个物种的生态习性，但数据目前尚不可用。南美草原猫食性的信息主要来自对其粪便和胃容物的分析。分析结果表明，该物种是个机会主义的广食性猎手，主要捕食小型哺乳动物。

啮齿动物是南美草原猫的主要食物，包括叶耳鼠、田鼠、老鼠、豚鼠、栉鼠、南美

↑虽然没有确切的记录，但南美草原猫有能力杀死新生的有蹄类动物，比如原驼幼崽。大多数关于南美草原猫吃有蹄类动物尸体的观察记录，可能它们当时都是在捡食已死的尸体

洲栗鼠和山兔鼠。在安第斯地区，最重要的猎物是兔鼠，这与安第斯山猫的食性明显重合；然而，南美草原猫是更灵活的物种，饮食结构更加广泛。在巴塔哥尼亚及欧洲，野兔是其重要的猎物。其他显著的猎物包括鸶、成年的火烈鸟和从南美企鹅巢中掠走的雏鸟和蛋。它们也吃小型蜥蜴和蛇，以及无脊椎动物。它们会捕杀家禽。根据食性记录，推测它们通常是在地面觅食，但南美草原猫的爬树技巧也非常娴熟，它们可能在树上追逐猎物，是否能在高处捕猎尚未可知，但至少在低矮的树枝间捕猎对它们来说毫无障碍。

南美草原猫的活动时间在不同区域有很大差异。基于红外相机的监测结果，在阿根廷的安第斯山脉，它们主要在夜间活动；而在巴西的喜拉多草原，它们几乎都是白天活动，大型猫科动物的夜间出没或许是一个影响因素，可是在安第斯栖息地常见的美洲狮，也都是夜间活动。像许多小型热带猫科动物一样，它们可能具有灵活的活动模式，并根据各种因素灵活调整。南美草原猫也吃大型动物的尸体，包括家畜、原驼和骆马。

• 社会习性

南美草原猫是独居动物，科学家们推测其具有典型的小型猫科动物的社会空间系统，但是在正在进行的遥测研究结果发布之前，没有什么可用的信息。无线电跟踪研究的初步数据估计，其家域面积为 3.1 ～ 37 平方千米，平均面积为 19.5 平方千米（巴西艾玛斯国家公园的喜拉多草原）；另一只单独

↓在开阔地受到观察者的惊吓后，这只南美草原猫采用了小型猫科动物在植被稀疏的栖息地常用的防御策略——紧贴地面保持不动，希望不被发现（智利的圣佩德罗德阿塔卡马）

个体的家域面积为 20.8 平方千米（阿根廷安第斯山脉）。安第斯山脉的个体家域更大，很大程度上是因为猎物都是块状分布，密度比喜拉多草原低很多，但这还需要其他动物的数据支持印证。像其他小型热带猫科动物一样，南美草原猫将粪便存放在可能具有间隔和"路标"功能的排粪场中。目前几乎没有严谨的密度估计值可用；基于红外相机监测的数据，在阿根廷的安第斯山脉，平均每100 平方千米有 74 ～ 79 只南美草原猫。

• 繁殖和种群统计

基本没有野外南美草原猫的繁殖和种群统计数据。基于目前圈养条件下的有限信息，其妊娠期约80 ～ 85 天，每胎产 1 ～ 3只幼崽；13 只圈养的幼崽的平均体重为1.31 千克。

死亡率：鲜为人知。大型猫科动物可能偶尔会杀了它们；有一个来自巴塔哥尼亚美洲狮的捕食记录。在一些区域，它们经常为家犬所杀，比如在阿根廷西北部开阔的栖息地。

寿命：野生个体的寿命未知，圈养个体的寿命可长达 16.5 年。

• 现状和威胁

南美草原猫分布广泛，且对于不同栖息地的接受程度较高，历史上被认为广布。虽然该物种在某些地方很常见，但过去十年间不断开展的调查研究表明，它们在大部分地区其实都很稀少。在低地地区，其主要威胁是栖息地丧失以及被改造为畜牧业和农业用地。这种现象在该物种的关键栖息地中非常普遍，比如巴西的喜拉多草原、阿根廷旱生林以及大查科地区的林地。农耕地的扩张，尤其是大豆的种植，似乎导致阿根廷中部物种减少。现在该物种在阿根廷潘帕斯草原这个它被命名的地方，被认为已经区域性灭绝了。

南美草原猫经常在马路上被轧死，或因捕杀家禽而遭到人类杀害，或经常在开阔的栖息地被牧羊犬侵害。在安第斯地区，南美草原猫和安第斯猫经常因为宗教庆典活动被杀害，它们的皮毛和填充标本，被认为可以提高家畜的繁殖能力和农作物的生产率。

↓ 在拉丁美洲，斑点猫皮毛时装盛行的时候，南美草原猫曾是遭受皮毛交易最频繁的物种。1976 ～ 1979 年，仅阿根廷就有超过 78 000 张南美草原猫的皮毛出口到国外

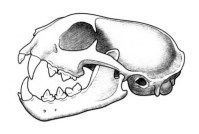

9 ～ 10.5 厘米

《濒危野生动植物物种国际贸易公约》附录 I

IUCN红色名录（2008年）：濒危

种群趋势：下降

体　长：57.7 ～ 85 厘米

尾　长：41 ～ 48 厘米

体　重：4 千克（仅获得一只雄性的数据）

安第斯山猫

英 文 名： Andean Cat

英文别名： Andean Mountain Cat

拉丁学名： *Leopardus jacobita*（Cornalia，1865 年）

演化和分类

安第斯山猫以往被单列一属——山原猫属（*Oreailurus*），但遗传学分析显示其应为虎猫属。通常认为和它亲缘关系最近的是南美草原猫，但现有证据并不确凿，最终定论还有待进一步研究。安第斯山猫没有亚种分化，但是最近的遗传学分析表明，生活在巴塔哥尼亚的最靠南的种群是一个明显区别于其他种群的进化单元。

描述

安第斯山猫的体型与大体格的家猫类似，身形健硕，四肢粗壮，脚掌宽大。面部有淡淡的斑纹，一条深色的眼纹延伸到太阳穴下，此外还有深色的颊纹。这些斑纹使安第斯山猫看上去有一种与众不同的淡淡忧伤。它们的尾巴很长，毛发厚实，就像一根蓬松的圆管。浅银灰色的皮毛上缀着大块的红褐色斑块，这些斑块在面部、胸部和四肢渐变为深灰棕色。尾巴上有 5 ～ 10 条醒目的红褐色条纹，越靠近尾尖，这些条纹就越靠近彼此，最后成对组合成一个个深褐色的环形斑，每个环形斑的中央常为红褐色。

相似种： 安第斯山猫很容易和南美草原猫中的"南美草原型"混淆，后者的分布区与安第斯山猫的大部分分布区相重合。但南美草原猫通常有更密集的花纹，也没有安第斯山猫标志性的蓬松长尾巴。另外，区别于

↓这是在智利高原由红外相机拍到的雌性安第斯山猫携带着幼崽的照片。幼崽的毛色通常更深，颜色也更鲜艳，这使其与南美草原猫更加难以区分

↑安第斯山猫的食谱主要由山绒鼠和其他非常小型的啮齿动物构成。虽然它们捕食的鼠类数量远远多于其他猎物，但体重是小鼠25倍的山绒鼠才是它们赖以为生的关键

安第斯山猫的黑色鼻头，南美草原猫通常是粉色或者偏红色的鼻子。

• 分布和栖息地

安第斯山猫在秘鲁中部和南部、玻利维亚西部、智利东北部和阿根廷西部都有分布，它们的分布范围仅局限在安第斯山脉海拔 3000～5100 米的生境内，大部分记录都在海拔 4000 米以上。在安第斯山脉，它们只在林线以上干旱、半干旱的植被稀疏的区域活动，主要生境为以陡峭岩坡为主，覆盖着由冰川融水滋润的灌木草原及干旱灌丛。最近在阿根廷西南部海拔 650～1800 米的巴塔哥尼亚干旱草原区域发现安第斯山猫，这里位于林线以下，是生长着灌木和耐旱草本的多岩石地区。

• 食性

安第斯山猫高度依赖多岩石生境中的中型啮齿类动物。它的分布范围与短尾毛丝鼠的历史分布范围几乎重合，因此后者很有可能曾是安第斯山猫的重要猎物，但近来由于皮毛贸易导致滥捕滥杀，短尾毛丝鼠已锐减到仅剩下几个岌岌可危的小种群。

安第斯山猫现在主要以两种山绒鼠为食，它们也与安第斯山猫有着非常相近的分布区。小鼠、华毛鼠、豚鼠、欧洲野兔、鹅

→在智利安第斯山脉的苏里雷盐沼自然纪念地（Salar de Surire Natural Monument），一只野生安第斯山猫沿着干涸的盐湖湖岸觅食

等也都是其非常重要的捕食对象。它们有时也以有蹄类动物的尸体为食。它们对家养动物的影响未知，没有证据证明它们有捕食家禽的情况，毕竟在它的分布区，当地人很少蓄养家禽。阿根廷巴塔哥尼亚地区有少量牧者声称，曾目击安第斯山猫捕食出生没几天的山羊幼崽。

根据有限的红外相机数据和一只雌性安第斯山猫的无线电颈圈活动记录来看，安第斯山猫多在夜间活动，晨昏时最为活跃，这也与山绒鼠的活跃时间相吻合。通过目击和无线电追踪，我们得知它们在白天也会活动，表明其活动模式有一定的灵活性。安第斯山猫仅活动于植被稀疏的栖息地，它们仅在地面捕食，尤其擅长在极其陡峭的裸岩地带出击——在那里它们可以如鱼得水地快速追逐猎物。

• 社会习性

鲜为人知。大部分目击和红外相机数据显示，安第斯山猫是离群索居的物种。仅有6只个体曾以无线电颈圈记录过活动数据，其中仅有一只生活在玻利维亚安第斯地区的雌性个体的数据被发表。据7个月的追踪数据估计，它的活动范围达到了超乎想象的65.5平方千米。而来自阿根廷安第斯地区的其他5只个体的初步数据显示，它们的活动范围同样很大，平均58.5平方千米，是在相同区域内生活的南美草原猫的两倍。

安第斯山猫占地颇广的生活区域可能缘于它们对山绒鼠的依赖，这些啮齿动物聚族而居，族群之间相隔甚远，因此安第斯山猫需要长途奔波于各个山绒鼠族群之间。和它的近亲南美草原猫相比，在同一生活区域内，安第斯山猫在红外相机的镜头中出现得很少。目前仅对阿根廷安第斯高海拔区的安第斯山猫进行过严谨的种群估算，大约每100平方千米生活着 7 ～ 12 只个体，而相同区域内，南美草原猫的密度可达到每100平方千米 74 ～ 79 只。

• 繁殖和种群统计

野生种群的繁殖情况基本未知。它们生活的区域有着非常严酷的寒冬，这很有可能使安第斯山猫发展出季节性繁衍的习性。南

↓据最近的一些调查和野外摄影师拍摄到的影像资料来看，安第斯山猫的活动区域比已知的更广。但即使如此，它们的分布区域仍然非常有限，在任何分布区都不是一个常见的物种

→与那些经历了种群瓶颈的猫科动物（例如伊比利亚猞猁和猎豹）一样，安第斯山猫的遗传多样性极低。因此人们推测，安第斯山猫在温暖的间冰期，由于适合其生存的高海拔栖息地退缩，可能也经历了类似的种群衰减

部地区从 10 月至次年 3 月的春夏之际是最有可能养育幼崽的时期，也与大部分猎物的繁殖高峰期相吻合。幼崽通常出现于 10 月至次年 4 月。具体的妊娠期仍然是未知数，不过人们推测大约是 60 天，每胎 1～2 只幼崽。安第斯山猫没有圈养个体。

死亡率：不明确。美洲狮是其潜在的最大天敌——它们在安第斯山猫的大部分分布区是很罕见的，但在其分布区的南半区数量可观。根据研究，人类和家犬也是安第斯山猫死亡的主因。

寿命：未知。

• 现状和威胁

安第斯山猫的种群现状很难评估。通过调查可知，这个种群相比其他食肉动物鲜少被发现，可以推断，它们的自然密度很低。它们的分布十分有限，栖息地的选择范围亦十分狭窄，所偏好的多岩石栖息地和水源地还很容易被放牧、农业开垦、采矿采油等人为活动干扰。人类对栖息地的改造也可能影响它们猎物的数量，更严重的是，人类还在对其猎物——尤其是山绒鼠——进行猎捕，这已经构成对安第斯山猫生存的严重威胁。

安第斯山猫还受到当地艾马拉人和盖丘亚族人"丰收节"传统的威胁，庆祝这种节日的人们认为，在房间里装饰猫科动物的皮毛或标本能够保证来年自家家畜兴旺、五谷丰登。

而安第斯山猫不会提防人类，人类很容易接近它们。当地人可以轻易地用石头砸死它们。在阿根廷的巴塔哥尼亚地区，安第斯山猫还被怀疑会杀死家禽或家畜，牧羊人和牧羊犬一有机会便会杀死它们。在阿根廷的巴塔哥尼亚北部草原，"水力压裂采油技术"的迅速发展威胁着该物种在整个阿根廷巴塔哥尼亚分布区的生存。

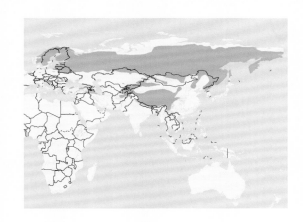

《濒危野生动植物物种国际贸易公约》附录 II
IUCN红色名录（2015年）：无危
种群趋势：稳定

体　长：♀ 85 ～ 130 厘米，♂ 76 ～ 148 厘米
尾　长：12 ～ 24 厘米
体　重：♀ 13 ～ 21 千克，♂ 11.7 ～ 29 千克

欧亚猞猁

英 文 名：Eurasian Lynx

拉丁学名：*Lynx lynx*（Linnaeus，1758 年）

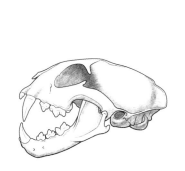

13.1 ～ 15.3 厘米

• 演化和分类

欧亚猞猁属于猞猁支系，与加拿大猞猁和伊比利亚猞猁亲缘关系密切。一些机构曾将欧亚猞猁和加拿大猞猁列为同一物种。不过基因分析证实，大约在150万年前，它们由共同祖先分化开来。

分类学家描述过的欧亚猞猁亚种多达9个。欧洲种群之间存在一些基因差异，据此可分为3个亚种：喀尔巴阡山脉的喀尔巴阡山猞猁（欧洲最西端的猞猁亚种，重引入的种群）；巴尔干半岛猞猁，分布于阿尔巴尼亚和马其顿边境的巴尔干半岛西南地区；北部猞猁，分布于欧洲其余国家，包括芬诺斯坎迪亚地区、波罗的海国家、波兰东北部、俄罗斯西部，延伸到叶尼塞河流域以及西伯利亚中部。

在俄罗斯和亚洲的广袤区域，不同猞猁种群间的差异尚不清楚，但历史上分类学家曾描述过以下亚种：*L. l. dinniki*（分布于土耳其，高加索和伊朗北部），*L. l. isabellinus*（分布于亚洲中部地区），*L. l. wardi*（分布于阿尔泰山脉），*L. l. kozlovi*（分布于蒙古北部和南西伯利亚），*L. l. wrangeli*（分布于东西伯利亚，叶尼塞河以东），以及*L. l. stroganovi*（分布于俄罗斯远东地区）。

• 描述

欧亚猞猁是体型最大的猞猁，平均重量是加拿大猞猁或短尾猫的两倍。和其他猞猁一样，欧亚猞猁身体轻盈，腿长足大，尾部非常短、末端呈黑色。后肢较前肢长，后半部分身躯被抬高，呈典型的后背倾斜。冬季猞猁的爪被有浓密的毛发，方便在雪地上行走。

在所有种类的猞猁中，欧亚猞猁的头部最为结实。耳朵背部是暗色毛发，中央有一浅色斑点，带有明显的黑色长毛簇。皮毛柔软而浓密，颜色变化多样，有银灰色、淡黄色、黄褐色和红棕色。斑点数量差别很大，大致可分为四类：基本没有斑点，只在小腿和腹部有明显的斑点；躯干上有离散的小斑点，下肢斑点变得更大；遍布全身的离散斑块和斑点；中心深色的玫瑰花结斑点。各种斑纹类

→欧亚猞猁的皮毛有4种基本图案。这只来自芬兰的个体毛色较浅，有暗淡的玫瑰花结状花纹。它的夏季皮毛是最具特点的一种——细长的玫瑰花形图案（C）

型间存在过渡，而且在同一种群中所有斑纹类型都有可能出现。大多数猞猁种群的冬季被毛比夏季的更浅，毛发更长更厚，北方种群的冬季皮毛往往颜色更淡。

相似种： 近似种是加拿大猞猁，它们外观上非常相似，但两者分布在不同的生态分布区。狞猫与欧亚猞猁外表相似，但体型较小，颜色均匀，缺乏欧亚猞猁的明显特征，如黑色的尾巴尖和突出的面部长毛。欧亚猞猁和狞猫仅在土耳其东南部、伊朗东北部和塔吉克斯坦西南部的狭长区域分布重合。

• 分布和栖息地

欧亚猞猁广泛分布于辽阔的温带森林地带，从芬诺斯坎迪亚到俄罗斯的大部分地区（占该区域总面积的75%）都有发现。东至白令海海岸，南至中国东北地区至蒙古北部，西至哈萨克斯坦北部及波兰，都是它们的分布区。从俄罗斯阿尔泰山脉向南，至中国中部大部分地区（除塔克拉玛干沙漠外），以及天山山脉和喜马拉雅山脉国家，也发现过欧亚猞猁。此外，伊朗北部、高加索和土耳其也有零星分布。

在西欧大部分地区，欧亚猞猁已经灭绝，残存种群分布于喀尔巴阡山脉，以及希腊、马其顿和阿尔巴尼亚南部的迪纳拉山脉。多个欧洲国家通过"重引入"重建了欧亚猞猁的野外种群，包括奥地利、捷克、意大利、法国、德国、斯洛文尼亚和瑞士。

欧亚猞猁对生境的耐受性强，能在温带森林、开阔林地、灌木丛和苔原等多种环境中生活。它们能栖息于植被稀疏的岩石山区（如喜马拉雅山），也能在寒冷多石的半荒漠地带（如青藏高原）生存。

欧亚猞猁通常会避开非常开阔的生境。在被人类改变较大的地区，例如大面积的农业区，欧亚猞猁无法生存。但在西欧，只要有合适的猎物，它们可以在乡村和郊区的小片林地、种植园、草甸和田野中生活。它们可以在喜马拉雅海拔4700米的地方生活，最高可达5500米。

• 食性

欧亚猞猁是唯一专性捕食有蹄类动物的猞猁属物种。它能够杀死大如成年马鹿（约220千克）的猎物，不过其主要猎物还是中小型有蹄类动物，以及大型有蹄类的幼崽。欧亚猞猁一半的分布区内分布有欧洲狍和西伯

↑欧亚猞猁足部宽大，毛发浓密，特别适合在冬季狩猎有蹄类动物。猞猁的爪子类似于雪鞋，可以在薄薄的冰冻雪壳上活动，而蹄子狭窄坚硬的鹿类往往蹄足深陷（C）

↑欧亚猞猁是唯一专性捕食有蹄类动物的猞猁属物种。在瑞士汝拉山，一只成年雌性猞猁猎杀了一只体重两倍于它的雄性欧洲狍

利亚狍，它们也是欧亚猞猁的主要猎物。其他重要的有蹄类猎物还包括臆羚、原麝、马鹿幼崽、梅花鹿、驼鹿、北山羊、高加索塔尔羊和野猪。在青藏高原，猞猁捕食藏羚、藏原羚和岩羊。芬兰西南部原先没有狍子，但现在数量逐渐增多，从北美洲引进的白尾鹿也很多，猞猁便主要捕猎这两种动物。

在冬季，有蹄类动物（如狍子）在觅食地聚集，或者降雪，这两点都会大大增加猞猁捕食的成功率。猞猁一般只在积雪深厚的地方猎杀大型动物。雪壳无法承受成年梅花鹿和马鹿的体重，但足以支撑猞猁。

在北方针叶林（泰加林）林木稀疏的地方，特别是在俄罗斯北部和芬诺斯坎迪亚北部，可供捕猎的有蹄类动物就没那么多了。在这些地区，兔类取代有蹄类成为欧亚猞猁的主要猎物，如大野兔、雪兔和棕野兔。在没有狍

子或类似物种的青藏高原，野兔——特别是高原兔——似乎是猞猁的重要猎物。

在大部分分布区，从春天到初秋，猞猁的食性变得更为多样，它们会频繁捕食小型猎物，包括鼠兔、野兔、小型啮齿动物、松鼠、旱獭和鸟类，尤其是黑嘴松鸡、松鸡和雷鸟。猞猁经常捕杀一些小型肉食动物，尤其是赤狐，偶尔还有藏狐、貉、松貂、欧亚狗獾、欧亚水獭、美洲水貂（引入种）和野猫，但不确定是否会取食。极少有同类相食的记录。偶尔会捕猎两栖类、鱼类和无脊椎动物。

欧亚猞猁会捕杀牲畜、家禽和家养食肉动物。在斯堪的纳维亚北部地区，半野生驯鹿是猞猁的主要猎物，因为那里的其他有蹄类动物非常稀少。例如，在瑞典北部的萨勒克国家公园（Sarek National Park）附近，猞猁93%的猎物是驯鹿。在挪威南部，猞猁大量捕食无人看管的绵羊，特别是在夏天。当绵羊被自由放养而狍子数量稀少时，羊羔们几乎被捕食殆尽。尽管如此，狍子仍是猞猁冬季最重要的猎物。

在俄罗斯，猞猁有捕食家犬（少见）和家猫的记录。在其他地方（包括芬兰），家猫常出现在猞猁的食谱上。在瑞士，猞猁会猎杀家猫，但很少有食用记录。

欧亚猞猁主要在夜间捕食，黄昏时段最活跃，拂晓其次。在冬季和繁殖季节，以及雌性育幼的时候，白天活动会更为频繁。大部分捕猎在地面进行。俄罗斯曾记录到一只猞猁从树上跃下捕杀经过的梅花鹿。与近亲加拿大猞猁类似，欧亚猞猁采取多种方法搜

寻猎物，它们会沿猎物行进的小路追踪，也会趴在合适的伏击地点守株待兔，比如有蹄类动物开阔觅食区的边缘。在捷克的波希米亚森林，猞猁经常利用旅游路线，捕猎地点往往靠近这些小径。猞猁通常会咬住有蹄动物的咽喉，使之窒息而死。许多记录表明，猞猁会跳到大型有蹄类动物的背上，从发动攻击到猎物倒下，猞猁会被带行将近 80 米。对于小型猎物，猞猁通常会咬穿其头骨或颈背。

　　捕食成功率（主要通过雪地足迹揭示）通常较高，不过对于冬季捕猎的估计有偏差，因为这时有蹄类动物更容易被捕杀。例如在瑞典，猞猁的捕食成功率非常高，驯鹿达 74%，狍子 52%，野兔 40%。瑞典北部的另一项研究（非狍子分布区）结果类似：驯鹿 83%，小型猎物（野兔、狩猎鸟种和赤狐）53%。在其他地区，野兔的捕食成功率为 18%～43%。每只猞猁平均每年杀死 43 只（亚成体猞猁）到 73～92 只有蹄类动物（成年雌性和雄性猞猁）。在芬兰，成年猞猁主要捕食野兔，每年猎杀 120～130 只。欧亚猞猁使用雪、草或树叶来隐藏猎物，抓到大型猎物会分 5～7 天吃完。它们很少食腐，除非食物紧张，如严冬或身体虚弱的时候。俄罗斯记录到一只猞猁取食家犬尸体。猞猁偶尔会遗弃猎物尸体，留给狼、貂熊和野猪等竞争者。在挪威和斯洛文尼亚，人们（主要是猎人）经常偷取猞猁捕获的猎物。

• 社会习性

　　欧亚猞猁营独居生活，普遍表现出领域

←猫科动物在进食前通常会拔掉猎物的部分羽毛或皮毛，但在进食过程中会摄入大量的羽毛或皮毛。羽毛或毛发能为猫科动物提供有益的粗纤维，而且大部分都不会被消化。生物学家可以根据粪便残留物研究它们的食性（C）

行为。人们对西欧和芬诺斯坎迪亚的猞猁种群了解最多，俄罗斯和亚洲种群的信息较少。雄性个体的家域比雌性大，雄性之间的家域重合程度也比雌性的高。雄性和雌性猞猁都用尿迹标记领域，但由于家域较大，猞猁只在核心区域表现出高度排他性。关于它们的领域防御我们知之甚少，但成年个体之间的冲突有时会致命。在挪威，一只 5 岁成年雄性猞猁被另一雄性个体攻击，造成致命伤。

　　从南到北，猞猁的家域面积逐渐增加，这反映了猎物的数量逐渐减少。在主要猎物为野兔的地区，猞猁的家域面积最大。受野兔数量周期性波动的剧烈影响，猞猁种群（如加拿大猞猁）的家域更不稳定。对欧亚猞猁的研究虽不及对加拿大猞猁那般全面，但野兔短缺似乎也使前者出现了类似的反应，即扩大活动范围。如果野兔数量长期很低则完

→图为瑞士阿尔卑斯山洞穴里的3只3周大的猞猁幼崽。在瑞士，雌性猞猁每胎通常使用3个洞穴：生育洞穴大约使用3周，然后转移到1～2个次要洞穴。幼崽8周大时，就可以跟随母亲外出，结束穴居生活

全放弃。根据对加拿大猞猁的研究，我们推测如果野兔数量增加，欧亚猞猁也会重建稳定的家域。

猞猁的家域面积差异较大，雌性个体为98～1850平方千米，雄性个体为180～3000平方千米。关于猞猁的家域，对主要捕食有蹄类的种群研究最为充分。对这些种群，家域面积的差异主要由从南向北递减的有蹄类猎物的密度决定。在这些种群中，雌性和雄性的平均家域面积分别为106～168平方千米和159～264平方千米（法国和瑞士，西北阿尔卑斯山和汝拉山脉）；133平方千米和248平方千米（波兰的比亚沃维耶扎森林）；177平方千米和200平方千米（斯洛文尼亚南部的科切维）；409平方千米和709平方千米（瑞典北部的萨勒克）；350平方千米和812平方千米（挪威南部的阿克什胡斯郡）；561平方千米和1515平方千米（挪威中部的北特伦德拉格郡）；832平方千米和1456平方千米（挪威南部的海德马克郡）。可以推测，在俄罗斯大部分地区和青藏高原，猞猁的家域会非常大。

已有的猞猁种群密度估算有：0.25只/

百平方千米（挪威南部），0.4只/百平方千米（德国拜恩森林天然公园，Bavarian Forest National Park），1.5只/百平方千米（瑞士阿尔卑斯山），1.9～3.2只/百平方千米（波兰）。

• 繁殖和种群统计

欧亚猞猁是季节性繁殖的动物。通常在2月至4月中旬交配，高峰期是3月下旬。发情期持续3～5天，妊娠期67～74天，幼崽于5月至7月初出生。每胎通常产1～4只幼崽，一般为2只，偶尔会产出5只。

圈养条件下，5～9周大的欧亚猞猁幼崽会发生严重争斗，尽管母亲会进行干预，但有些情况下仍会导致幼崽严重受伤或死亡。这种行为极不寻常，原因尚不清楚，推测在野生种群中也可能存在，但尚未证实。

到9～11月龄（极少情况下会提前到6月龄），幼崽在母亲产下一胎（一般发生在次年的1～5月）之前独立。大多数幼崽在3月和4月的交配高峰期离开母亲。亚成体常在出生地徘徊几个月，然后在16个月大时开始扩散。

雌雄个体都可以扩散，但雌性比雄性更容易在母亲的领域内或附近建立新的领域。关于欧亚猞猁扩散距离的资料非常有限：7.4～97.3千米（瑞士的汝拉山脉和东北部的阿尔卑斯山脉）；5～129千米（波兰比亚沃维耶扎森林）。斯堪的纳维亚的研究最充分，研究人员在4个地点使用无线电跟踪研究技术跟踪了大量扩散的个体。结果显示，雄性个体的扩散距离是雌性的2～5倍：雌性为15～69千米（最远达215千米），雄

性为 83～205 千米（最远达 428 千米）。

雌性猞猁 8～12 月龄时达到性成熟，但在野外条件下，它们直到第二个冬季后才开始繁殖，即 22～24 月龄。在瑞士阿尔卑斯山脉，大约 50% 的雌性到这个年龄开始第一次繁殖，其余 50% 的个体得再过一年。雄性在 19～24 月龄时性成熟，野外条件下一般在 33～36 月龄前不会进行繁殖。

死亡率： 成年猞猁的自然死亡率似乎很低。在挪威和瑞典，5 个地点的成年个体，年自然死亡率只有 2%。若计入人为因素，死亡率增至 17%。在瑞士，44%～60% 的亚成体在扩散过程中死亡。幼崽的年死亡率至少为 50%。在瑞士，59%～60% 的幼崽在独立前死亡。

对一些种群的持续监测发现，猞猁的死亡原因主要是人为。例如 1974～2002 年瑞士 124 例猞猁死亡中，70% 是人为因素造成的（包括偷猎和路杀等）。在斯堪的纳维亚的 5 个研究地点中，46% 的猞猁死亡归咎于非法猎杀（偷猎）。

寿命： 野生个体寿命可达 18 岁（雌性）和 20 岁（雄性）；圈养条件下可达 25 年。

• 现状和威胁

全球范围内，欧亚猞猁相对安全，大面积分布区仍然相对完整，并且受到较好的保护，或是荒无人烟、无人类打扰。俄罗斯尤其如此，粗略估计该国有 30 000～40 000 只欧亚猞猁个体。蒙古以及中国也拥有广阔且连续的分布区，但种群密度低于北部森林

地带的种群。这两个国家的猞猁现状鲜为人知。除俄罗斯外，欧洲约有 8000 只个体，而且自 20 世纪 50～60 年代以来分布区显著扩大；主要种群分布于芬诺斯坎迪亚（约 2800 只）、喀尔巴阡（约 2800 只）和波罗的海国家（约 2000 只）。得益于"重引入"工作，西欧的猞猁种群已经恢复，但数量稀少、分布孤立，均是濒危种群。巴尔干地区残存约 80 只个体，处于极度濒危状态。由于阿尔巴尼亚的努力保护，该种群可能保持稳定。我们对中亚地区的猞猁现状知之甚少。

造成猞猁数量下降的主要原因是有蹄类猎物遭到过度捕猎，以及栖息地的丧失。猞猁能够相对适应或容忍一定程度的人类干扰，但如果没有合适的隐蔽场所、猎物缺乏，且人类过多干扰的话，猞猁就会消失。

欧洲小种群的主要威胁来自猎鹿人和驯养羊及驯鹿的牧民（斯堪的纳维亚）的非法捕杀。在发达地区，公路和铁路路杀事故可能是造成猞猁死亡的主要原因，如 1987～2001 年，瑞典有 34 例路杀记录（总 143 例），1974～2002 年间瑞士有 16 例路杀记录（总 124 例）。

猞猁皮毛的国际贸易一度很可观。严格来说，目前除了在俄罗斯，猞猁皮毛贸易都是非法的。俄罗斯每年大约销售 1000 张猞猁皮毛。中国禁止猞猁贸易，但猞猁皮毛在中国国内很畅销。亚洲其他地区也有为此而产生的非法捕杀。在俄罗斯和欧洲的大部分地区，运动狩猎（有时为获取皮毛）是合法行为，其中以俄罗斯、爱沙尼亚、芬兰、拉脱维亚、挪威和瑞典的狩猎数量最多。

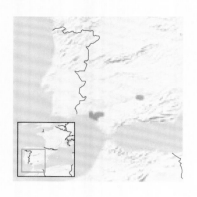

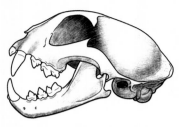

11 ～ 13.9 厘米

《濒危野生动植物物种国际贸易公约》附录 I

IUCN红色名录（2015年）：濒危

种群趋势：增加

体　长：♀ 68.2 ～ 75.4 厘米，♂ 68.2 ～ 82 厘米
尾　长：12.5 ～ 16 厘米
体　重：♀ 8.7 ～ 10 千克，♂ 7 ～ 15.9 千克

伊比利亚猞猁

中文别名： 西班牙猞猁、南欧猞猁
英 文 名： Iberian Lynx
英文别名： Spanish Lynx，Pardel Lynx
拉丁学名： *Lynx pardinus*（Temminck，1827 年）

• 演化和分类

　　伊比利亚猞猁属于猞猁支系。有些专家曾把伊比利亚猞猁视为欧亚猞猁的亚种。但是遗传学和形态学分析表明，这两个物种亲缘关系接近但截然不同，约 100 万年前它们由共同祖先进化而来。伊比利亚猞猁没有划分亚种。

• 描述

伊比利亚猞猁四肢修长，体型中等，与加拿大猞猁和短尾猫相似，却只有欧亚猞猁的一半大小。雌雄两性的脸颊均有长达 10～12 厘米的毛发，毛边为黑色，下巴处为纯白色，非常引人注目。因此，托颊毛的福，伊比利亚猞猁的头看起来大了很多。伊比利亚猞猁的耳背为黑色，上缀有浅灰色斑块，耳尖各有一簇黑色毛。体毛短而粗糙，冬毛比夏毛稍厚（在目前分布范围内）。躯干由褐灰色到红棕色不等，身体下部为奶油黄色，尾端黑色。

在各种猞猁中，伊比利亚猞猁的斑纹最明显，所有个体身上都有清晰的斑纹。不同个体的斑纹也颇为多变。有些个体的斑纹巨大而清晰，显眼的粗实斑纹延伸至颈部。另一些个体的斑点小得多，也少得多，全身遍布均匀的小斑点。同一个种群内的个体各种斑纹都会出现，除上述两种极端，还有很多介于二者之间的类型。尾尖全为黑毛。

相似种：伊比利亚猞猁与带斑纹的欧亚猞猁非常相似，但体重只有后者的一半。二者的分布区域也不重合。距离伊比利亚猞猁最近的欧亚猞猁种群也在约 1200 千米之外，位于法国与瑞士边境的汝拉山脉。

• 分布和栖息地

目前仅存两个伊比利亚猞猁繁殖种群，二者相距 150 千米，均在西班牙南部的安达卢西亚。第一个繁殖种群较大，核心活动区域在谢拉莫雷纳山脉，面积约为 260 平方千米。该种群周围还人工重引入两个小的卫星群，分别在东西 40～50 千米的范围内活动。雌性猞猁在卫星群繁殖，而且个体会在主群和卫星群间移动，显著扩大了总体活动范围。第二个繁殖种群位于多尼亚纳国家公园（Doñana National Park）及周边地区，活动范围约 443 平方千米。葡萄牙也启动了人工重引入工程，2015 年首次进行了野外放归。但从 20 世纪 90 年代初至今，葡萄牙境内仍未发现伊比利亚猞猁。

伊比利亚猞猁的栖息地限于地中海地区的灌木、橡树和橄榄树的混交林，点缀有开阔草地。它们喜欢在封闭栖息地和开阔栖息地的交界地带捕猎，并避开大片的开阔地带。谢拉莫雷纳山脉种群喜欢花岗岩露头丰富的区域，因为花岗岩露头间的空间可以提

↓ 与很多猫科动物相比，伊比利亚猞猁的面部特征更引人注目。两颊长有长毛，耳尖有簇毛；抖动耳朵时，会露出耳后的浅色斑纹，视觉感更强

供庇护所和繁殖洞穴，而且野兔更多。伊比利亚猞猁会避开下层林木不足及野兔数量不足的地区，例如西班牙牧场（经人工清除灌木形成的稀树大草原，供家牛和野生有蹄类动物使用）、大面积农业用地和开阔种植园等。不过，一些景观地貌经人工改造后，野兔数量猛增，伊比利亚猞猁也能适应良好。只要种植园的下层林木茂盛，野兔数量充足，猞猁种群也会在此扩散，在满是外来植物的种植园里生存。据记载，伊比利亚猞猁可以在间生小片灌木林的橄榄树种植园繁衍生息。

• 食性

伊比利亚猞猁主要捕食欧洲野兔，食物

↓ 在多尼亚纳国家公园，雌性伊比利亚猞猁几乎都在栓皮栎和白蜡树林间的天然狭窄空地产下幼崽。幼崽通常会在出生洞穴中待上 20～36 天，之后会被转移到第二个洞穴。这可能是因为幼崽在生长过程中活动能力不断提升，需要更大的空间

中 75%～93% 都是野兔。伊比利亚猞猁无法长期在缺乏野兔的栖息地生存。无论野兔数量多少，伊比利亚猞猁都几乎专性捕食野兔。例如，谢拉莫雷纳山脉西部地区的野兔数量只有东部的 1/3，但是两个地区内野兔均占猞猁食物构成的 90%。若条件允许，伊比利亚猞猁更偏好捕食野兔幼崽，这可能是因为幼崽更易捕捉；5～6 月，被猞猁捕食的野兔中有 75% 是幼崽（谢拉莫雷纳山脉）。

伊比利亚猞猁偶尔也会捕食鸟类、小型啮齿动物和爬行动物。除了野兔，红腿石鸡也是谢拉莫雷纳山脉种群的重要猎物；在多尼亚纳国家公园则是雁鸭类（主要是绿头鸭）。

在秋冬季节，它们还会捕食黇鹿和欧洲马鹿。确实有数次猞猁捕杀成年黇鹿（雌雄性均有）的记录和一次捕杀成年欧洲马鹿的记录，不过绝大多数被捕鹿类都是亚成体。伊比利亚猞猁经常猎杀其他食肉动物，包括赤狐、埃及獴、小斑獛和流浪家猫，但很少食用它们的尸体。猞猁捕杀这些食肉动物，可能是因为它们是捕食野兔的竞争者。在没有伊比利亚猞猁分布的地区，埃及獴和小斑獛的数量是伊比利亚猞猁密集分布区的 10～20 倍。若条件允许，伊比利亚猞猁也会捕食家禽和小羊。

伊比利亚猞猁的捕猎行为紧随野兔的活动节律，主要在夜间活动，晨昏尤其活跃。在凉爽的阴雨天气，它们会增加日间活动次数。伊比利亚猞猁在野兔集中的地区寻找猎物，例如植物茂密区域和开阔区域间的过渡地带、公路和防火带沿线，以及兔穴周围。伊比利亚猞猁咬住野兔头骨将其杀死，而对付

幼鹿等体型更大的猎物，则是咬住喉部使其窒息而亡。虽然伊比利亚猞猁每 1～1.5 天捕杀一只野兔，但捕猎成功率未知。不养育幼崽的成年雌性猞猁每年平均需要捕食 277 只野兔，而成年雄性则需要 379 只。伊比利亚猞猁会把大块食物（如鹿的残骸）拖进茂密的灌木丛，并用落叶和泥土掩盖，随后连续食用数天。它们偶尔食腐，会因竞争者干扰而放弃猎物，这些干扰主要来自野猪。

• 社会习性

伊比利亚猞猁主要是独居及领域性动物。它们会建立稳定的小面积家域，核心区域是排他性的，同性的家域边界彼此重合。雄性家域比雌性稍大，每只雄性猞猁的家域与 1～3 只雌性的家域全部或部分重合。家域主人和游荡个体间经常发生激烈争斗，有时甚至会造成一方死亡。有些个体两岁就能获得领域，但通常情况下，雌性在 3～7 岁、雄性在 4～7 岁时获得优质领域。

与偶然在其他猞猁种类中观察到的一样，成年雌性伊比利亚猞猁有时会与成年后代（主要是女儿，偶尔是儿子）保持友好来往，如分享猎物。例如，一只成年雌性与它的成年雌性后代以及后一窝的亚成体雄性后代均保持联系，三只个体有时会分享猎物。经常可以观察到雌性猞猁与成年雌性后代共享家域，将各自的幼崽长时间聚在一起，由其中一只雌性陪同所有幼崽。

雌性伊比利亚猞猁的家域面积为 8.5～24.6 平方千米，平均 12.6 平方千米；雄性家域为 8.5～25 平方千米，平均 16.9 平方千米（多尼亚纳国家公园）。在野兔数量一般的栖息地，猞猁种群密度为每 100 平方千米 10～20 只成年个体；而在理想的栖息地中，种群密度可达每 100 平方千米 72～88 只。值得注意的是，只在栖息环境绝佳、野兔密度极高的小范围区域内，会出现如此高密度的伊比利亚猞猁种群。多尼亚纳国家公园内面积仅 8 平方千米的"国王保护区域"就是典型例子。

• 繁殖和种群统计

伊比利亚猞猁的繁殖具有季节性，这实在是令人惊讶。因为跟其他猞猁物种的分布

↓ 在所有猫科动物中，猞猁对猎物的需求最为特化。伊比利亚猞猁更是如此。如果没有充足的欧洲野兔，它们就无法生存

区相比，它们的分布区内四季气候温和。猞猁支系大多是季节性繁殖，这可能是进化的结果，也可能受欧洲野兔明显的季节性繁殖影响。伊比利亚猞猁主要在 12 月至次年 2 月间交配，3 月达到生育高峰，有时候生育时间最晚会延至 7 月。妊娠期达 63 ～ 66 天。每胎产崽 2 ～ 4 只，平均 3 只。

与欧亚猞猁类似，圈养环境下的伊比利亚猞猁幼崽（6 ～ 11 周龄）会发生严重争斗，尽管雌性猞猁会干预，但幼崽因此严重受伤甚至死亡的情况时有发生。这类异常行为的原因尚不清楚。野外环境下也可能出现类似情况，但未经证实。

幼崽 7 ～ 8 个月大时开始独立。1 岁前，它们会在出生地周围继续停留一段时间，直到 13 ～ 24 个月大（平均 17.8 个月）开始向外扩散。扩散通常发生在上半年，显然与繁殖季节社会活动增加的情况相吻合。在多尼亚纳国家公园，猞猁在距离出生

地 2 ～ 64 千米的范围里沿直线扩散，平均向外移动 172 千米。在所有已知结局的扩散个体中，大约只有 50% 的个体能成功占据新的家域并定居下来。雌雄个体均在两岁时达到性成熟，但在野生环境下，通常要到三四岁才开始繁殖，这与建立家域的时间有关。野生雌性个体的繁殖能力持续到 9 岁。

死亡率： 根据 1983 ～ 1989 年的数据记录，在多尼亚纳国家公园成年个体的年均死亡率为 37%。不过随着保护力度不断加大，死亡率已大幅度降低。目前，在多尼亚纳国家公园和谢拉莫雷纳山脉，个体（成体及亚成体混合）的年均死亡率分别是 12% 及 19%（根据 2006 ～ 2011 年的数据，整个种群的死亡率为 16%）；亚成体的年均死亡率高于成体，分别是 24% 和 14%。幼崽死亡率约为 33%；一窝 3 只幼崽中，通常有 2 只幼崽可以存活至独立生活。在扩散阶段，死亡率激增。20 世纪 90 年代，在多尼亚纳国家公园

↓ 除了谢拉莫雷纳山脉种群中濒临灭绝的灰狼，伊比利亚猞猁几乎没有天敌。幼崽可能会受到大雕、猫头鹰或其他中级捕食者（比如野猫和赤狐）的攻击

的猞猁种群中，待在出生地周边的 12～24 月龄个体死亡率为 8%，而同龄的扩散个体死亡率激增至 52%。

如今，尽管扩散个体的死亡率已经下降，但类似情况仍然存在。以前人为干扰是伊比利亚猞猁死亡的主因，在谢拉莫雷纳山脉，现状仍是如此。主要死因包括意外诱捕（死于捕捉野兔和狐狸的陷阱）、蓄意射杀和交通事故。在多尼亚纳国家公园，传染病是猞猁死亡的主因，可能是因为大量近亲繁殖（削弱疾病免疫力）和种群密度高（助长疾病传播）。据记录，至少有 6 种病原体导致该种群中个体死亡：2007 年，一次猫白血病病毒大爆发（大概由受感染家猫传播），7 只猞猁因此丧命。人们很快采取了紧急干预措施，包括注射疫苗、移除受感染的猫和其他动物。目前，伊比利亚猞猁没有天敌，但偶尔会被家犬猎杀（通常是偷猎者的猎犬）。

寿命：野生个体寿命可达 13 年，圈养个体 20 年。

• 现状和威胁

至少从数量上来说，伊比利亚猞猁是全球最濒危的猫科动物。这个物种曾经遍布伊比利亚半岛，北至比利牛斯山脉。到 20 世纪 40 年代，其分布范围缩小至西班牙南部和葡萄牙部分地区；及至 20 世纪 90 年代，种群数量进一步减少，仅剩安达卢西亚的两个种群。2002 年，这两个种群的猞猁总数仅 84～143 只，分布区萎缩至历史分布区的 2%。

数量锐减的主要原因是栖息地的大面积改造，天然林和地中海灌木林被改造成农业用地、种植园等人工用地。另外，欧洲野兔盛行多发黏液瘤病，种群遭到毁灭性打击。雪上加霜的是，最近野兔还爆发了病毒性出血性肺炎，致使其种群数量持续下降。人类捕杀也是一个严重威胁，已导致伊比利亚猞猁在很多地方局部灭绝。非法设陷诱捕、射杀和交通事故等人类活动也导致了猞猁的大量死亡。

自 1994 年起，伊比利亚猞猁成为重点保护对象，2002 年被列为极危物种。同年，西班牙重启了大规模的伊比利亚猞猁救助工程，开展人工繁育和野外放归等活动，致力于提升栖息地质量、恢复野兔数量。尽管伊比利亚猞猁的处境依然岌岌可危，但上述行动成功扭转了继续恶化的趋势，很大程度上改善了该物种的状况。到 2010 年，已知的伊比利亚猞猁野外个体增至 252 只，分布范围从 293 平方千米扩大至 703 平方千米。

此外，人们还采取了多种方式以减少人为因素导致的个体死亡，包括提高保护区执法力度，修建地下通道以便猞猁避开主要公路，同时开展环境教育项目、引导私有地主容忍猞猁（80% 的伊比利亚猞猁在私人土地上活动）。在谢拉莫雷纳山脉，人为因素导致的死亡率从 40%（1992～1995 年）降低至 7.4%（2006～2010 年）；在多尼亚纳国家公园，死亡率则从 58.4%（1983～1989 年）降低至 11.1%（2006～2010 年）。尽管如此，栖息地持续丧失、人为致死、疾病暴发和野兔数量偏低等因素，依然威胁着伊比利亚猞猁的生存。

10.6 ～ 13.7 厘米

《濒危野生动植物物种国际贸易公约》附录 II

◉ IUCN红色名录（2008年）：无危

种群趋势：稳定（在美国大部分地区和加拿大南部被认为是在增长的）

体　长：♀ 50.8 ～ 95.2 厘米，♂ 60.3 ～ 105 厘米
尾　长：9 ～ 19.8 厘米
体　重：♀ 3.6 ～ 15.7 千克，♂ 4.5 ～ 18.3 千克

短尾猫

中文别名：红猞猁

英 文 名：Bobcat

英文别名：Bay Lynx

拉丁学名：*Lynx rufus*（Schreber，1777 年）

● 演化和分类

　　作为猞猁支系的一员，短尾猫被认为是该支系中最早分化出来的物种，它和另外三种猞猁的亲缘关系不如后三者彼此之间的亲缘关系那么近。短尾猫和加拿大猞猁在它们分布区的交会地带有杂交现象，混血个体在美国缅因州、明尼苏达州和加拿大新不伦瑞克省均有记录，它们都是雄性短尾猫与雌性加拿大猞猁杂交的产物。杂交个体此前被认为是缺乏繁殖能力的，但是已知至少有两只雌性杂交后代有过繁殖记录。

　　根据外形体征的不同，短尾猫目前被划分为 12 个亚种，但这其实并不可靠。遗传学分析表明，分布于美国境内的短尾猫只分为东部和西部 2 个亚种，美国中部大平原地区是它们的过渡带。

● 描述

　　短尾猫中等体型，矮壮敦实，体型大约

是家猫的 2～3 倍。躯干部位看上去相当稳健，连接着粗长的四肢和长度不超过 20 厘米的短尾巴。头部相对较小，脸周围有一圈显著长毛；三角形的耳朵背面黑色，中间有个白点，耳尖有簇短毛，但是这簇毛经常毫不起眼甚至完全隐形。

短尾猫的个体大小差异很大，随着纬度和海拔的增加，个体体型逐渐增大。因此，最大最重的短尾猫个体生活在分布区北界，比如明尼苏达州、不列颠哥伦比亚省和新斯科舍省。短尾猫两性异形明显，同种群中雄性个体体重比雌性大 25%～80%。

短尾猫的被毛较短、柔软而浓密，底色从冰霜灰色到锈棕色不等，其上点缀的斑纹也有极大的个体差异，从模糊不清的麻点到大块的空心花斑都有。北方的短尾猫颜色偏浅，斑点最小，冬天身披超长的冬毛，色浅尤甚。短尾猫是猞猁属中唯一出现黑化个体的物种，大多数都是在佛罗里达州被发现，白化个体则非常罕见。

相似种： 短尾猫和加拿大猞猁共存于加拿大与美国边界，并向南往落基山脉的广阔地带辐射。二者很容易混淆。加拿大猞猁通常要更高大些，但是体型最大的短尾猫的分布区恰与加拿大猞猁的重合。比如，生活在新斯科舍省布雷顿角岛的雄性短尾猫，就比同地区的雄性加拿大猞猁还要重 40%。二者的区别主要集中在尾巴上：短尾猫的尾巴有 3～6 条黑色的半环条纹，且内侧和尾尖为明显的白色；而加拿大猞猁的尾巴没有条纹且尾尖全黑。

• 分布和栖息地

短尾猫的分布区连续横跨加拿大南部，贯穿美国全境，并向南连续分布至墨西哥的瓦哈卡州。根据对其栖息地进行模型分析，认为其分布区域止步于墨西哥南部的特万特佩克地峡。

在美国，短尾猫一度在人口稠密的东北部和高度农业化的中西部绝迹，不过后来在大部分历史栖息地又对其进行了重引入，现在除特拉华州以外，美国各州均有短尾猫分布。尤其是在短尾猫一度销声匿迹的中西部各州（艾奥瓦州、伊利诺伊州、印第安纳州、密苏里州和俄亥俄州），其种群已经恢复并逐渐增长。20 世纪，短尾猫的分布范围扩张到明尼苏达州北部、安大略省、新不伦瑞克省和马尼托巴省，这是人类将北方森林变成开阔生境的结果。而在加拿大，它们的分布区覆盖了南部各省。

↓短尾猫的斑纹非常多样，比如图中这只加利福尼亚州雌性短尾猫和它四个月大的幼崽，身上都带着大块空心斑。与传言不符的是，这并非短尾猫和虎猫杂交的结果

↑较小的脸和纤细的躯干表明这是一只典型的雌性短尾猫。雄性与之相比，拥有更宽、肌肉更发达的头部，体格也会更为健壮

短尾猫对栖息地的适宜性极强，凡是能够提供遮蔽物的栖息地，无论植被是茂密或是碎片化，它们都不吝为家，其中包括所有类型的森林、草地、大草原、矮灌丛、灌木丛、半沙漠、沙漠、沼泽地、湿地、沿海生境和岩石栖息地。但它们会避开积雪很深的地区，因此其分布北界会受积雪的影响。

短尾猫在美国落基山脉中的分布可至海拔 2575 米，而在科利马火山（位于墨西哥科利马州与哈利斯科州交界处）海拔 3500 米的高处也能观察到它们的踪迹。

短尾猫在有人类活动的区域也能怡然生活，包括不同类型的农业用地，但它们会避开大面积的开阔农田或牧场。只要有诸如公园或原始河岸生境等遮蔽场所，短尾猫就能够在包括城市在内的人为景观环境中与人类近距离共存。

• 食性

短尾猫是强悍的机会主义猎食者，能够杀死重达 68 千克的成年白尾鹿，但其食物构成以体重 0.7 ～ 5.5 千克的小型脊椎动物为主。大部分地区的短尾猫的食物均以兔类为主，白靴兔、棉尾兔和野兔等在其食物组成中占 90%。根据地域和季节的不同，兔类的数量也会由其他类别的猎物补充甚至反超，特别是鹿类和啮齿类。

短尾猫可以轻而易举地猎杀白尾鹿、骡鹿、叉角羚和大角盘羊，主要捕杀其幼崽，不过要对付健康的成年个体也并非难事。雄性短尾猫捕杀的成年鹿比雌性要多。许多短尾猫种群都表现出食物结构方面的性别差异，雌雄短尾猫都以兔类为主要食物，在兔子数量不足时，雌性会以更小型的猎物如啮齿动物为补充；而雄性则会以更大型的猎物如鹿类为补充。其中，北方和高海拔地区的短尾猫个头比其他分布区的大，这在严冬时节更具捕猎优势，因此猎杀的成年鹿也更多。短尾猫在冬季捕猎鹿的数量最多，此时的鹿因为深厚的积雪和营养缺乏而不堪一击。但在其他季节，在短尾猫的其他分布区，只有少量成年鹿被猎杀的记录，幼鹿则成为其食物的重要组成。在犹他州西部，短尾猫 5 年内捕杀了全境 23% 的新生叉角羚，而南卡罗来纳州基洼岛的一项研究发现，短尾猫的捕猎造成了 67% 的白尾鹿幼鹿死亡。

短尾猫也捕食各种各样的啮齿动物。在美国东南部和西南部，棉鼠、林鼠和更格卢鼠是短尾猫的重要食物；北美豪猪对于分布在新英格兰地区和明尼苏达州的短尾猫来说十分重要，山河狸之于华盛顿州的短尾猫也是如此。松鼠、花鼠、美洲河狸、麝鼠也是短尾猫的猎物。加利福尼亚州北部城乡结合部的短尾猫种群是少数主要以小型啮齿动物为食的种群之一，这里数量众多的加州田鼠是其主食。

短尾猫会猎杀各种鸟类和爬行动物，不过这两类动物在其食物中占比非常低。爬行动物在短尾猫食物中的比重从北到南递增，在美国东南部达到摄入比例的最高值，约 15%。

短尾猫偶尔也捕食蝙蝠、北美负鼠、小型食肉动物（如敏狐、白鼻浣熊和各种鼬类）、幼年西貒和野化家猪、两栖动物、鱼类、节肢动物以及各类蛋卵。同类相食的情况罕有记录。短尾猫也捕杀绵羊、山羊、猪仔和家禽，不过它们极少造成大量家畜家禽的损失，除非极特殊情况。例如，在无人照看的产羔区，大量年幼的牲畜可能会遭其毒手。在得克萨斯州，短尾猫曾进入围栏袭击用于科研的半野化日本猕猴群，并捕食其幼猴。在城郊和乡村，小型宠物偶尔会被短尾猫袭击，但并没有被当作猎物；家猫从未出现在其食物中。

短尾猫主要在夜晚觅食，晨昏时最活跃，但其觅食节律也会因地域和季节的不同存在很大差异。在冬季以及没有天敌威胁的地方，它们倾向于在白天活动；有些种群在任何时候都可以觅食。短尾猫的大部分猎食行为发生在地面上，但其实它们是攀爬高手，可以毫不费劲地追逐逃到树上避难的树栖动物，例如松鼠。

它们也会在浅水水域捕食鱼类或两栖动物，还会在水面上向水禽发起攻击。和许多猫科动物一样，短尾猫主要采取两种捕猎方式：在领域中一边匀速行走一边通过视觉和听觉搜寻猎物；或者埋伏起来守着要道，如地洞入口、兽道沿线、突出平台以及水源附近。大多数时候，短尾猫会小心翼翼地潜行至距离猎物10米以内，然后对其施以致命一击。在高深的草丛中捕食啮齿动物时，短尾猫先通过声音锁定猎物位置，缓慢地向猎物移动，随后猛地弹起，身体呈拱形，向下俯冲突袭猎物。捕杀小型猎物的方式是咬住头骨或后颈，捕杀大型猎物如有蹄类、河狸或豪猪，通常是咬住喉咙使其窒息。

虽然对短尾猫的研究较为深入，但其捕食成功率却难以获知。它们有时会用泥土或积雪来掩埋猎物尸体，留待以后慢慢吃，如果在冬季猎获一头成年鹿，足够短尾猫支撑约14天。对于食腐的短尾猫来说，在北方的寒冬季节，被车撞死和被冻死的鹿对它们来说是十分重要的食物来源。

• 社会习性

短尾猫本质上是一种独居且有领域意识的动物。成年个体的社交行为主要发生在求偶交配期间，但有固定家域的雄性与和它相熟的雌性以及幼猫能够和谐相处。不论雌雄，短尾猫都会建立长期家域，有专属的核心区域，也在边缘地带留有相当大的交会区域。雄性短尾猫的家域面积通常是雌性的2～3倍，偶尔能达到5倍，如在俄勒冈州

↓图为一只年轻的短尾猫正在草地上捕猎啮齿动物。边缘生境（一种植被类型向另一种植被类型过渡的地方）以及兽道或公路沿线，都为觅食的短尾猫提供了绝佳的捕猎机会

↑对于大部分猫科动物来说，幼崽期是它们一生中社会感最强的时期。这个时期中，幼崽们相互熟悉，不断嬉戏打闹，为学会重要的生存技能奠定了坚实的基础

米（纽约州的阿迪朗达克山脉）。短尾猫的家域在猎物（特别是野兔）密度达到高峰时会收缩。它们的夜间活动距离通常为 1～5 千米，长途奔袭能达到 20 千米。

估算出的短尾猫分布密度包括：4～6.2 只 / 百平方千米（爱达荷州、明尼苏达州、犹他州）；6～10 只 / 百平方千米（密苏里州）；20～28 只 / 百平方千米（亚利桑那州、内华达州）；在猎物丰富且免受狩猎威胁的地区（比如加利福尼亚沿岸和南卡罗来纳州基洼岛），短尾猫的密度可达到惊人的 100 只 / 百平方千米以上。

和缅因州。它们主要用尿迹和刨痕来划定领域界限，防止其他雄性个体来犯；打架鲜有发生，有时甚至是致命的。

短尾猫广泛的分布范围和极强的栖息地适应性也衍生出各种不同的空间特征和种群密度。总的来说，北部高纬度地区的短尾猫领域面积最大，重合最多，种群密度也最低，这可能是由于猎物密度低而大体型的短尾猫需要更多的能量补给所致。而生活在气候温和、物产丰富的栖息地中，如加利福尼亚州和南卡罗来纳州的基洼岛，且受到良好保护的短尾猫种群，则拥有较小的领域范围和较高的分布密度。

雌性短尾猫的平均家域面积从 1～2 平方千米（亚拉巴马州、加利福尼亚州、路易斯安那州）到 86 平方千米（纽约州的阿迪朗达克山脉）不等；雄性的家域面积则可由 2～11 平方千米（亚拉巴马州、加利福尼亚州、路易斯安那州）扩展到 325 平方千

• 繁殖和种群统计

短尾猫一年四季均可繁殖生育，大多数交配行为发生在 12 月至次年 7 月，生育的高峰期在春夏两季，这个规律在北方地区十分明显。生育较早的雌性还可以在同年产下第二胎，一般来说这种情况只在气候温和的南方发生。

短尾猫的发情期一般持续 5～10 天，妊娠期 62～70 天。一胎平均 2～3 崽，偶尔多达 6 崽。幼崽 2～3 月龄断奶，8～10 月龄独立，9～24 月龄独立扩散。在蒙大拿州，短尾猫的平均扩散距离是 6.6 千米，而密苏里州的扩散距离则是 33.4 千米。最长迁移距离的记录来自两只爱达荷州的年轻雄性，在当地野兔种群崩溃后，它们分别迁移了 158 千米和 182 千米。

雌性短尾猫在 9 ～ 12 月龄性成熟，但通常在 24 月龄之后才会交配繁殖。雄性在它们

的第二个冬季（12～18月龄）时性成熟，然而大多数要等到拥有自己的领域之后（也就是约3岁以后）才会参与繁殖。

死亡率：成年短尾猫的年均死亡率，在非狩猎种群中为20%～33%，在狩猎种群中则为33%～81%。幼猫死亡率波动很大，这主要取决于猎物数量（饥荒的风险）和人类对其猎杀的强度。例如，在不同的年份对其进行监测，怀俄明州每年幼猫的死亡率在29%～82%。

短尾猫的死亡大多数与人类有关。合法的狩猎、不合法的盗猎以及意外致死，是大多数短尾猫个体的主要死因。导致短尾猫死亡最重要的自然因素是冬季饥荒和被其他食肉动物猎杀，其天敌主要是美洲狮和郊狼（在乡村和城郊，家犬也是罪魁祸首之一）。有记录显示，短尾猫偶尔会被灰狼、金雕（主要捕食幼猫）、密河鳄和引入的缅甸蟒猎杀。在密集种群中爆发的传染病事件偶尔也会产生大量死亡；猫泛白细胞减少症导致了加利福尼亚州一个高密度种群17%的死亡率。一种家畜流行病——猫疥螨病（猫疥疮，源于螨感染）在两年内使加利福尼亚州南部地区短尾猫的年均死亡率从23%跃升至72%；这个种群曾饱受抗凝血灭鼠剂之苦，因此对疾病的抵抗力更弱。

寿命：在野外最长可活23年（通常更低），圈养个体最多32.2岁。

• 现状和威胁

短尾猫分布广泛，能承受与人类共存的压力，它们在其大部分分布区内都是相对安全的。种群总数未知，不过仅美国境内的短尾猫数量很可能就超过140万只。基于狩猎数据和猎人的问卷调查（可靠度不一），一份2010年的分析报告估算，美国大陆上的短尾猫种群数量有235万～357万只。尽管如此，许多短尾猫种群仍面临着很大的狩猎压力。在监管不力的情况下，过度狩猎让这个物种变得非常脆弱。在美国和加拿大，每年大约有5万只短尾猫因消遣和皮毛需求而被合法猎杀。随着对花斑猫科动物皮毛贸易的限制，短尾猫现在成为了皮毛交易量最大的猫科动物。

从20世纪60年代开始，全世界对短尾猫皮毛的需求量达到了有史以来的最高值，并还在一路攀升。这很大程度上归咎于中国和俄罗斯皮毛贸易新市场的驱动。

若监管不力又恰逢严冬，基于皮毛需求的猎杀会直接导致短尾猫种群数量的下降：北美地区的猎人往往在冬季前后布下绳索陷阱，这又凑巧是自然死亡率高的季节，尤其在兔类数量减少的贫瘠年份，几大恶劣因素共同作用，结果可想而知。

短尾猫也会因为所谓捕杀牲畜的原因而被人类杀害（例如墨西哥）。在美国，每年有2000～2500只短尾猫死于合法的捕食者控制行动，这多数是为了回应那些受到牲畜损失的人们的抱怨。坊间有证据证明，由于外来入侵种缅甸蟒的扩散，短尾猫的数量在佛罗里达州南部持续下降；在加利福尼亚州南部，抗凝血灭鼠剂被认为削弱了短尾猫对疾病的抵抗力，已经导致该地区种群的崩溃。

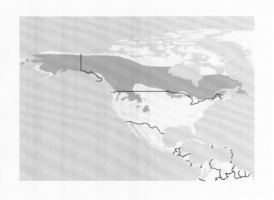

11.7 ～ 13.9 厘米

《濒危野生动植物物种国际贸易公约》附录 II
（在美国被列为受威胁物种）

IUCN红色名录（2008年）：无危
种群趋势：稳定

体　长：♀ 76.2 ～ 96.5 厘米，♂ 73.7 ～ 107 厘米
尾　长：5 ～ 12.7 厘米
体　重：♀ 5 ～ 11.8 千克，♂ 6.3 ～ 17.3 千克

加拿大猞猁

英 文 名：Canada Lynx

拉丁学名：*Lynx canadensis*（Kerr，1792 年）

• 演化和分类

加拿大猞猁被归为猞猁支系，在最近一次分化演化中，它与短尾猫同时由共同的祖先分化而来，该过程还分化出了与加拿大猞猁亲缘关系最近的欧亚猞猁。一些研究者曾把加拿大猞猁和欧亚猞猁划为同一物种，但是通过遗传学研究确认，它们在 150 万年前就已经分化并呈现出明显的差异性。

在加拿大猞猁和短尾猫的分布重合区域，它们杂交的情况很罕见；但在美国缅因州、明尼苏达州和加拿大新不伦瑞克省曾出现过二者杂交的记录。所有已知的杂交后代都是雌性加拿大猞猁和雄性短尾猫所生。人

们普遍认为它们缺乏生育能力，但是我们了解到，至少有两只雌性杂交个体成功繁育过后代。

加拿大猞猁有 2 个亚种：北美大陆亚种（*L. c. canadensis*）和纽芬兰亚种（*L. c. subsolanus*），后者为隔离在纽芬兰岛上独立进化的种群。不过这 2 个亚种在形态上的区别微乎其微，因此对其亚种的分类一直存在争议。

• 描述

　　加拿大猞猁是一种身形瘦长、中等体型的猫科动物，其厚厚的皮毛给人一种体形庞大的感觉。加拿大猞猁四肢瘦长，后肢明显长于前肢，这一"大长腿"的形象在野外非常容易辨识。而这种形象又被加拿大猞猁那宽大如雪鞋一样的脚掌所加强：它的跖骨松散连接，脚趾可以分得更开，脚掌的受力面积得以增大，加上其上覆盖着浓密的绒毛，使得加拿大猞猁在松软的雪地上更容易行走。

　　加拿大猞猁的头部相对较小，但两颊突出的毛发让人们误会它有一个大脑袋。三角形的耳朵上没有斑纹，耳朵上缘覆盖着黑毛，耳尖有长度超过3厘米、醒目的黑色毛。

　　加拿大猞猁的体毛又长又浓密，而且很柔软，通体颜色一致，没有明显的斑纹，四肢和身体下部有时有浅浅的斑点。典型的毛色是浅灰色，冬天呈银霜色或微微泛蓝，春夏季则略显棕色。加拿大猞猁的尾巴比短尾猫的短，尾尖纯黑色。

　　相似种：由于加拿大猞猁和短尾猫在加拿大与美国交界处以及落基山脉均有分布，很容易混淆。加拿大猞猁整体上体型更大、更高且斑点更少，不过当那些体型最大的短尾猫在重合分布区出现时，二者便很难被区别开来。相比之下，加拿大猞猁的尾巴颜色单一，仅在尾端有纯黑色的毛；而短尾猫的尾巴有3～6个深色的半环纹，且尾巴下部和尖端为显眼的白色。

• 分布和栖息地

　　加拿大猞猁分布在加拿大林线以南的大部分区域（占其总分布范围的80%左右）、阿拉斯加州的大部分地区（占其总分布范围的13.5%左右），其余种群则分布在美国的部分地区：寒带和亚寒带针叶林带往南延展的落基山脉、喀斯喀特山脉和蓝山山脉（华盛顿州、俄勒冈州、爱达荷州、蒙大拿州、怀俄明州）、五大湖地区（明尼苏达州和威斯康星州），以及新英格兰地区（缅因州、新罕布什尔州、佛蒙特州北部）。它们已经被成功重引入科罗拉多州，在那里，它们分布的南限现已延伸到新墨西哥州北部。不过，在1989～1992年试图将加拿大猞猁重引入纽约州阿迪朗达克山脉的行动却失败了。加拿大猞猁对生境比较挑剔，它们只出没于茂密的北方针叶林，包括山杨、云杉、

↑猞猁属的所有物种均拥有出色的视力。由此还引发了诸如"猞猁能透视"等诸多神话传说。尽管它们的视觉确实十分发达，但并没有证据显示猞猁的视力比其他猫科动物更敏锐

↓一只成年雌性加拿大猞猁身披夏季短毛。一到冬季，厚长浓密的毛发便会替代这身茶褐色的短毛，颜色也将变浅为灰色或灰褐色

↑加拿大猞猁是唯一面临周期性种群危机的猫科动物，这与雪靴兔数量的周期性增长与减少紧密相关。大约每 10 年发生一次种群崩溃。对于几乎完全依赖于猎食野兔的北方种群来说，这种危机尤为严重

桦树、柳树、冷杉、白杨、松树等林地，基本上与其主要猎物雪靴兔的分布是一致的。

加拿大猞猁极好地适应了冰雪环境。有记录显示，它们能够游过育空河宽达 3.2 千米的河面。还有两只佩戴无线电颈圈的猞猁经常在气温低至 −27℃的严冬，耗时 4 ～ 12 分钟游过极其危险的半封冻河流。加拿大猞猁会避开开阔的栖息地，哪怕那里猎物充足。它们很少出现在农田等人类改造过的地方，也很少选择永久性稀疏森林，或群落复杂性低的森林。但它们能在全伐或密集伐木之后、已经恢复了约 15 年或更久的次生林里生活得很好。加拿大猞猁的垂直分布可从海平面直到海拔 4130 米。

• 食性

加拿大猞猁严重依赖雪靴兔，雪靴兔占其猎物结构的 35% ～ 97%。野兔是所有猞猁种群的基础食物，但不同年份、不同季节野兔在猞猁食物中所占的比例会有波动，这取决于野兔种群的丰富度。

北方的雪靴兔种群每 8 ～ 11 年经历一个周期，有时种群数量的变化幅度令人惊叹，密度高的时候能达到 2300 只 / 平方千米，最低时则少到 12 只 / 平方千米。加拿大猞猁的数量与野兔密度可谓息息相关，其变化滞后于野兔 1 ～ 2 年，数量可下降 3 ～ 17 倍。如在加拿大育空地区的西南部，加拿大猞猁的种群密度会从 17 只 / 百平方千米下降到 2.3 只 / 百平方千米。在野兔数量骤减时期，猞猁会调整自己的食谱，当然野兔仍然占据主要位置。当数量充裕时，野兔在加拿大猞猁的食物组成中占比 97%，而数量稀少时则降至 65%（加拿大艾伯塔省中部）。

在北方分布区，加拿大猞猁的食物组成在夏季和秋季较为多样化；而在南方分布区，猞猁的食谱一年四季都很丰富，因为这里野兔密度偏低而且种群变化周期并不明显，或者没有周期性变化。不过不管怎样，雪靴兔都稳居猞猁猎物之首。在野兔减少期间，红松鼠成为重要的替代猎物，加拿大育空地区西南部的红松鼠在猞猁食物中的占比会从 0% ～4% 上升到 20% ～44%。其他常见的替代猎物还包括小型啮齿动物，尤其是老鼠和田鼠，以及野鸭、松鸡和雷鸟。

加拿大猞猁偶尔也会捕食幼年有蹄类动物，这类捕食行为大都发生在秋冬季节或野兔数量降低期间。有蹄类在加拿大猞猁的食物组成中通常只占一小部分，不过纽芬兰岛上的加拿大猞猁在野兔匮乏时期会专门猎食

北美驯鹿的幼崽。有记录显示，同一种群中的猞猁曾在冬季袭击成年的北美驯鹿，有时甚至也能将其杀死，不过加拿大猞猁能否在单次行动中成功猎杀成年驯鹿还不清楚。出现在加拿大猞猁食谱中的其他有蹄类动物还包括白尾鹿、驼鹿、北美野牛、白大角羊，不过这其中可能很大一部分是在取食腐肉。

此外，偶尔记录到的猎物还包括鼹鼠、地松鼠、美洲河狸、麝鼠、赤狐、美洲貂和鱼类。同类相食的情况罕有发生，主要是在猎物匮乏时，游荡的年轻加拿大猞猁会被成年猞猁当作猎物。加拿大猞猁偶尔会捕食小羊羔或家禽。

捕猎行为通常发生在晨昏和夜间，这和雪靴兔的活动规律一致，并且几乎只在地面进行。加拿大猞猁能爬树，当它们受到威胁时会爬到树上躲避，但并不会在树上捕猎。它们通常沿着野兔经常使用的兽道进行追踪，或者在关键的埋伏点静静地"守株待兔"，例如在兽道或者猎物聚集的开阔地旁边找一处掩体。捕杀野兔的方式是咬头骨、后颈或喉咙；捕杀幼年有蹄类时，则通常咬住其喉咙使之窒息而死。在纽芬兰岛，也许是由于雌鹿的奋力反击，被袭击的驯鹿幼崽通常能够逃脱，但大部分最终死于从猞猁唾液中感染的巴氏杆菌。这听起来似乎是个不错的猎食策略，不过实际上许多尸体并没有被吃掉。

雪迹跟踪显示，猞猁的捕猎成功率很不稳定，主要取决于雪地的承载力以及野兔的丰富度，不过总体上是比较高的，能达到 24%～61%（均为捕猎野兔）。加拿大猞猁平均每 1～2 天捕食一只野兔。它们会用雪或树叶将食物掩埋起来，当野兔数量多的时候这种行为会更加频繁。它们欣然享用腐肉，尤其是死于冬季严寒和被路杀的有蹄类。不列颠哥伦比亚省东南部的一只加拿大猞猁曾连续 4 天以一头被路杀的黑尾鹿为食，直到猎物被狼抢走。

• 社会习性

加拿大猞猁是独居动物，领域习性不甚严格，但范围会依据野兔的多寡而有很大差异。南方种群因其栖息地拥有稳定而低密度的野兔数量，因而维持着广阔且固定的家域，并且与相邻个体领域之间的重合度较高。北方种群在野兔数量高峰期保持着狭小且可能更具独占性的家域，而在野兔减少时则会扩张其范围，有时也会完全放弃家域而进行大范围的游牧式迁徙。在野兔数量达到高峰期时，南方和北方种群的雄性均拥有比雌性更加广阔的家域，并且会和多只雌性的家域发生重合。但在野兔数量处于低谷期时，北方种群的上述差异特点都会消减。

雌性加拿大猞猁有时还会和自己已成年的女儿保持着和睦关系，女儿通常会在母亲的领域附近安家。在某些情况下，这种关系会保持一生。许多猫科动物的雌性常常会让出部分家域给自己的女儿，不过猞猁这种长期和睦的母女关系对于猫科动物来说还是不常见的。大量观察发现，雌性加拿大猞猁与其成年女儿会在彼此都带着幼崽的情况下亲密联系，甚至还会一起合作捕猎和分享猎物。

↑一只年轻的加拿大猞猁在加拿大育空野生动物保护区（Yukon Wildlife Preserve）内一棵白雪皑皑的树上避难。加拿大猞猁的捕猎行为大部分发生在地面，未曾有过在树上捕猎的记录，除了追逐逃跑的树栖动物，例如追赶蹿上了低处树枝的松鼠

→气候变暖在加拿大猞猁分布范围的南缘已经产生了负面影响。自 20 世纪 70 年代以来，加拿大猞猁在加拿大中部已经向北后退了超过 175 千米，就是因为夏季气温升高导致降雪量减少，从而使栖息地变得更加开阔

加拿大猞猁的家域面积为 8 ～ 738 平方千米。平均家域面积估计为：南方种群，39 ～ 133 平方千米（雌性），69 ～ 277 平方千米（雄性）；北方种群，在野兔数量多时为 13 ～ 18 平方千米（雌性），14 ～ 44 平方千米（雄性）；在野兔数量少时为 63 ～ 506 平方千米（雌性），44 ～ 266 平方千米（雄性）。猞猁的种群密度根据野兔的可捕获性不同而差异悬殊。南方种群密度低而稳定，为 2 ～ 3 只 / 百平方千米；北方种群在野兔数量低谷期的密度也在这一水平，而在野兔数量达到高峰值期间，猞猁的密度可以增加到 8 ～ 45 只 / 百平方千米。密度最高的数据为 30 ～ 45 只 / 百平方千米，出现在野兔高峰期的北方次生林（伐木后经过 15 ～ 20 年恢复期，这是野兔的绝佳栖息地）。成熟的北方森林，在野兔峰值期的猞

猁种群密度通常为 8 ～ 20 只 / 百平方千米。

• 繁殖和种群统计

加拿大猞猁的繁殖具有明显的季节性。大部分交配发生在 3 ～ 4 月初，偶尔迟至 5 月。发情期持续 3 ～ 5 天，妊娠期为 63 ～ 70 天。生育期通常从 5 月开始，一直到 7 月初，大部分幼崽出生在 5 月中旬到 6 月上旬。缅因州曾记录到一只雌性猞猁在 8 月生下 1 只幼崽，但那显然是因为前一胎的繁育失败，这是唯一已知的关于加拿大猞猁在同一个繁殖季产两窝崽的案例。

加拿大猞猁一胎多崽，野外有一胎生出 8 只幼崽的记录。在野兔数量峰值期，雌性加拿大猞猁的繁殖年龄会更年轻（在它们出生后的第一个春季），就会有更多雌性繁殖成功、更多幼崽出生。通常每胎 4 ～ 6 只；而在野兔数量不足的时候每胎 1 ～ 2 只。一岁的雌性猞猁通常不繁殖，成年雌性在野兔数量连续几年处于低谷时也不繁殖。

加拿大猞猁独立的年龄为 10 ～ 17 月龄，亚成体的扩散通常发生在春天和夏天。新独立出去的雌性个体有时会把家域建立在母亲家域之内或者旁边，成年雌性也可能会和雌性后代一生都保持着亲密的联系。而雄性个体迁移得更远，如果能活下来的话，将会在远离原生家庭的地方定居。在野兔数量持续低迷的情况下，已经拥有固定家域的成年个体也会发生扩散行为。加拿大猞猁亚成体和成体都有能力进行超长距离的扩散迁移，尤其在野兔数量骤减期间。已知最长的迁移发

生在加拿大育空地区，直线距离为 1100 千米。雌性加拿大猞猁在 10 个月大时就已经性成熟，在野兔充裕的年份，这个年纪已能繁殖，但是通常它们第一次参与繁殖的年龄是 22～23 月龄。雄性个体在第二个冬季（大约 18 月龄）便已具备繁殖能力，但通常要到第二个或者第三个春天（更为常见）才开始繁育后代。

死亡率： 对于未被猎杀或较少遭遇陷阱的种群，成年加拿大猞猁在野兔数量丰富时的年均死亡率为 11%～30%，在野兔数量紧缺时会增至 60%～91%。而有天敌威胁的种群，加拿大猞猁的年均死亡率为 45%～95%。幼崽的存活率跟野兔数量紧密相关，野兔数量多时死亡率为 17%～50%，野兔数量少而导致饥荒的年份，死亡率会上升至 60%～95%。对各年龄段而言，冬季的饥荒和人类设置的陷阱都是造成死亡的主要原因。已知猞猁的天敌包括狼、郊狼、貂熊、美洲狮，偶尔也有短尾猫。一项研究发现，在野兔极度匮乏时期，同类相杀行为成为其最主要的死因。尽管疾病不是加拿大猞猁常见的死因，但重引入科罗拉多州的 7 只猞猁却死于腺鼠疫，推测是因为捕食了携带致病菌的猎物感染致死。

寿命： 野生加拿大猞猁的最长寿命为 16 岁（但极少有超过 10 岁的），圈养个体最长可以活到 26.9 岁。

• 现状和威胁

加拿大猞猁广泛分布且常见于加拿大大部分地区（目前仍占其历史分布范围的 95%）和美国阿拉斯加州。它们在艾伯塔省南部、萨斯喀彻温省和马尼托巴省的部分分布区已经消失了，在加拿大东部则不常见甚至十分稀少，因而被新不伦瑞克和新斯科舍两省列入《濒危物种名录》。在爱德华王子岛和新斯科舍省内陆，加拿大猞猁已经灭绝；但在布雷顿角岛上它们仍有分布。在邻近的美国，栖息地丧失更为严重，加拿大猞猁曾遍布美国 24 个州，如今仅残存一系列小而孤立的种群，已被全部列为受威胁物种。

加拿大猞猁面临的主要威胁是栖息地的丧失、碎片化和退化，其原因在于过度的破坏性森林开发或毁林。在美国，栖息地减少、偷猎和路杀是威胁加拿大猞猁生存的主要原因。在美国东北部和加拿大东部，越来越开阔的栖息地促使郊狼和短尾猫北迁，这可能进一步增加了加拿大猞猁的生存压力。不过在阿拉斯加州和加拿大的大部分地区，栖息地质量尚好，原始而完整的森林受到保护或处在相对完善的管理下。每年至少有 11 000 只加拿大猞猁被合法猎捕，被捕猎的种群主要来自加拿大和美国阿拉斯加州。加拿大猞猁种群在野兔数量下降时容易受到过度猎捕的影响，不过，如今大多数合法捕猎行为已经把这个因素考虑进去，尚无证据表明这对猞猁种群存在长期的影响。在加拿大猞猁分布的南部边缘，气候变暖已经导致适宜栖息地的减少，这对北方森林也有潜在且严重的长期影响。

↑ 在加拿大和美国（主要是阿拉斯加州），猎捕（包括使用猎套捕获加拿大猞猁以获取其皮毛）是合法行为。每年有 10 000～15 000 只猞猁被合法猎捕。仅在加拿大，近至 1980 年，年捕获量多达 40 000 只，而在 1900 年以前的历史猎捕高峰期，每年约有 80 000 只猞猁被猎杀

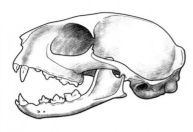

8.7 ～ 11.6 厘米

《濒危野生动植物物种国际贸易公约》附录 I
（中美和北美），附录 II（其他分布区）
IUCN红色名录（2015年）：无危
种群趋势：下降

体　长：♀ 53 ～ 73.5 厘米
尾　长：27.5 ～ 59 厘米
体　重：♀ 3.5 ～ 7 千克，♂ 3 ～ 7.6 千克

细腰猫

英 文 名：Jaguarundi

英文别名：Eyra

拉丁学名：*Herpailurus yaguarondi*

（É. Geoffroy Saint-Hilaire，1803 年）

• 演化和分类

细腰猫与美洲狮的亲缘关系最近，大约 420 万年前，它们还拥有共同的祖先。考虑到两者基因以及形态上差距很大，细腰猫通常被纳入专门的细腰猫属；尽管如此，仍有一些学者认为应将二者都列入美洲狮属。

细腰猫一度被分为 8 个亚种，但是最近针对 9 个国家的 44 只野生细腰猫进行的遗传学研究表明，其样本间基因几无差别，这一结果也暗示着绝大多数的亚种分类都可能是无效的。

• 描述

细腰猫相貌非常独特：尾长腿短，身躯瘦长，脑袋相对小且细长扁平，还有一种特殊的钝圆弧度，有着"罗马鼻"的轮廓，两只圆耳朵相距甚远。细腰猫是猫科动物里斑纹最少的，它们的毛发短而光滑，几乎完全没有斑纹，仅面部有非常淡的条纹及"高光"区域，有时四肢内侧也会有一点淡淡的纹理，耳背无斑点。细腰猫的幼崽有时会在胸部或腹部长有斑点，但随着年纪增长，这些斑点会逐渐消失或变得不明显。

细腰猫有两种区别明显的色型，曾被认为是两个物种。一是铁青色型，颜色居于淡蓝灰色和暗黑灰色之间；另一种是红棕色型，颜色居于淡黄褐色和亮砖红色之间，且通常有着亮白色的口鼻部和下巴。

红棕色型的细腰猫往往活跃于干燥、开阔的栖息地。据报道还有黑化的细腰猫个体，但即使是颜色最暗的个体也并不是完全的黑色，它们常常有着显眼的淡色头部和喉部。幼崽个体的体色深浅不一。

相似种： 与其他新热带区的猫科动物不同，细腰猫的外表非同寻常，反而与貂或水獭有些相似（通常也被称呼为"鼬猫"）。此外，它和狐鼬——一种新热带区的鼬科动物也十分相似。而黄褐色型的细腰猫与美洲狮毛色相近，但后者的体型要大得多。

• 分布和栖息地

从墨西哥北部由东到西的低地区域，经中美洲和南美洲，一直到巴西东南部和阿根廷中部，都是细腰猫的连续分布区。乌拉圭是否有分布还有待考察。细腰猫过去曾在美国得克萨斯州极南部有分布，但那里最近的一例已知记录还是在 1986 年，得克萨斯州圣贝尼托地区附近一只个体被路杀。此外，尽管偶有报道，但依旧没有证据证明亚利桑那州或佛罗里达州是其自然的历史栖息地。

细腰猫主要生活在低地环境，一般海拔2000 米。在所有新热带区的小型猫科动物中，细腰猫的适应力最强，占据着最为广泛的栖息地。所有干旱或者湿润的森林、稀树草原、潮湿的亚高山灌丛草原、沼泽地、半干旱灌丛、灌木丛和密植草原都有它们的身影。曾有报道称，细腰猫出现在哥伦比亚地

↓这是一只摄于巴拿马的成年细腰猫。它周身的毛发颜色深重，头颈毛色偏浅（也可以和155 页图中的个体相对比）。巧合的是，体型较大的狐鼬和细腰猫的毛色非常相近，有时一眼看去很难区分

区海拔 3200 米处的云雾林中。

　　细腰猫能适应开阔的栖息环境，但会回避缺乏植被覆盖的地区。它们也会在人工改造或恢复中的栖息地出没，但前提是这些地方的植被已具备足够的植被覆盖度，且有足够数量的啮齿动物，例如草地牧场中的灌木丛，荒田小片灌木丛和次生林，以及桉树林、松树林和油棕林等。

• 食性

　　很少有人直接观测到细腰猫的捕猎行为，针对它们的食性分析主要基于对其粪便和肠胃内容物的分析。根据分析结果可知，细腰猫大部分猎物的体重小于 0.5 千克，最主

↓ 在哥斯达黎加的内里阿维里保护区（Nairi Awari Indigenous Reserve），一只细腰猫停在了红外相机前，嗅闻一种有趣的气味。嗅觉在猫科动物的捕猎活动中作用微弱，但却对它们的社交生活极为关键

要的类群是小型哺乳动物如甘蔗鼠、草鼠、稻鼠和棉鼠。大猎物可达或超过 1 千克，包括豚鼠、小负鼠和兔类等都是其食谱上的常客，偶尔也记录到犰狳；普通狨、南浣熊和河狐各被记录到一次；短角鹿遗骸也曾在其粪便中有所发现，但这可能来自食腐行为。

　　除了哺乳动物，鸟类是细腰猫最重要的猎物，尤其是地栖性或在地面觅食的种类，例如鹪鸵、鹌鹑和鸠鸽。其次是蜥蜴，尤其是树蜥和鞭尾蜥蜴，以及鬣蜥和蛇，就连有毒的蝰蛇，也有几笔罕见的记录。细腰猫还曾被目击到在干涸的水塘中捕鱼，它们也可轻易捕获家禽或是闯入鸡舍。

　　伯利兹地区 3 只戴无线电颈圈的细腰猫在凌晨 4 点至下午 18 点最为活跃，高峰时段为中午 11 点；而在墨西哥东北部，细腰猫的颈圈数据表明它活跃于 11 点至下午 14 点。在大西洋沿岸附近的森林（阿根廷和巴西地区）、干性热带稀树草原〔玻利维亚的卡伊亚德大查科国家公园（Kaa-Iya del Gran Chaco National Park）和巴西的卡廷加群落地区〕以及热带高草草原（巴西）进行的红外相机调查，只在早晨 5：30～6：00 和傍晚 18：00～18：30 的时间段拍到了细腰猫，这和它们大部分猎物——昼行性陆栖动物相一致。

　　细腰猫是游泳健将，可游过中等宽度的河流；例如在玻利维亚的马迪迪国家公园（Madidi National Park），曾有一只细腰猫被拍到游过途池河，但目前还没有证据证明它们会在除小水体以外的地方捕猎。它们还是攀爬能手，并可能拥有在矮枝上捕猎的能力，虽然树上捕猎的证据极少。

• 社会习性

针对细腰猫的研究很少，目前仅有来自伯利兹、巴西和墨西哥（仅最后一次监测到21例）的遥感数据。遥感和红外相机数据显示细腰猫主营独居生活，另有零星传言称其普遍结对成行（可能是求偶期或者母亲带着大一点的幼崽）。在人工环境中，它们是群居状态。

根据无线电追踪研究的数据，虽然不同性别的细腰猫的活动区域无明显差别，且追踪个体活动区域覆盖广泛，但依然能从中看出，细腰猫沿袭着小型猫科动物典型的社会习性，它们也具有典型的猫科动物标记领域的习性。同性别同种群之间是否有明确的领域尚属未知。

在墨西哥地区，雌性细腰猫的家域面积稍大，雌性16.2平方千米，而雄性仅12.1平方千米。但在巴西少数被监控的细腰猫种群中，雌性家域普遍较小，雌性1.4～18平方千米，雄性可达8.5～25.3平方千米。在伯利兹的科克斯科姆地区，成年雌性的家域面积平均为20.1平方千米，但同一地区有两只不寻常的青年雄性个体，它们很可能占据了88～100平方千米的家域。

针对细腰猫，目前还没有可靠的种群密度研究数据，但相比其他猫科动物，它们被红外相机记录到的频率和被捕获并安装无线电颈圈的频率都出乎意料的低，这也表明，它们的实际种群数量比普遍认为的要少得多。

←图为一只摄于哥伦比亚油棕种植园中的雌性细腰猫。尽管细腰猫被发现栖息于农林混杂的栖息地，但它们对这种大规模种植园的适应能力我们却知之甚少

→作为典型的独居猫科动物，细腰猫实际上拥有发达的社交能力，可以不断地通过气味标记与潜在伴侣和竞争对手交换信息

↓圈养环境中，一只浅灰色的雄性细腰猫正在舔舐一只红色的雌猫。成年细腰猫在野外不会建立长期的群体生活，但在求偶期和交配期，这样的交流行为时有发生（C）

• 繁殖和种群统计

细腰猫野生种群的情况大部分是未知的。尽管证据薄弱，但轶事记录提示它们在一些区域是季节性繁殖。圈养条件下，雌性细腰猫全年都可以生育，发情期为 3～5 天，妊娠期 72～75 天。一胎有 1～4 只幼崽（平均 1.8～2.3 只）。幼猫在 5～6 周时断奶，在 17～26 个月大时性成熟。在野外环境中，细腰猫的幼崽们通常被藏在茂密的灌丛和树洞里。

死亡率：几乎没有野外数据。美洲狮是其已知的天敌，而在墨西哥中部曾记录到一条长 2.7 米的蟒蛇捕杀了一只成年细腰猫。村庄附近的家犬对其生存也有威胁性。

寿命：野外情况未知，圈养情况下 10.5 年。

• 现状和威胁

在人们的认识中，细腰猫分布广泛，环境适应能力强，甚至能够在一些人为改造区生存。然而这一认知可能有误。人们普遍认为细腰猫广布于南美洲大部，但这也许是因为它们的昼行性以及对开阔生境的偏好，使其比其他猫科动物更容易被目击，但这并不意味着它们数量很多。有些证据表明，在细腰猫自然密度低的区域，存在着大量虎猫、短尾猫或郊狼等有力的竞争者。

细腰猫的生存威胁还不甚明了。除了栖息地丧失之外，最主要的当地威胁或许是因为它们捕杀家禽而被大范围杀死，以及频繁的路杀。细腰猫很少因它们的纯色皮毛被捕杀，但会被家犬杀死，或是被人类偶然捕杀（这种情况下其皮毛有时会进入当地市场交易）。中美洲的细腰猫被认为已经达到易危或濒危级别，而北美洲的细腰猫即使没有灭绝，也已经处于极危的状态。

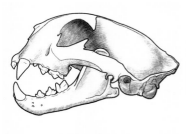

16～25 厘米

《濒危野生动植物物种国际贸易公约》附录 I（佛罗里达州、尼加拉瓜至巴拿马地区），其余区域为附录 II，在阿根廷、加拿大、墨西哥、秘鲁和美国（除加利福尼亚州和佛罗里达州不允许狩猎外）可合法狩猎

IUCN红色名录（2008年）：无危

种群趋势：下降

体　长：♀ 95～141 厘米，♂ 107～168 厘米
尾　长：57～92 厘米
体　重：♀ 22.7～57 千克，♂ 39～80 千克

美洲狮

中文别名：山狮

英 文 名：Puma

英文别名：Cougar，Mountain Lion，Panther（Florida）

拉丁学名：*Puma concolor*（Linnaeus，1771 年）

热带型

• 演化和分类

美洲狮是美洲金猫属下唯一的物种，在现存的猫科动物中，与细腰猫亲缘最近，二者在 420 万年前拥有共同的祖先。美洲狮与细腰猫都是猎豹的远亲，这 3 个物种一起构成了美洲狮支系。历史上曾描述过多达 32 个美洲狮亚种，但大多数都是基于微小的形态差异而划分，如今均被视为无效。

遗传学分析结果显示，美洲狮有 3 个地理种群，分别位于美洲北部、中部与南部。其中，遗传多样性最高的是南部种群。基于此遗传差异，美洲狮共划分出 6

温带型

幼崽

个公认的亚种：*P. c. couguar*（分布于北美洲），*P. c. costaricensis*（分布于中美洲），*P. c. capricornensis*（分布于南美洲东部），*P. c. concolor*（分布于南美洲北部），*P. c. cabrerae*（分布于南美洲中部）和 *P. c. puma*（分布于南美洲南部）。佛罗里达的残存种群常常被划分为单独的亚种 *P. c. coryi*，不过这一种群的形成仅仅发生在 100 年前，遗传学分析也显示它们与其他北美洲种群有着近亲关系。因此更确切地说，佛罗里达种群应被看作是北美亚种 *P. c. couguar* 在生态和地理上分化出的不同种群。

• 描述

美洲狮是除豹亚科之外体型最大的猫科动物，大小与豹相当，头部和颈部刚健，前躯强壮，后躯纤细，四肢肌肉发达。美洲狮长长的管状尾巴大约占体长的 2/3，在野外辨识度极高。

美洲狮的体型大小与纬度变化、当地气候及猎物数量有关，美洲豹的分布也可能是一个影响因素。最大的美洲狮个体分布在气候严寒地带，比如在加拿大的绵羊河野生动物保护区（Sheep River Wildlife Sanctuary），雌性平均重 44 千克，雄性重 71 千克；而在智利的百内国家公园，雌性平均重 45.1 千克，雄性平均重 68.8 千克。热带地区的个体则相对较小，例如在巴西的伊瓜苏国家公园，雌性平均重 36.9 千克，雄性平均重 53.1 千克。

美洲狮毛色单一，没有花纹，被毛通常为浅褐色到深褐色，腹部为奶油白色。分布在温带的美洲狮毛色更偏向于浅灰色，尤其

→图中这只委内瑞拉的年轻雌性美洲狮拥有亚成体纤细的体形。它的身体因为一身短毛而更显颀长，属于典型的亚热带型和热带型

冬季来临长出又长又密的冬毛时更是如此。而热带地区的个体毛色则为更浓的砖红色。但仅靠颜色并不足以区分种群。美洲狮的尾尖和耳背为深褐色至黑色，白色的吻部外侧有黑边。

虽然一直有黑化个体的传闻，但还未有过完全黑化个体的记录；哥斯达黎加的瓜纳卡斯特曾出现过一例死亡个体，除了腹部和吻部颜色较淡，全身均为深褐色。美洲狮白化个体的记录非常罕见。

美洲狮幼崽出生时全身有深褐色斑点和斑块，这被认为是其祖先也拥有大量斑点的指征，这些斑点或许也在美洲狮幼年时期起到了保护色的作用。9～12个月后，幼崽身上的斑点会褪去，斑点存留至成年期的现象非常罕见。

相似种：美洲狮因其与雌狮相似而得名，在美国西部与南美洲也被广泛地称为"狮"，然而其相似之处仅在于外表，这两个物种在野外并无同域分布。在拉丁美洲，拥有单一毛色和长尾巴的细腰猫与美洲狮可能会被混淆，但前者的体型小得多。美洲豹的黑化个体不太会被误认为是美洲狮，因为在美洲狮的任何分布区都没有黑化个体的记录。

· 分布和栖息地

美洲狮是西半球南北分布最广的陆地哺乳动物，分布区几乎从加拿大西南部的育空—英属哥伦比亚省边界到智利的麦哲伦海峡。虽然栖息地碎片化和退化的情况正在加剧，但它们在加拿大西南部、美国西部与南美洲热带地区仍有广泛且连续的分布。在气候温和的拉丁美洲，美洲狮广泛分布在安第斯山脉的宽阔地带，其栖息地一直延伸至潘帕斯草原、阿根廷蒙特地区和巴塔哥尼亚草原灌丛地带，以及整个阿根廷北部、巴拉圭和乌拉圭的北部区域。在阿根廷中东部和东北部及智利中部和北部的大部分地区，美洲狮已经绝迹。除了佛罗里达州南部还存在一个100～120只个体的种群（"佛罗里达山狮"）外，美洲狮在美国密西西比河以东地区也绝迹了，偶尔有来自达科他州繁殖种群的个体会向东北方向扩散。

美洲狮分布于有植被或岩石地形的大部分温带、亚热带和热带栖息地。它们适应力极强，可以生存于各种森林、林地和灌丛，湿润或干旱的植被茂盛的稀树草原上（如潘塔纳尔湿地和潘帕斯草原），以及植被稀疏的或者多岩石的沙漠中。美洲狮基本上会避开

←这只生活在智利百内国家公园的美洲狮得到了充分的保护，但生活在公园之外的绵羊农场的美洲狮正受到严重的威胁。在巴塔哥尼亚南部地区，美洲狮被人为杀害的比例非常高，其中还包括在阿根廷境内合法的赏金猎杀所造成的死亡

开阔的栖息地,如广阔的草原、旷野和贫瘠的沙漠,不过它们会借助有植被覆盖的廊道和碎片化的栖息地如河道沿岸等,渗入地形开阔的地区;同时它们也能穿过大片相对开阔和边缘的栖息地。在猎物充足、适宜栖居的乡村和城郊地区,美洲狮可以与人比邻而居,但它们不会长久地停留在农田或者种植园这些被重度改造的地方。美洲狮分布的海拔范围为海拔 0 ~ 4000 米(北美地区),在安第斯山脉其分布则可达海拔 5800 米。

• 食性

根据记录,美洲狮食谱广泛,从节肢动物到重达 400 千克的成年雄性加拿大马鹿都是它们的猎物,但仍以中到大型的哺乳动物为主。

在温带地区,美洲狮对大型猎物的捕杀

↓图为智利百内国家公园里的美洲狮与被它杀死的原驼。这个生态系统中的美洲狮平均每个月会杀死 6.5 只动物,其中大部分是大型有蹄类动物

更为普遍,尤其是在拥有充足大型有蹄类动物的北美地区;其中,美洲野牛可能是唯一不受美洲狮威胁的物种。在美国和加拿大地区,白尾鹿、骡鹿和加拿大马鹿是美洲狮的主要捕食对象;大角羊、驼鹿(主要是幼年个体)、叉角羚、雪羊(被美洲狮捕食的情况非常少见)以及领西猯也被美洲狮捕食,这些物种在自身种群数量充足的时候常成为美洲狮重要的猎物。生活在美国西南部、佛罗里达州与墨西哥北部的美洲狮,主要猎物是领西猯、白尾鹿和野猪,在艾伯塔省的落基山脉北部,它们的主要猎物则是大角羊和骡鹿,而在墨西哥索诺拉西北部地区,美洲狮最重要的猎物是大角羊。

在南部的温带气候地区(巴塔哥尼亚),野外的猎物种类非常少,因此这里的美洲狮主要捕食当地唯一的大型有蹄类动物原驼。在智利属巴塔哥尼亚地区中部获得的 463 次美洲狮捕猎记录中(猎物记录中有包括家养绵羊在内的 7 个物种),88.5% 的猎物是原驼。在智利南部的百内国家公园的原驼种群恢复期,原驼能占美洲狮猎物总量的 59%。

对生活在亚热带和热带的美洲狮来说,有蹄类动物虽然仍是它们食物中重要的一部分,但占比更小。由于有蹄类动物的丰度和生物量下降,这里的猎物种类变得更加多样化,猎物体型也相对较小。在拉丁美洲,有蹄类动物平均占据美洲狮猎物总量的 35%,而在北美地区,这一比例是 68%。

在热带地区,美洲狮的重要猎物包括红短角鹿、灰短角鹿、领西猯、白唇西猯、水豚、驼鼠、中美毛臀刺鼠和犰狳。在这个分

布区，美洲狮偶尔也会捕捉一些小型哺乳动物，如兔类、豪猪、旱獭、河狸、小型啮齿类、食蚁兽、树懒、有袋类和灵长类动物。对于美洲狮来说，这些动物可能是受地域性或季节性影响下的重要食物补充。在智利的百内国家公园，欧洲野兔这一外来物种数量庞大；在公园里原驼密度高的一些区域，美洲狮每捕杀一只原驼的同时，也会吃掉约13只野兔。在阿根廷属巴塔哥尼亚西北部的畜牧区（阿根廷内乌肯省），本土野生猎物如今已数量稀少，以欧洲野兔（占美洲狮猎物总量的45%）和欧洲马鹿（占美洲狮猎物总量的43%）为主的外来引入哺乳动物占据了美洲狮猎物99%的比例。在安第斯山脉南部至巴塔哥尼亚一带，欧洲马鹿种群扩张迅速，在当地美洲狮的食物组成中日趋重要。

根据记载，美洲狮至少杀死过30种其他野生食肉动物，包括加拿大猞猁、短尾猫、虎猫、细腰猫、乔氏猫、南美草原猫、郊狼、灰狼、鬃狼、狐狸、浣熊、南浣熊及各种鼬科动物（如臭鼬）。美洲狮不一定会吃掉这些被杀死的食肉动物，它们也不太可能成为美洲狮的重要食物。不过在佛罗里达州，浣熊占美洲狮食物总量的20%。美洲狮也有同类相食的记录。

美洲狮会伺机杀死小至麻雀大到美洲鸵等各种鸟类，还有各种爬行类——体型最大的能到成年凯门鳄和美洲鳄，不过这些猎物只占其食物组成的极小部分。鸟类和爬行类最常出现在热带美洲狮的食谱中，但也很难超过其食物总量的5%。

美洲狮会猎食家畜，大多是放养的绵羊、山羊和牛犊。家畜很少成为美洲狮的主要食物。在美洲狮分布的绝大多数地区，它们对家畜造成的危害相对较小。尤其是北美地区，因其造成的家畜损失也分地域和季节。但

←温带生态系统较为寒冷的气候减慢了尸体腐烂的速度，这让美洲狮捕获的大型猎物可以保存多日。图中这只生活在蒙大拿冰川国家公园（Glacier National Park）的美洲狮已经几乎吃完了大角羊身上所有的肉

↑一只幼年的美洲狮正在享用它母亲杀死的一只骡鹿。猎物的一部分被落叶所掩盖，这样可以减小食腐动物被吸引过来的概率，特别是熊、狼等会对美洲狮幼患造成威胁的动物

是，在家畜成为当地数量最丰富的猎物（如巴西潘塔纳尔湿地的牛群）或当地野生猎物种群下降（如巴塔哥尼亚大部分地区的绵羊群）的情况下，家畜会成为美洲狮的主要猎物。对于一些美洲狮种群来说，野化的家畜是食物的重要组成，例如佛罗里达州的野猪和内华达州的野马。在城郊地区，美洲狮偶尔也会捕食家犬和家猫。

美洲狮伤人的情况极其罕见，但因美洲狮造成的死亡多被认为是出于捕食而非防卫。1890 ～ 2012 年，加拿大和美国被美洲狮攻击致死的人数仅 23 人，其中两人死于被美洲狮攻击之后罹患的狂犬病。

美洲狮主要在夜间和晨昏时分捕猎。在冬季以及一些对美洲狮没有威胁的地区，日间捕猎的频率会更高。相比于努力搜寻猎物，美洲狮更是个机会主义者。一方面，它们会主动出击，沿着兽径、伐木道路、河道、山谷谷底以及山脊线等关键地形寻找猎物；另一方面，它们也会在猎物聚集地（如水源地和草场等进食地点）休憩或埋伏，等待猎物自投罗网。两种捕猎手段交替使用。一只生活在巴塔哥尼亚的美洲狮曾经每天都游到 549 ～ 1087 米外的一座湖心岛上，在那里捕杀绵羊后再游回来。

美洲狮会先潜伏到猎物附近，进入有蹄类动物方圆 10 米的范围内再施以爆发式的最后攻击。大多数成功的追捕距离都很短。在爱达荷州东南部以及犹他州西北部的例子中，美洲狮均在 10 米以内发动对骡鹿的追捕。大型猎物往往会被就地制服，或者挣扎 10 ～ 15 米。但也有许多超大体型的猎物长时间挣扎 80 ～ 90 米的情况。有时候，如加拿大马鹿这样体型的猎物倒下之前，美洲狮会一直伏在它的背上不松口。有蹄类动物往往会被美洲狮咬住咽喉窒息而死，而较小的猎物则会被咬住头骨或颈背一招致命。

令人惊讶的是，对这样一个被充分研究的物种而言，其狩猎成功率竟然不得而知。如果只考虑实际发起攻击的尝试，爱达荷州的美洲狮在面对鹿和加拿大马鹿时成功率可达 82%，但这个数据并不包含攻击前那些以失败告终的潜伏。

美洲狮会把杀死的猎物拖入树林，最远可达 80 米开外；它们会在猎物上覆盖泥土、落叶或积雪，保存以待后用，同时尽量减少对食腐动物的吸引。它们会一次次回到杀死的大型猎物身边进食，一次猎获可供食用 3 天至 4 周（冬天捕到的体型极大的猎物）。美洲狮也吃腐肉，但这只占它们食物摄入量的极小部分，相反，美洲狮常常会丢下还有余肉的猎物尸体。在智利属巴塔哥尼亚地区，每只美洲狮个体平均每月留下 172 千克可供食用的肉给食腐动物。在北美洲西部，灰狼、棕熊和黑熊的驱赶也会使美洲狮放弃猎获物。

• 社会习性

美洲狮是具有领域意识的独居动物，雄性和雌性都会长时间维护自己的领域。雄性家域较大，雌性家域较小，雄性的家域往往会与一只或多只雌性的家域重合。面对同性时，成年美洲狮会捍卫其领域；领域间的争斗偶尔会致命，尤其是发生在两只雄性之间的打斗。然而，成年美洲狮之间非暴力的社交行为往往比普遍认为的更为常见。

在大黄石生态系统中，佩戴 GPS 颈圈的成年个体相当规律地以伴有少量或者没有攻击行为的方式互动。除了交配季节雄性与雌性的会面外，成年美洲狮（特别是雌性）会分享体型较大的猎获物，无亲缘关系个体之间的互动与有亲缘关系个体之间的互动水平相当。同性个体之间的领域重合因种群而异。总的来说，雄性的领域重合较少，雌性的领域重合较多，某些情况下，雌性的领域几近完全重合。在家域小的区域，两性的领域重合都最少，特别是雄性。

美洲狮的领域面积因栖息地质量和猎物供给量的不同而异，从 25 平方千米（雌性，委内瑞拉）到 1500 平方千米（雄性，犹他州）不等。美洲狮家域面积在北美地区的估测最准确，代表性的估测包括：新墨西哥州非狩猎种群的雌性平均家域面积为 74 平方千米，雄性为 187 平方千米；艾伯塔地区狩猎种群的雌性平均家域面积为 140 平方千米，雄性为 334 平方千米；佛罗里达州非狩猎种群的雌性平均家域范围为 191 平方千米，雄性为 558 平方千米。

在拉丁美洲，对美洲狮的社会和领域行为的研究尚待完善。但有限的资料表明，生活在亚热带和热带栖息地的美洲狮家域面积相对较小而种群密度较高。在委内瑞拉的干性森林栖息地，基于一个极小样本数的研究表明，雌性在干旱季节的平均家域面积约为 33 平方千米，而雄性约为 60 平方千米。研究者相信，在较为湿润的季节，它们的家域

面积会扩大。在墨西哥北部的热带干性森林，雌性的平均家域面积为 25 平方千米（干旱季节）至 60 平方千米（湿润季节），而雄性为 60～90 平方千米（同样的，仅基于极其有限的数据）。而在巴西的潘塔纳尔 – 塞拉多栖息地，雌性平均家域面积为 89 平方千米，雄性为 222 平方千米。

北部地区美洲狮的分布密度从 0.3 只 / 百平方千米（犹他州和得克萨斯州）到 1～3 只 / 百平方千米（艾伯塔地区、加利福尼亚州、犹他州、怀俄明州）。在一些特例中，美洲狮的分布密度会超过 3 只 / 百平方千米，如温哥华岛和英属哥伦比亚的美洲狮分布密度达到 7 只 / 百平方千米，因为这里拥有数量非常丰富的非迁徙鹿种群作为猎物。在拉丁美洲，美洲狮分布密度的估值从阿根廷亚热带森林的 0.5～0.8 只 / 百平方千米，巴塔哥尼亚草原的 2.5～3.5 只 / 百平方千米，伯利兹热带雨林的 2.4～4.9 只 / 百平方千米，到巴西潘塔纳尔季节

↓绝大多数对美洲狮群体的目击记录，看到的几乎都是母亲与长大的幼崽，比如图中智利百内国家公园的这对母子。几近成年的幼崽（站立个体）已经快到可以离开母亲独立扩散的年纪了

性泛滥草原的 3～4.4 只 / 百平方千米。

• 繁殖和种群数量

　　美洲狮没有固定的繁殖期，幼崽可以在任何一个月出生。但在一些种群中存在明显的季节性生育高峰，通常与有蹄类猎物的繁殖期相重合，同时避开季节性的极端气候（尤其是冬季）。在落基山脉北部（加拿大和美国），大约 75% 的幼崽出生在 5～10 月。而在黄石国家公园（Yellowstone National Park），50% 的幼崽出生在 6 月和 7 月。在佛罗里达州，生育高峰期出现得稍早，主要集中于 3～6 月，紧随白尾鹿幼崽的出生。人们

对拉丁美洲地区美洲狮的生育模式还知之甚少；不过，热带地区的繁殖行为可能是季节性最弱的。

　　美洲狮的发情期持续 1～16 天，妊娠期平均 92 天（82～98 天）。每胎幼崽数通常在 1～4 只，平均为 2～3 只；圈养的美洲狮中最高有一胎 6 只幼崽的记录。幼崽在 2～3 个月的时候开始断奶。存在收养的情况，但极其罕见。一个例子是，怀俄明州的一只带着 3 只 6 个月大幼崽的雌性美洲狮收养了两只 15 个月大的雄性孤儿，这只雌性美洲狮似乎与孤儿们的母亲有亲缘关系。雌性美洲狮产崽的间隔期为 14～39 个月，平均为 26.5 个月（怀俄明州的数据）。无论是雄性还是

↓ 在怀俄明州的美洲马鹿国家保护区（National Elk Refuge），一只美洲狮母亲和它的三个孩子正在一个洞穴前休息。最近的记录表明，雌性美洲狮会将小型的活猎物带给幼崽，让它们学习如何捕杀取食

雌性都在 18 月龄达到性成熟；雌性的第一胎往往在 24 月龄之后，也有 18 月龄的例外情况；而雄性第一次繁殖在 3 岁左右。

幼崽在 13.5～18 个月（10～24 个月）时离开母亲独立，通常在独立生活几个月后开始扩散。雄性和雌性都会扩散。雌性具有对出生地的忠诚度，在条件允许的情况下会更倾向于在它们的出生地附近定居。但在美洲狮被大量猎杀的区域，雌性美洲狮移居到别地的现象也很常见。对雄性而言，固守出生地的行为是特例，仅在孤立的佛罗里达州种群中有过记录。

通常雌性扩散的距离较短，也会比雄性更快建立领域。在佛罗里达州，雌性扩散的距离为 6～32 千米（平均 20.3 千米），雄性为 24～208 千米（平均 68.4 千米）。在新墨西哥州的圣安德烈斯山脉，雌性扩散的距离为 0.7～79 千米（平均 13 千米），雄性为 47～215 千米（平均 68.4 千米）；在犹他州的两个山区之间，美洲狮的扩散也遵循了雄性比雌性更倾向于"远走"的惯例，但这里雄性和雌性的扩散距离却差不多，且扩散距离最远的个体是雌性。这里雌性的扩散距离为 11～357 千米（平均 33～65 千米），相比之下，雄性的扩散距离仅为 6～103 千米（平均 31～52 千米）。

扩散距离最远的记录出自南达科他州黑山地区被牧场和农田包围的种群，这里的雌性扩散距离在 12～99 千米（平均 48 千米），而雄性扩散距离达 13～1067 千米（平均 275 千米）。2011 年，来自这个种群的一只

雄性个体，在它的生命终结于康涅狄格州滨海路杀之前，它已经扩散了将近 2800 千米的直线距离。

死亡率：在新墨西哥州，成年美洲狮的年均死亡率估计为 9%（雄性）～18%（雌性）；在蒙大拿州西北部，这个比例为 35%（雌性）～61%（雄性）。幼崽存活至成年的比例为 45～52%（加利福尼亚州南部）～64%（新墨西哥州）；在黄石国家公园，从幼崽到独立生活的个体成活率约为 50%，但如果计算从出生到两岁的成活率，这个数字则会骤降到 21%。成年美洲狮的死亡绝大多数要归咎于人类，主要是因为合法的狩猎（北美洲）和非法盗猎。对某些种群来说，车祸是一个重要的致死原因，特别是在佛罗里达州，车祸是美洲狮死亡的主因（2010～2013 年 6 月，占 88 例已知死亡案例中的 54 例）。

成年美洲狮死亡的自然原因包括饥饿、疾病和捕猎事故；而在新墨西哥州的一个种群中，由其他美洲狮造成的死亡率非常高，46%（雄性）～53%（雌性）的死亡率都是由成年雄性杀死其他成年个体造成。但是，这个数据要么出自极不寻常的情况，要么是间接证据给出的结果。在其他被充分研究的种群中，并没有如此高频的同种相杀的证据。幼崽夭折的原因主要是饥饿（包括合法狩猎中母亲被猎杀）、被猎食（尤其是与美洲狮同域生存的灰狼），以及杀婴行为。

寿命：野外情况下达 16 年，而圈养情况下可达 20 年。

→除非巢穴受到干扰，美洲狮
母亲很少会在幼崽出生的头两
个月将幼崽从出生地移走（C）

• 现状和威胁

　　美洲狮分布广泛，适应能力强，对人类
活动的相对容忍度较高。它们在北美洲与南
美洲的大部分分布区域仍然是连续的，因此
基本上被认为是安全的。尽管这个物种现在
仍是西半球分布最广的陆地哺乳动物，但除
了佛罗里达州的残存种群之外，美洲狮在北
美洲东部地区已经灭绝，在拉丁美洲 40% 的
分布区域内也已绝迹。美洲狮种群在美国中
西部和加拿大的部分历史分布区域可能正逐
渐恢复。1990～2008 年，在已知的繁殖种群
的范围之外已有 178 起确凿的分布记录（大
多数是正在扩散中的雄性美洲狮）。

　　然而，人口增长造成的栖息地碎片化对
一些现有的美洲狮分布区域造成了威胁，如
加利福尼亚州南部。这也限制了孤立种群的
扩张，如达科他州和佛罗里达州的美洲狮种
群。在拉丁美洲的大部分地区，人们对美洲
狮的情况仍缺乏了解。它们在大部分栖息地
内似乎仍然广泛分布且常见，但在其他地区
已渐入险境，比如中美洲的许多栖息地正面
临更为严重的破坏压力。美洲狮曾在拉丁美
洲的大部分温带地区绝迹，但近二三十年
来，这里的大部分区域已经恢复或者正在恢
复，包括巴塔哥尼亚草原灌丛的绝大部分区
域和气候湿润的阿根廷潘帕斯草原的大部分
区域。

　　美洲狮的主要生存威胁来自栖息地的
丧失和碎片化，以及人类活动带来的相关威
胁。生活在家畜饲养区域的美洲狮常常受到
人类的严重伤害，尤其在会对美洲狮大范围
任意杀害的拉丁美洲。阿根廷南部是唯一仍
在绵羊放牧区对美洲狮实施赏金猎杀（自
1995 年来）的地区，这导致了美洲狮每年
约 2000 只被杀的极高死亡率；另外，该区域
每年还有约 80 只美洲狮死于合法的狩猎运
动。在美国和加拿大，合法的狩猎运动每年
杀死 2500 ～ 3000 只美洲狮。众所周知，当
狩猎配额过量时，尤其是针对成年雌性的猎
杀，将引发种群数量下降。在热带的分布区，
人们对美洲狮食物的过度捕猎也是可能威胁
美洲狮种群的一个因素，以打猎为生的人们
的目标物种，同时也是大型猫科动物的主要
猎物。

15 ～ 19.3 厘米

《濒危野生动植物物种国际贸易公约》附录Ⅰ，允许活体贸易及狩猎运动的配额为205只。

IUCN红色名录（2008年）：

◎ 易危（全球）

● 极危（亚洲）

● 极危（西非亚种）

种群趋势：下降

体　长：♀ 105 ～ 140 厘米，♂ 108 ～ 152 厘米
尾　长：60 ～ 89 厘米
肩　高：♀ 67 ～ 89 厘米
体　重：♀ 21 ～ 51 千克，♂ 29 ～ 64 千克

猎豹

英 文 名：Cheetah

拉丁学名：*Acinonyx jubatus*（Schreber，1775 年）

• 演化和分类

　　猎豹是猎豹属的唯一物种，它现存的近亲是美洲狮和细腰猫。猎豹属于美洲狮支系，该支系大约在 670 万年前开始分化。最古老的猎豹化石距今 300 万～ 350 万年，被发现于非洲南部和东非。

　　猎豹目前被分为 4 个非洲亚种和 1 个亚洲亚种。其中亚洲猎豹（*A. j. venaticus*）最为独特，遗传学差异表明亚洲猎豹与非洲种群有着 32 000 ～ 67 000 年的隔离。而非洲东北部的猎豹（*A. j. soemmeringii*，即中非猎豹，分布于索马里至尼日尔东部）在遗传上与其他非洲种群也有所区别，但它与西非猎豹（*A. j. hecki*，分布于尼日尔西部至塞内加尔）在

撒哈拉型

典型

幼崽

↑ 与其他大型猫科动物比起来，猎豹的雌雄异型并没有那么明显，但雄性成体明显比雌性身材更为高大，尤其是头部、颈部和前半身

遗传上可能是连贯的渐变关系，更进一步的分子研究可能会将它们合为一个亚种。同样的，撒哈拉北部的非洲猎豹在之前被认为是亚洲亚种，但是一只来自埃及西部的样本显示它们与亚洲猎豹并没有很近的亲缘关系，但很可能与中非和西非亚种聚成一支。尽管非洲南部的猎豹（A. j. jubatus）与非洲东部的猎豹（A. j. raineyii）目前被认作两个亚种，但它们亲缘关系很近，遗传学差异很小。

● 描述

猎豹是唯一一种适应于持久高速追赶猎物的猫科动物。与其他猫科动物不同，猎豹有着像格力犬一样的体形：体态高而修长，拥有长长的腿、窄而深的胸部、纤细的腰部和长

管状的尾巴。头小而圆，耳朵小，鼻口部较短。猎豹的爪类似犬科动物，缺少其他猫科动物那保护性的肉质爪鞘，但是它们的爪子也能部分伸缩。它们的足迹带爪痕，但极度弯曲的尖利悬爪除外，后者只在抓捕猎物时派上用场。非洲南部的猎豹体型最大，东非的个体其次。撒哈拉、非洲东北部以及伊朗的猎豹体型最小（基于很少的测量样本）。

猎豹体色呈黄褐色至金黄色，向下逐渐过渡到白色的腹面，体表分布着大约 2000 个圆形或椭圆形的黑色斑点，其间夹杂着一些模糊的黑色小斑点，每只猎豹身上的斑纹都独一无二。猎豹的面部有独特的泪痕纹，这在其他猫科动物身上并未发现。至于泪痕纹的作用，目前尚未清楚（如果真有什么作用的话），有可能是为了在白天捕猎时减少刺

→ 一只现存的亚洲猎豹，由红外相机拍摄于伊朗的奈班丹野生动物保护区（Naybandan Wildlife Sanctuary）。这只成年雄性身上极短的被毛是亚洲猎豹在伊朗酷热夏季时的典型特征

眼的光线，或者增加面部表情的侵略性。

　　撒哈拉地区的猎豹有着像狗一样的窄脸和浅色的短毛，毛色从浅黄底色带褐斑到浅白底色带肉桂色斑都有。王猎豹在 1927 年被发现时，一度被误认为是一个独立的亚种 *A. j. rex*，但它其实只是一种隐性基因色型，其父母可能是正常色型。在野外，王猎豹仅出现在南非的北部（包括克鲁格国家公园，Kruger National Park）、津巴布韦南部、博茨瓦纳东南部。曾有一张盗猎的王猎豹皮毛在布基纳法索被缴获，但这可能是交易所得。猎豹黑化个体极度稀有，目前仅在津巴布韦和赞比亚有两例被确认的个体。目前还没有真正白化个体的确凿记录，但在 2010 年，有人在肯尼亚的阿西河地区拍到一只全身奶黄色并遍布深色小点的猎豹。

　　与其他猫科动物不同，刚出生的小猎豹从头顶到尾根覆盖着蓬松的烟灰色"斗篷"，之后长毛开始脱落，至 4～5 月龄就只剩下肩部的短鬃毛。大多数猎豹成体的鬃毛不显著，除非是在害怕或者进攻时才会立起。但亚洲猎豹成体的鬃毛往往很明显，尤其是伊朗的猎豹在冬季换上丝状长毛的时候。小猎豹"斗篷"的作用尚不清楚。广为流传的理论认为这是在模仿脾气火爆的蜜獾，以使捕食者望而却步。虽然小猎豹和蜜獾确实非常像，但某些猎豹种群中幼崽极高的被捕食率让这种理论不攻自破。"斗篷"更可能有调节体温的作用，或者提高小猎豹在高草丛中的隐蔽性。

　　相似种：猎豹在体型与毛色上都与花豹类似，但还是比较容易区分。猎豹身上的斑

点简单，并且有着独特的泪痕纹。薮猫常被当地人误认为是猎豹，尽管它们的身形要小很多，而且有个招牌式的短尾巴。

• 分布和栖息地

　　猎豹在非洲南部和东部的分布比较广，少见于西非和中非，除了在阿尔及利亚南部和可能在埃及西部有分布外，它们在北非其他地区已经灭绝。在亚洲，仅伊朗中部还残存着一个 50 只左右的种群，其他地区的猎豹均已绝灭。从 20 世纪 70 年代起，偶有猎豹出现在阿富汗、巴基斯坦和土库曼斯坦的报道，但缺乏明确的证据。2006 年，一张猎豹皮在马扎里沙里夫被发现，据说来自阿富汗中北部的萨曼甘省，但多种迹象表明它更可能来自伊朗。

　　猎豹喜爱稀树草原林地、草原和灌丛，其密度在湿度适中的开阔林地和草原的交错地带达到最高。猎豹少见于茂密的湿润林地，比如赞比亚的短盖豆林地，在茂密森林和热带

　↑王猎豹曾被当作一个独立的物种，但现在人们普遍认为它就是长着虎纹的猎豹。在家猫中，一个基因发生突变从而产生虎纹猫；而在猎豹中，同一个基因的突变使斑点融合成斑块和条纹

雨林中则没有分布。猎豹非常适应干旱稀树草原，比如卡拉哈里南部；也能在伊朗、纳米布以及撒哈拉的半荒漠和荒漠地区定居，沿着河道及山脉扩散分布。不过在最干旱的地区，猎豹只是单纯的过客而不会停留。猎豹最高分布到海拔3500米处（肯尼亚的肯尼亚山），但在海拔1500米（埃塞俄比亚）～2000米（阿尔及利亚）的地区才是猎豹的适宜栖息地。伊朗猎豹生活在荒漠山丘的雪线以上，这里的猎豹是全世界唯一定期经历降雪的种群。

• 食性

众所周知，猎豹是地球上速度最快的陆生动物，最适合捕捉体重在20～60千克的小中型羚羊。在其分布区内，瞪羚以及与瞪羚相似的羚羊是首选。

猎豹主要的猎物，在非洲东部有汤氏瞪羚和葛氏瞪羚，撒哈拉有苍羚和小鹿瞪羚；在干旱的南部稀树草原，如埃托沙国家公园和卡拉哈里，它们以跳羚为主食；在非洲南部和东部的林地，如克鲁格国家公园、奥卡万戈和塞伦盖蒂林地，则以高角羚为主。在卡拉哈里南部，小型羚羊如小岩羚和灰麂羚也是猎豹重要的猎物。

猎豹有能力捕获大型有蹄类。在大型有蹄类极为丰富或者缺乏小型猎物的地区，猎豹也会将大型有蹄类作为主食。比如在南非的菲达野生动物保护区（Phinda Private Game Reserve）中的湿润林地，数量最多的安氏林羚（成体体重55～127千克）就成为了猎豹的主食。而在伊朗，瞪羚大面积绝迹后，猎豹主要捕食赤羊（成体36～66千克）和北山羊（成体25～90千克）。

总的来说，猎豹更愿意捕食幼体和雌性猎物，尤其是当猎物体型较大或者很危险时，比如疣猪。猎豹只在繁殖期将雄性羚羊作为首选目标，因为雄性羚羊在繁殖季节会因为与其他雄性发生争斗而放松对猎豹的警惕——如卡拉哈里的跳羚——这对猎豹来说是个好机会。猎豹（尤其是雄性猎豹团体）会毫不犹豫地捕食大型动物的幼崽，包括黑尾牛羚、草原斑马、南非剑羚等，极少数情况下也会捕食非洲水牛和长颈鹿。猎豹雄性团体也能捕杀大而危险的猎物（通常会被单只猎豹回避），比如成年狷羚、长角羚和牛羚。

对于单独活动的卡拉哈里猎豹、许多刚开始独立生活的年轻成体，以及生活在伊朗

→假如得以存活下来，这些年轻的兄弟在长大独立后依然会待在一起，结成一个雄性团队。它们在幼时结下的深厚友谊能维持一生，体现在身体接触、合作和情感表达等方面

等劣质栖息地中的猎豹个体而言，大型啮齿动物（如跳兔）以及大型兔类（草原兔和薮兔等）也是重要的食物。猎豹有时还会捕食鸵鸟、鸨类、珍珠鸡，偶尔捕食刺猬（撒哈拉）、豪猪和小型食肉动物（如獴和狐狸）。

由致命的领土争斗引起的猎豹同类相食的事件也有过记录。据说生活在卡拉哈里的猎豹靠吃西瓜来摄取水分，但一个为期6年的深入观察研究并没有记录到这种行为，况且西瓜也不太可能是猎豹的主要水分来源。猎豹也会捕杀无人看管的小型家畜，如山羊、绵羊、小牛和小骆驼，但很容易被牧民或家犬赶走，也没有野生猎豹杀人的记录。

在大部分分布区，猎豹主要在白天捕食，这样可以最大限度地利用其视觉敏锐的优势，并可以避免与狮子和斑鬣狗等其他竞争者的活动高峰期相重合。大多数猎食行为发生在日出及日落前后的几个小时内。但当天气凉爽或者雌性带崽的时期，猎食活动也会全天进行。

猎豹的夜间活动比想象中普遍，奥卡万戈的猎豹有25%的活动都是在夜间进行的，尤其是在满月前后。夜间捕猎也时有发生，但目前尚不清楚这25%的夜间活动是否都是捕猎行为。撒哈拉猎豹被认为常在夜间捕猎，可能是为了凉爽的气温和极其开阔的生境。

猎豹捕猎时通常先用典型猫科动物的方式前进——半蹲潜行到距离猎物50～75米的距离，一旦猎物抬头就静止不动。它们有时也会直接在500～600米开外公然小跑着接近特别虚弱或警惕性低的猎物，比如新生的羚羊。猎豹的冲刺距离可持续600米，但

一般不会超过300米。在开阔的稀树草原林地中（博茨瓦纳的奥卡万戈），猎豹的平均追逐距离为173米。一只驯养的猎豹尾随汽车奔跑的时速为105千米/小时，这是有记录的猎豹最快速度。而野生猎豹的纪录保持者来自博茨瓦纳，时速为93千米/小时。猎豹的速度可能会超过105千米/小时，但在博茨瓦纳的稀树草原林地，成年猎豹主要捕食高角羚，使用54千米/小时左右的中等速度即可，而它们在非常开阔的地带捕食羚羊时可能会用到更快的捕猎速度。

猎豹能够比其他陆生哺乳动物更快地加速和减速。猎豹在捕猎的最后阶段可以快速减速以提升猎杀行动的灵活度，有记录记载它们可以在三大步内就从58千米/小时减速至14千米/小时（博茨瓦纳奥卡万戈）。猎豹可以用前爪绊倒猎物，或者在减速时用悬

↓对于具有潜在危险性的猎物，使其窒息而亡是一种非常安全的方法。这只猎豹正在杀死一只年轻的白脸牛羚，通过牢牢按住猎物长角的头部，并且使自己的身体远离猎物蹬踹的蹄，展示了如何降低被挣扎的猎物伤到的风险

↑猎豹虽然没有优秀的树栖能力，但它们仍能轻松地攀上倾斜的大树干，有时还能爬到5～6米的高度。猎豹会在树上做气味标记，将其视为公共路牌，也会站在树上扫视，寻找猎物的踪影

爪勾住猎物猛地向后一拉，使猎物失去平衡。大多数猎物是被咬住口鼻2～10分钟窒息而死，但野兔及其他小型猎物则是被咬住头盖骨或者后颈而死。

猎豹的捕猎成功率约为25%～40%。捕杀小型猎物的成功率要高得多，例如捕杀野兔的成功率是87%～93%，捕杀羚羊幼崽时则能达到86%～100%（坦桑尼亚塞伦盖蒂国家公园，Serengeti National Park）。猎豹很少保卫捕获的猎物，最多有13%的猎物会被抢走（塞伦盖蒂国家公园）。打劫者主要是斑鬣狗和狮子，少数猎物还会被豹、非洲野犬、灰狼（伊朗）、棕鬣狗和缟鬣狗掠夺。成群的黑背胡狼和大群的兀鹫偶尔也会抢夺猎豹的猎物，但猎豹之所以放弃可能并不是因为打不过它们，而是担心这些小型食腐动物的骚乱会引来大型食肉动物。猎豹极少食腐，大概是因为担心会遇到大型食肉动物。但雄性猎豹会从雌性猎豹那里夺取食物。同理，猎豹很少会返回取食吃剩的猎物尸体，但是带幼崽的雌性猎豹有时会返回取食隔夜的猎物（菲达野生动物保护区）。

• 社会习性

猎豹复杂多变的社会习性在猫科动物中独一无二，除了狮子外（以及一些流浪家猫群体），猎豹比其他任何猫科动物都具有更高的社会性。雌性猎豹营独居生活，家域非常大但没有领域性，不会阻止其他同类进入。如果雌性猎豹相遇，双方要么主动避让，要么彼此包容共享资源（但不超过一天），这可能是由于它们之间有亲缘关系。

相反，雄性猎豹的社会性很强，经常由2～4只个体组成终生联盟，团结起来与其他雄性猎豹争夺接近雌性的机会。这种联盟通常由独立后就待在一起的兄弟组成。不过，单只或成对的雄性经常会再接纳一名没有亲缘关系的个体。比如在塞伦盖蒂，30%的联盟里都包括一只没有血缘关系的成员。而有一些雄性，尤其是那些没有亲兄弟的雄性，可能终生不会结盟——卡拉哈里的雄性猎豹有40%是独居的。

有些雄性猎豹有领域性，有些则没有。雌性猎豹是半游荡的，当雌性猎豹的家域较小或者活动路线可以被预测时，雄性会在雌性经常光顾的地方建立自己的领域。塞伦盖蒂的雄性猎豹会在遮蔽物集中的中心区域和汤氏瞪羚的季节性聚集地建立小型领域；而雌性猎豹会跟随汤氏瞪羚的迁徙而游走，并被集聚的瞪羚所吸引。在猎物不迁徙的地区（如克鲁格国家公园南部），雌性的家域更小，游荡范围也随之减小，这种情况下雄性猎豹建立领域就较为划算，这时雄性的领域面积便与雌性的家域大小近似。

无论是雄性联盟还是单打独斗的雄性个体都可能会有领域性，只不过联盟更容易保卫领域，并且可以获得更多接近雌性的机会。塞伦盖蒂的雄性联盟个体也比独居的雄性更"健康"。具有领域性的雄性猎豹经常会与入侵的雄性发生打斗，这种争斗有时是致命的。

除了有领域的定居雄性外，还有一些是无领域、半游荡的流浪汉，究其原因，可能是因为它们缺乏保卫领域的能力，抑或是它们不愁找不到交配的雌性。所有雄性猎豹刚独立时都是游子，但是其中一些个体终生都不会定居。定居下来的个体，领域性和游荡行为可以互相转换，这取决于猎物（以及雌性猎豹）是否容易获取，以及它们是否属于某个联盟。塞伦盖蒂的猎豹种群中有 40% 是流浪猎豹。纳米比亚中部的所有雄性猎豹都是家域面积很大的流浪者，这可能与当地猎物密度较低，长期以来对于猎豹种群严重的人为干扰（迫害）有关。

在所有猫科动物中，猎豹的家域面积最大。在猎物数量稀少或猎物具有迁徙习性的分布地区，雌性家域面积平均能达到 833 平方千米（395～1270 平方千米，塞伦盖蒂国家公园）至 2160 平方千米（554～7063 平方千米，纳米比亚中部）。如果猎物不迁徙或数量丰富，猎豹的家域面积就会比较小，如在菲达野生动物保护区的林地中，猎豹家域面积为 34～157 平方千米；而在克鲁格国家公园的林地，则为 185～245 平方千米。

对于雄性猎豹而言，在坦桑尼亚塞伦盖蒂国家公园，单只雄性的领域范围平均为 33 平方千米，雄性联盟的领域范围则为 42 平方千米；菲达野生动物保护区的猎豹联盟领域范围平均为 93 平方千米，而家域面积为 57～161 平方千米不等。在克鲁格国家公园，三雄联盟的家域面积为 126 平方千米，而单只雄性的家域可达 195 平方千米。

游荡的雄性家域很广，平均可从 777 平方千米（塞伦盖蒂国家公园）到 1390 平方千米（纳米比亚中部，单只雄性的家域可达

120～3938 平方千米）以及 1464 平方千米（纳米比亚中部的联盟家域为 555～4348 平方千米）。历时 5 个月的无线电跟踪研究显示，两只伊朗雄性猎豹（可能是游荡个体）的家域面积为 1737 平方千米。

猎豹的自然密度较低，总体密度为 0.3～3 只／百平方千米，已有的估算数据包括 0.16 只／百平方千米（伊朗）、0.25～2 只／百平方千米（纳米比亚农田）、0.5～2.3 只／百平方千米（南非克鲁格国家公园）、2 只／百平方千米（坦桑尼亚塞伦盖蒂国家公园）、4.4 只／百平方千米（南非卡拉哈里大羚羊国家公园）。在迁徙猎物聚集的季节，有些地区的猎豹密度可以高达 20 只／百平方千米（坦桑尼亚塞伦盖蒂国家公园）。

↓这只牛羚幼崽不是猎豹的对手，但它的家族却能与之一战。牛羚和斑马群通常会对攻击它们幼崽的单只猎豹进行反击。但当它们面对成对的猎豹或者三只猎豹的联盟时，幼崽就凶多吉少了

→带幼崽的雌性猎豹每天会花很多时间巡视周围的环境。多数时候，其警戒的主要目的是为了发现猎物。唯有进食时，它会对其他捕食者的出现更加警觉

↓如果被抓住，这只猎豹必定不敌母狮，但只要不被偷袭，成年猎豹可以轻松地从其他食肉动物的抓捕中逃脱。但如果踏入茂密的林地生境，能见度低也会增加猎豹的"遇难"风险

• **繁殖和种群统计**

人工饲养条件下的猎豹一向以繁殖困难著称，但是在野外的繁殖能力却很高。尽管猎豹的遗传多样性较低，但并无证据显示野外的猎豹存在近亲衰退。

猎豹全年皆可繁殖，有时在猎物产崽的时期会有一个不明显的生育高峰，例如在塞伦盖蒂国家公园的 11 月至次年 5 月。虽然没有太多确切的记录，但据称伊朗猎豹大多在冬季（1～2 月）交配，春季（4～5 月）生产。

猎豹的发情期为 1～3 天，有着典型的猫科动物交配模式，交配主要发生在植被遮盖浓密的地区或是夜晚进行，很难被人发现。妊娠期 90～98 天。每胎产崽 3～6 只，罕有 8 只。在肯尼亚曾记录到一胎 9 只幼崽的情况，不过其中可能有领养个

←猎豹幼崽在玩"山丘之王"的游戏。和其他年轻的猫科动物一样，猎豹幼崽总是显得精力充沛，与它们纤弱的外表截然不同

体。两胎间隔时间平均为 20.1 个月（塞伦盖蒂）。幼崽 6～8 周龄开始断奶，4～5 月龄完全断奶，12～20 月龄开始独立生活（平均 17～18 月龄），随后同胞个体开始集体扩散，雌性达到性成熟之前离开集体，而雄性则一直留在集体里。

雌性猎豹通常定居在它们的出生地附近，所以相邻的雌性猎豹通常都有亲缘关系。雄性通常会扩散到更远的地区，以避免与有亲缘关系的雌性交配。雌性在 21～24 月龄性成熟，在 29 月龄左右第一次生产（塞伦盖蒂），生育能力能维持到 12 岁。雄性在 12 月龄达到性成熟，不过在 3 岁前极少参与繁殖。

死亡率： 塞伦盖蒂有 95% 的猎豹幼崽在独立生活前死亡，大都为狮子所杀，也有少量是被斑鬣狗杀害，其中大多是不到 8 周龄仍在窝里的幼豹——这极高的死亡率可能与塞伦盖蒂开阔的平原环境和调查时狮子的密度较高有关。幼崽的死亡率在其他地方会低一些，比如在卡拉哈里大羚羊国家公园，有 37% 的幼崽能活到独立生存，而大多数的死亡事件也是由于被捕食造成的（与塞伦盖蒂相似）。在植被更茂密和狮子数量少的栖息地，离巢后幼崽的存活率会更高一些，如 67%（卡拉哈里大羚羊国家公园）、62%（菲达野生动物保护区）、57%（肯尼亚内罗毕国家公园，Nairobi National Park）、50%（克鲁格国家公园）、20%（塞伦盖蒂）。

目前没有雄性猎豹杀婴的记录，这可能是由于雌性猎豹活动范围太大，雄性猎豹杀死与自己没有亲缘关系的幼崽并没有好处。成年猎豹偶尔被狮、豹和斑鬣狗捕杀。而领域争斗则成为雄性猎豹的一个主要死亡原因。猎豹因捕猎而受伤的情况比较少见，但有时却是致命的：一只雌性猎豹曾在茂密的树林里追逐高角羚时被树桩开膛破肚

（南非的伦德洛兹野生动物保护区，Londolozi Private Game Reserve）；一只在塞伦盖蒂追捕雄性葛氏瞪羚的猎豹则因被羚羊角撞伤而死。尽管遗传多样性非常低，但是猎豹在野外很少生病。

寿命：塞伦盖蒂地区雌性猎豹的最高寿命是 14 年（平均 6.2 年），雄性最高寿命 11 年（平均 5.3 年）。人工饲养条件下猎豹寿命可达 21 年。

• 现状和威胁

非洲的猎豹分布范围已经减少了将近 80%；而亚洲仅在伊朗中部残存了一个 50 只左右的种群。猎豹大约现存有 7000～9300 只成体和独立的亚成体，其中南非（大约

↓针对猎豹的狩猎运动以及猎豹皮毛的国际贸易目前仅在纳米比亚（此照片拍摄的地方）和津巴布韦是合法的。但在其边境地区，目前仍有大量活体猎豹的非法贸易，主要集中在非洲南部和东北部

4500～5000 只）和东非（大约 2600 只）是猎豹的主要聚居地。纳米比亚（不到 2000 只）、博茨瓦纳（不到 1800 只）和坦桑尼亚—肯尼亚（共约不到 1700 只）分布着数量最多的猎豹种群。猎豹在北非和西非已经灭绝或者极危，只在阿尔及利亚和 W– 阿尔利 – 彭贾里跨国保护区（尼日尔、贝宁、布基纳法索）分布着两个种群，共不足 250 只成年猎豹。除了乍得南部和苏丹南部的残存种群外，猎豹在撒哈拉和萨赫勒地区被认为已经灭绝或者仅存残余个体。

农业导致的栖息地改变及放牧所致的猎物减少是猎豹数量减少的主要原因。在猎豹的分布区内，大部分个体分布在保护区外——栖息地退化普遍存在且日渐严重。尽管对家畜并无严重危害，但是牧区的猎豹仍然被牧民当作害兽而大肆捕杀，且深受猎物减少的影响。

在萨赫勒地区、北非和伊朗，猎豹的自然密度很低，它们面临的关键性种群威胁来自人类对其猎物的猎捕。猎获猎豹皮毛的现象时有发生，但规模不大，比如从萨赫勒地区到南部苏丹存在着一些售卖传统鞋子（称为 "Markoob"）等奢侈品的市场。非洲东北部也存在相当规模的幼崽和成体的活体贸易，主要从索马里的港口销往阿拉伯半岛——猎豹在那里常被当作宠物。然而，大多数猎豹幼崽在运输过程中死亡。高度遗传同质化对野生种群几乎没有不良影响。在纳米比亚（2013 年配额为 150 只）和津巴布韦（2013 年配额为 50 只），对猎豹可以进行合法的运动狩猎。

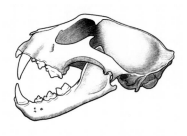

16.5～20厘米

《濒危野生动植物物种国际贸易公约》附录 I

IUCN红色名录（2008年）：濒危[1]

种群趋势：下降

体　长：♀ 86～117 厘米，♂ 104～125 厘米
尾　长：78～105 厘米
体　重：♀ 21～53 千克，♂ 25～55 千克

雪豹

英 文 名：Snow Leopard
英文别名：Ounce
拉丁学名：*Panthera uncia*（Schreber，1775 年）

• 演化和分类

　　由于雪豹具有特殊的半球形头骨，与其他大型猫科动物都截然不同，因此在过去很长一段时间里，雪豹被认为是雪豹属的唯一成员。然而遗传学分析表明，雪豹和其他大猫的亲缘关系很近，由此被列入豹属。雪豹与虎的亲缘关系最近，在 200 多万年前拥有共同的祖先，但人们对它们在豹属中的相对位置还不得而知。

　　人们有时会将雪豹划分出 2 个亚种：分布于中亚，并向东北延伸至蒙古和俄罗斯的亚种（*P. u. uncia*）和分布于中国西部及喜马拉雅山脉的亚种（*P. u. uncioides*），然而此亚种分类仅是基于表面的形态学差异，说服力不足，仍有待遗传学分析验证。

1．译者注：2017 年被下调为易危。

• 描述

雪豹是豹属中体型最小的成员，比豹更小更轻，但那一身长而密的蓬厚皮毛却常给人相反的印象。雪豹的胸部及前躯结实强健，四肢相对较短，粗壮有力，脚掌奇大。尾巴肌肉紧密，粗圆如管，既可环绕身体隔绝极寒，也可在捕猎时保持平衡，尾长可达体长的 75% ~ 90%，该比例是所有猫科动物中最大的。雪豹头部虽小，但形状宽圆；口鼻短，前额高圆，为鼻腔留出了足够大的空间，人们认为这样的构造有利于适应高海拔空气稀薄的环境。

雪豹那传说中的皮毛十分密实厚长，冬季时背部和体侧的冬毛可长达 5 厘米，腹部的毛则可长达 12 厘米，拥有绝佳的保暖隔热性能。即便在严寒中，雪豹也会仰面而卧，露出腹部以便散热。

雪豹身体的基色既可浓似深奶油，也可淡及烟灰色；腹部也是浅色的，由淡奶黄色至鲜明亮白色不等。身上有大块深灰色或黑色的开放斑块，由背铺陈至尾，斑块边缘也逐渐由模糊变得清晰醒目。四肢的实心黑色斑块较小，头、颈及肩遍布小块的黑色斑点。虽然每只雪豹的花纹都独一无二，可用于个体识别（例如借助红外相机拍摄到的照片），但覆有厚长的冬毛时，斑点便没那么清晰可辨，由此再做个体识别就更难了。不同地区雪豹的毛色和斑纹差异微乎其微，目前尚无黑化或白化的个体记录。

相似种：雪豹绝不会被认错。但中亚地区的豹冬毛较长，颜色较淡，有时也会被误认为是雪豹的皮毛（主要发生在皮毛交易市场中）。

• 分布和栖息地

雪豹仅分布在中亚地区的 12 个国家：从俄罗斯南部起，西南至乌兹别克斯坦，东南经蒙古至中国甘肃、青海和四川等省，再经由喜马拉雅山脉 - 天山山脉 - 昆仑山脉穿越中国至其他相邻国家。

雪豹沿世界最高的山脉而居，包括阿尔泰山、天山、昆仑山、喜马拉雅山、喀喇昆仑山、兴都库什山和帕米尔高原。据估测，现存雪豹栖息地中有 65% 的区域位于中国境内，雪豹栖息的高山恰是国界线所在，由此，除乌兹别克斯坦外，中国与其他所有雪豹分布国共享着边境及跨国的雪豹种群。有轶闻称，缅甸北部，包括卡钦邦最北端也是雪豹分布区，但缅甸尚无可确认的雪豹记录。

↓印度荷米斯国家公园内，一只雪豹和它的战利品——一只成年雄性岩羊。众多猎物之中，岩羊是雪豹的最爱，相比守株待兔，雪豹会主动追踪、猎杀岩羊，以期大快朵颐

雪豹生存于高山及亚高山带，常活动于崎岖的岩石地形。它们主要出没于有着陡峭悬崖、深谷和高耸山脊的高山生境，高山草甸和高山灌丛也可为之所用，但诸如荒原、冰川等缺少遮蔽物的栖身之地，雪豹能避则避。

在蒙古和中国的青藏高原，雪豹出没于开阔的干性草原和荒漠，以及相对孤立、地势较低的山地。曾有记录表明雪豹在不同山丘的开阔地之间横穿了 80 千米。在一部分山地生境如中国的天山、巴基斯坦的兴都库什山和俄罗斯境内的阿尔泰山，雪豹会在针叶疏林中活动，却对密林避而远之。雪豹对积雪应对自如，但在海拔最高的分布区，有蹄类动物往往会随季节垂直迁徙寻找草场和栖身之所，雪豹也会随之去往海拔较低的地方过冬。

绝大多数雪豹生活在海拔 3000～5500 米的地区，但在分布区北部，它们也会出现在海拔更低的地方，比如蒙古南部的雪豹便出没于海拔 900～2400 米处。

• 食性

许多山地有蹄类动物与雪豹同域分布，它们成为雪豹最重要的猎物。雪豹能杀死至少 120 千克重的猎物，还经常以体型最大的成年雄性有蹄类为食。雪豹的食物结构往往以 1～2 种大型有蹄类动物为主，其种类取决于所在的区域及当地的猎物构成。

在雪豹的分布区内，最重要的猎物种类是亚洲北山羊（又名西伯利亚北山羊）、岩羊以及盘羊；这些物种的分布范围均有部分（如盘羊）或几乎完全与雪豹重合。在喜马

拉雅山脉锡金至克什米尔段，喜马拉雅塔尔羊是雪豹的主要猎物之一。其他有蹄类猎物还包括捻角山羊、东方盘羊、喜马拉雅麝、狍，以及极少被雪豹捕食的瞪羚、野猪及蒙古野驴（几乎可以确定的是，雪豹只会捕食后两者的幼崽）。

除了有蹄类，雪豹还会捕食一些小型动物作为补充，尤其在春夏时节，大部分食草动物都扩散到高海拔地区时。旱獭是雪豹最重要的小型猎物。雪豹偶尔也会伺机捕杀一些小型啮齿类动物如田鼠、仓鼠、野兔和鼠兔，以及藏雪鸡、石鸡等鸟类。

一些小型肉食动物偶尔也会成为雪豹的猎物，主要是赤狐，也有貂和黄鼬。在哈萨克斯坦境内天山山脉西部的阿克苏-热巴格雷自然保护区（Aksu-Zhabagly Nature Reserve）曾有一项惊人的记录：一头 18 个月大的棕熊被两只雪豹杀死并吃掉了大部分的肉。

家畜也是雪豹的猎食对象之一，在雪豹的优先捕食名单中仅次于野生有蹄类，其

↑长而有力的尾巴是雪豹的利器，它使雪豹在追逐猎物时即使急转弯也能保持平衡，因此雪豹具备了一项令人叹为观止的本领：在陡峭、险峻的岩壁高山高速行进

↑巴基斯坦北部，一只雪豹亚成体正盯着一只喜鹊。鸟类在雪豹的食物结构中极其罕见，且基本满足不了雪豹的能量需求

中牛、牦牛、绵羊和山羊最常被猎杀，偶尔也会有一些猎食骆驼犊子、马驹和家犬的记录。当地野生猎物稀缺，或家畜在山谷和草场无人看管时，雪豹猎杀家畜的事件会达到地域性和季节性的高峰。雪豹偶尔会闯入牲畜围栏，有时会造成巨大的损失——如一夜杀死 82 只羊。

但重要的是，有证据表明即便在家畜数量丰富的情况下，雪豹也更偏好捕食野生有蹄类动物。对分布在蒙古南部戈壁沙漠陶斯特山脉的雪豹的颈圈数据分析表明，尽管该地区的家畜数量比野生有蹄类多 10 倍，但雪豹的猎物主要还是野生有蹄类动物（占猎杀总数的 73%，其余 27% 是家畜）。

雪豹不会捕杀人类。记录在案的袭击事件极少且并不致命，并且大部分是伤者进行极端挑衅的后果。1940 年在哈萨克斯坦东南部，有两名男子被雪豹袭击并受重伤，但原因是肇事雪豹感染了狂犬病。

雪豹主要在晨昏及夜间捕猎觅食，但在无人区，雪豹在冬季日间的捕猎会更加频繁。它们主要沿着山脊、兽径、河道和山谷底部寻找猎物，并在高处、台地、近水源地或盐碱地等战略要地休憩等待。

锁定猎物后，雪豹会以猫科动物的典型方式潜行靠近；它们往往会找到一个处于猎物上方的位置，再近距离俯冲。雪豹脚步极稳，能够在非常崎岖陡峭的地形追逐猎物，追逐至多会持续 200～300 米。它们会试图用爪钩住猎物或将其摔下山崖（偶尔会导致猎物在坠落几百米之后丢失）。在猎杀大型猎物时，雪豹会通过咬住对方喉咙的方式使其窒息而亡。至今还不清楚雪豹的捕猎成功率。除非受到干扰，一次捕杀获得的大型猎物足够雪豹饱餐一周。

它们也会吃腐肉，偶尔会盗取其他掠食者储存的食物；印度的荷米斯国家公园（Hemis National Park）曾有雪豹从 4 只豺手里抢夺一头山羊的记录。但雪豹也会被灰狼或棕熊等其他掠食者抢走猎物。在中国的青藏高原，寺院里的狗会不断挑衅雪豹，并经常抢走雪豹的猎物。

• 社会习性

雪豹会表现出独居和具有领域意识的行为，包括规律性地用尿液、粪便和刨痕标记领域，但其对家域的排他性和保护性行为仍属未知。

2009 年以前，在印度、蒙古和尼泊尔一带，只有 14 只雪豹被装上了无线电颈圈；2009 ～ 2013 年，蒙古南部的陶斯特山区有 19 只个体被带上了 GPS 颈圈，阿富汗的兴都库什山脉有 3 只被带上了 GPS 颈圈（2012 年），人们期待这两项研究的结果能对雪豹的社会习性有更翔实的认知。

考虑野外较低的猎物密度，雪豹家域的范围可能很大。1998 年以前地面无线电跟踪研究的数据可能严重低估了雪豹的家域范围；当一只生活在蒙古的雌性雪豹的 VHF 无线电颈圈被换成 GPS 颈圈时，其家域的估测范围从原来的 58 平方千米达到了 1590 平方千米以上（甚至有可能超过了 4500 平方千米）。在陶斯特山区，雌性雪豹的家域面积为 87.2 ～ 193.2 平方千米，而雄性雪豹的家域面积为 114.3 ～ 394.1 平方千米，这还是预设雪豹紧沿山脉边界活动的保守估计结果。如果将周边的草原也算进去，雌性雪豹的家域面积会扩大到 202.3 ～ 548.5 平方千米，而雄性雪豹则会扩大到 264.9 ～ 1283.2 平方千米，但雪豹极少会在草原活动。

雪豹能在崎岖的地形行走很长距离，通常每天行走 10 ～ 12 千米，最长可达 28 千米。雪豹种群密度极低，且极难计数。红外相机影像估测出的数据有以下几组：吉尔吉斯斯坦萨尔加特山区每 100 平方千米仅 0.15 只雪豹；蒙古托尔斯特山区每 100 平方千米有 1.5 ～ 2.3 只；猎物丰富的地区如印度荷米斯国家公园，每 100 平方千米能容纳 4.5 只。

• 繁殖和种群统计

虽然关于野外种群的信息极其缺乏，但不像豹属的其他大猫，雪豹的繁殖几乎可以确定是高度季节性的。雪豹所有分布区的冬季都十分严寒，即使是圈养个体也受此影响表现出显著的季节性；雪豹通常在 2 ～ 9 月产崽，其中 89% 的幼崽在 4 ～ 6 月降生。这与推算的雪豹交配期、野生雪豹的求偶呼唤和气味标记会在 1 ～ 3 月达到峰值的现象相互契合。

根据极其有限的记录，野外的雪豹幼崽一般在 4 ～ 7 月开始出现。

发情期会持续 2 ～ 12 天（通常为 5 ～ 8 天），妊娠期为 90 ～ 105 天。雪豹每胎产崽 2 ～ 3 只，也会有多达 5 只的例外。幼崽一般 2 ～ 3 个月后开始断奶，离开母亲独立的年龄不详。据记录，蒙古的两只亚成体雪豹在 18 ～ 24 月龄时离开母亲独立，同一时间其母亲再次发情。圈养情况下，雄性和雌性都在 2 岁左右性成熟；在蒙古，雌性雪豹生育头胎的年龄在 3 ～ 4 岁。蒙古南部的陶斯特山区，一个 12 ～ 14 只雪豹的种群在 4 年间至少生育了 21 只幼崽（估测为 32 只）。

死亡率：基于 4 年的红外相机数据，在雪豹保护相对完善的地区（蒙古陶斯特山区），成年雪豹的年均死亡率

↓在部分雪豹分布区，不受控制的大群野狗是野生动物的最大威胁，尤其在禁止杀生（其中也包括流浪犬）的藏传佛教地区更甚。野狗会杀死雪豹的潜在猎物，并与之夺食，偶尔还会杀死雪豹幼崽

↑雪豹没有侵略性，可悲的是，它们非常容易被人类制服。有时候，成年雪豹和幼崽会被当地人捕捉并售卖到非法宠物市场或者非法皮毛肉类市场

为 17%，亚成体的死亡率为 23%。人们对雪豹自然情况下的死亡原因仍知之甚少。饥饿很可能是一个季节性的原因——在雪豹栖息地的极端天气下，对未成年个体的影响尤甚。被灰狼、棕熊等潜在掠食者猎杀的情况或许少见，但仍时有发生，尤其是雪豹幼崽遭到猎杀的事件。现存记录中雪豹的死亡原因多为人类所致。

寿命：野外情况下未知；圈养情况下可达 20 年。

• 现状和威胁

要找到雪豹并对其进行调查极其不易，在雪豹主要分布区，人们对它们的情况知之甚少。根据粗略估计，现存雪豹个体总数在 4000～7000 只，其中有 50%～62% 的野生个体分布在中国境内。雪豹现有分布区面积预计为 290 万平方千米，然而只有 41% 的区域有确定或疑似的雪豹发现记录。在信息匮乏的情况下，研究者难以预测雪豹已经从哪些区域消失；但雪豹现存的栖息地面积大概只占原分布区域的 5%～10%，远低于其他大型猫科动物。

已知雪豹绝迹的区域有蒙古中北部和西伯利亚南部；但是这些地区的雪豹数量或许本来就不多。20 世纪 90 年代，前苏联经济崩溃，导致人们大量猎捕雪豹及其猎物以维持生计，致使前苏联部分地区的雪豹数量锐减了 40%。如今，因为国家经济状况好转，加上对雪豹的大力保护，其数量已不再减少，在有些地区甚至略有上升。在喜马拉雅山脉的部分地区，雪豹的数量正在缓慢增加，甚至有个体出现在 30 年间都不曾有雪豹出没的地区，如珠穆朗玛峰。但从雪豹的大部分活动范围来看，它们的数量大多处于稳定或稍有下降的状态，但绝大部分区域都缺少数据支撑。

偏远险峻的环境下，雪豹显得与世隔绝。但雪豹原本就数量稀少，如今栖息地内人类和家畜的数量仍在不断增加。目前其主要威胁是人类大量猎捕有蹄类动物所导致的猎物数量下降。悄然侵占有蹄类生存空间的家畜，偶尔也会成为雪豹的盘中餐，这进一步导致牧民对雪豹广泛实施报复性伤害。近年来，中国和蒙古境内毒杀旱獭和鼠兔的情况不断发生，也使雪豹猎物短缺的情况恶化。

过去，每年在国际市场上交易的雪豹皮毛数量平均可达 1000 张；交易虽然违法，但基于中国、印度和东欧的需求，雪豹的皮毛和身体器官仍不断出现在黑市上。曾经，雪豹及雪豹制品的交易在中国只存在于雪豹分布区附近的省份，但如今却在较富有的沿海城市有了增长之势。人们对华丽的地毯与标本的需求正在不断上升，尤其是中国和东欧地区；大部分牧民杀害的雪豹尸体和皮毛都出现在黑市上。

除此之外，其他潜在威胁包括矿产开采、道路和铁路兴建，以及中亚地区和喜马拉雅地区水力发电设施的建造。从长期趋势来说，气候变化也是一大变量，由此带来的影响之一是人类在雪豹栖息地的活动将会更加活跃。

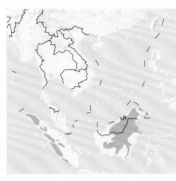

巽他云豹　　云豹

两种云豹:《濒危野生动植物物种国际贸易公约》
附录 I
IUCN红色目录（2008年）: 易危
种群趋势: 下降

体　长: ♀ 68.6 ～ 94 厘米, ♂ 81.3 ～ 108 厘米
尾　长: 60 ～ 92 厘米
体　重: ♀ 10 ～ 11.5 千克, ♂ 17.7 ～ 25 千克

云豹

• 巽他云豹

英 文 名: Sunda Clouded Leopard
拉丁学名: *Neofelis diardi*（G. Cuvier，1823 年）

• 云豹

英 文 名: Indochinese Clouded Leopard
拉丁学名: *Neofelis nebulosa*（Griffith，1821 年）

云豹

巽他云豹

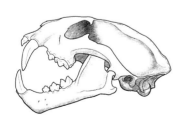

14.3 ～ 18 厘米

• 演化和分类

直到 2006 年，云豹还被认为只是云豹属下的单属单种。发表于 2006 ～ 2007 年的遗传学分析强有力地证明，分布在加里曼丹岛和苏门答腊岛上的云豹种群与大陆种群在 140 万～ 290 万年前就已出现生殖隔离，恰好位于其他大型猫科动物出现物种分化的时间范围内。毛色以及头盖骨和牙齿大小的区别佐证了两种云豹在遗传学上的差异。考虑各种因素之后，人们认为这些差异足以说明云豹应该分为两个物种，即巽他云豹（分布在加里曼丹岛和苏门答腊岛）和云豹（也被称为印支云豹，分布在亚洲大陆）。每一个种暂定有 2 个亚种。

对于巽他云豹而言，现在的基因数据还不足以表明加里曼丹种群（ *N. d. borneensis* ）和苏门答腊种群（ *N. d. sumatrensis* ）是两个亚种。由于历史原因，亚洲大陆的印支云豹被分为东部亚种（ *N. n. nebulosa* ）和西部亚种（ *N. n. macrosceloides* ），尽管它们之间的形态学差异很小，也没有明显的毛色和基因差异。而被认为分布于台湾的第三个云豹亚种（ *N. n. brachyura* ），可能已经灭绝了。云豹和"大猫"关系密切，同属豹支系，但云豹属很早就从豹支系中分化出来，两个属共同的祖先要追溯到大约 640 万年前。

• 描述

两种云豹外表相似，大小相近；寥寥可数的样本测量结果表明，雄性巽他云豹的体

→目前并不清楚两种云豹是否可能杂交。考虑到它们分化的时间相对较近，在理论上仍有可能发生杂交。不过除了马来半岛（当地已经通过遗传学分析来确认是否同时存在两种云豹）外，自然条件下这两种云豹的分布范围并不重合

型大于雄性印支云豹。云豹的躯干修长，四肢短而强健，脚掌宽大，尾极长；头部坚实，与其他豹属动物头部的大体形状和比例相似。此外，云豹的颌部有很大的开颌角（几乎达到90°，而美洲狮只有65°）。从相对比例上看，其犬齿也是现存所有猫科动物中最长的，长4厘米——几近已经灭绝的剑齿虎——但原因未知，毕竟包括云豹在内的所有现代猫科动物与剑齿虎的亲缘关系都比较远。不论雌雄，巽他云豹的犬齿都是最长的，虽然其优势不明显。

毛色方面，两种云豹更是差异显著。巽他云豹整体更暗，底色为灰色至灰黄色，每个大斑点中都有相对小且不规则的斑点，小腿有较密的丛生黑斑。印支云豹的毛色则柔和一些，浅一些，浅黄色至黄褐色的底色上散布着边缘细、面积较大的黑色环斑，环中央极少甚至没有斑点，而它们小腿上的黑斑一般比巽他云豹多。传说有人见过黑化的云豹，但是目前缺少确凿的证据。

相似种：云猫与两种云豹外形相似，同域分布。比起云猫圆圆的小脑袋，云豹的头明显更大、更长、更重，是典型的"大猫"脑袋。另外，云豹的体型比云猫要大得多，身上的斑纹更大、外缘更清晰。

• 分布和栖息地

巽他云豹是加里曼丹岛和苏门答腊岛的特有物种。在加里曼丹岛，约50%的区域都保存着良好的森林植被，巽他云豹主要分布于加里曼丹（印度尼西亚境内）、沙巴、沙

捞越（马来西亚境内）和文莱。而在一些森林被大量砍伐的地区，主要是印尼的东南部、西部及海滨带，巽他云豹极有可能已经消失无踪。

在苏门答腊岛，巽他云豹主要分布于贯穿全岛的巴里桑山脉中。至于它们是否会出现在靠近苏门答腊岛的近海岛屿巴都群岛，我们尚不可知。在11 700年前的全新世时期，云豹可能就已在爪哇岛生活，但现在却在那里杳无踪影。至于巴厘岛，它们从未光顾过。

印支云豹分布于尼泊尔、不丹、印度东北部和孟加拉国东部边缘，广布于中国长江以南，散布于包括马来半岛（位于克拉地峡南部，通常被认为是巽他古陆的一部分；但由于毛色，马来半岛上的云豹也被归为印支云豹）在内的中南半岛地区。台湾云豹被认为已经灭绝。

↓巽他云豹（左页图）和印支云豹（下图）表现出显著的毛色差异。此外，两种云豹的头骨形态差异也很明显，这体现出与已灭绝的剑齿虎相似的适应性进化特征，相较而言，巽他云豹的适应特征更为高级

云豹被认为高度依赖茂密的森林。从海平面到海拔 1500 米（马来西亚沙捞越）再到喜马拉雅山脉海拔 3000 米处，它们在草木葱茏的季风性森林、泥炭藓沼泽森林、干旱林地和红树林中都能谋得一席生存之地。它们也会选择在林草交错地带的小片草地上休憩。尼泊尔一只佩戴无线电颈圈的云豹就被记录到在山麓冲积平原上草深达 4 ～ 6 米的高草沼泽里休息。

云豹似乎能忍受栖息地的某些改变。它们在次生林和择伐林中更常见，但是当砍伐超过一定程度时，它们利用森林生境的能力似乎会下降。云豹偶尔会出现在油棕种植园中，但红外相机拍摄到的影像表明，它们通常只是进入种植园的边缘地带。加里曼丹岛一只佩戴无线电颈圈的雄性云豹穿越了两片森林间 1 千米宽的油棕种植地，并且穿越了约 2.5 千米的油棕 – 矮树混交带，它从不在油棕栖息地中徘徊，而是迅速通过。

● 食性

人们对云豹的生态史不太了解。根据传闻和偶然的记录，云豹捕食各种各样的中小型脊椎动物，无论是陆生还是水生、昼行性还是夜行性，灵长类和小型有蹄类动物可能都是云豹的捕食对象。和多数猫科动物一样，云豹的食物来源相当丰富，且会随栖息地猎物群落的组成和其他食肉动物的存在而变化。在加里曼丹岛，云豹是最大的猫科动

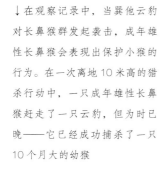

↓ 在观察记录中，当凶他云豹对长鼻猴群发起袭击，成年雄性长鼻猴会表现出保护小猴的行为。在一次离地 10 米高的猎杀行动中，一只成年雄性长鼻猴赶走了一只云豹，但为时已晚——它已经成功捕杀了一只 10 个月大的幼猴

物，然而在亚洲大陆和苏门答腊岛（没有豹存在），云豹却需要与虎、豹和豺等竞争对手共存，这些物种对于云豹捕食模式的影响还不清楚。

从娇小而迟缓、夜行性的蜂猴，到体型相对大的、昼行性的成年雄性长鼻猴，云豹会以各种灵长类动物为食，甚至还有捕食红毛猩猩的传闻，但尚未得到证实。根据可信记录，云豹能捕杀至少和它们同等体型的有蹄类动物，如赤麂、豚鹿（包括成体）和髭猪（可能是幼崽）。

更小的猎物有鼷鹿、马来穿山甲、帚尾豪猪、熊狸、椰子狸，以及包括条纹松鼠在内的小型啮齿动物和各种鸟类。沙巴和沙捞越的当地人还曾发现鱼被云豹偷食。云豹偶尔会捕食家禽。在尼泊尔，曾经有一只雄性云豹亚成体被困在鸡笼（后来它被戴上了无线电颈圈并被放归）。云豹攻击家畜并不常见。在一个森林环绕的村落，人们杀死了一只捕杀家养山羊的巽他云豹。

短而强健的四肢、宽大的脚掌和长长的尾巴，云豹的这些形态特征都体现了它高度树栖化的习性。云豹在树上猎食的记录很多，在 4 篇已发表的描述云豹在树上袭击长鼻猴的观察报告中，其中一篇记录了云豹在 7 米高的地方捕获一只幼猴的过程。无线电追踪的云豹个体大多在地面行动及捕猎；也许它们主要在地面寻找猎物，然后伺机对树栖目标发动突袭。

云豹主要在夜间捕食，黄昏时分的活动最为频繁。泰国两只戴有无线电颈圈的云豹

在早晨到中午的时段更为活跃。在这些无线电追踪的云豹中，有一只成年雄性个体经常在黄昏时分趁豚鹿和赤麂一起在开阔草地睡觉时进行捕猎。它常在林缘休息，夜幕降临后，再潜入草地寻找猎物。它杀死的一只成年雄性豚鹿肩上沿着脊椎有一道 3 厘米深的致命伤口。这种捕杀手法被曾目睹云豹捕食鹿和猪的马来西亚人所证实。无独有偶，在两只被云豹袭击的幼年长鼻猴的头颈后部，也有咬伤。猫科动物在捕食大型猎物特别是有蹄类动物时，通常会咬住咽喉使其窒息，与之相比，云豹的这种手法极不寻常，这可能与它们那独特的齿列有关。目前还不知道云豹是否食腐。

↑图为云豹袭击豚鹿的一瞬间。我们对云豹的猎杀技巧了解得太少，根据少量动物尸体无法判断云豹是否惯常使用咬脖子的方法杀死猎物

• 社会习性

只有 12 只云豹曾做过颈圈标记，其中 5 只生活在加里曼丹岛，7 只生活在尼泊尔和泰国。后两项研究仅提供了短时间的有限数据，加里曼丹岛 GPS 遥测的研究仍在进行，期待获得更多的细节。基于极少的已知信息，云豹具有典型猫科动物的社会习性——它们有独占的核心区域，但不同个体间的家域有所重合。有限的数据表明，云豹的家域大小没有明显的性别差异，不过，雄性个体的家域范围可能比雌性个体的稍大，并且一只雄性云豹的领域可能会覆盖多只雌性的家域，这一方面还需要更多研究。

根据已公布的数据，云豹的家域面积为 16.1～40 平方千米（两只雌性亚成体和两只雌性成体）和 35.5～43.5 平方千米（一只雄性亚成体和两只雄性成体）。比起其他猫科动物，云豹种群密度的估值相当低，特别是在缺少大型食肉动物的加里曼丹岛。異他云豹在不同栖息地中的种群密度也不同。在已退化的低地次生林中，如位于沙巴的唐库拉 – 皮南加保护区（Tangkulap-Pinangah Forest Reserve）和瑟嘎陆 – 洛坎森林保护区（Segaliud Lokan Forest Reserve），密度为 0.84～1.04 只 / 百平方千米；在位于苏门答腊岛的特索尼罗 – 迪加布鲁山保护区（Tesso Nilo-Bukit Tigapuluh Conservation Landscape），密度为 1.29 只 / 百平方千米。在原始森林中，如沙巴的马里奥盆地自然保护区（Maliau Basin Conservation Area），密度为 1.9 只 / 百平方千米，如果把邻近的采伐区考虑在内，密度估值下降到 0.8 只 / 百平方千米。而在受到良好保护的原始林，如位于沙巴的丹浓谷自然保护区（Danum Valley Conservation Area），密度为 1.76 只 / 百平方千米；在处于恢复期的次生林，如沙巴的乌鲁·塞加马森林保护区（Ulu Segama Forest Reserve），为 2.55 只 / 百平方千米。印支云豹唯一一个密度较高的种群，约为 4.7 只 / 百平方千米，栖息在印度的马纳斯国家公园（Manas National Park）。

↓云豹刀刃状的上犬齿和宽大的开颌角都和已灭绝的剑齿虎类似，相似特性还包括位置更靠下的颌关节和坚固而防止弯折的下颚

• 繁殖和种群统计

云豹的繁殖特征几乎无法从野外得知，大部分资料来自圈养云豹（都是印支云豹）和少量野外记录。圈养云豹大约每年繁殖 1 胎，而野生云豹的繁殖似乎没有明显的季节性。不寻常的是，圈养环境中的雄性云豹经常杀死雌性云豹（像对待大型猎物一样咬住其颈椎），原因不明，但很可能与圈养条件有关——这种行为几乎不可能发生在野生个体身上。云豹的发情期大约一周，妊娠期 85 ～ 95 天（罕见情况可达 109 天），一胎产 2 ～ 3 只幼崽，有时能达 5 只。云豹幼崽 7 ～ 10 周时开始断奶，在 20 ～ 30 月龄时性成熟。

死亡率： 在开展过研究的地方，人类是大多数云豹死亡的原因；而未被研究的地区里，云豹的死亡原因还不明确。尽管没有明确记载，大型食肉动物都是云豹的潜在捕食者。云豹会躲在树上以逃避家犬的追击。

寿命： 野生云豹未知，圈养云豹最高寿命达 17 岁。

• 现状和威胁

云豹分布广泛，但在大多数分布区域，它们的生存状况不为人知。虽然一般认为云豹的恢复能力比其他大型猫科动物更强，但是无论在何处，它们的种群密度都没有达到较高值。况且云豹高度依赖森林栖息地，而在它们的大多数历史分布区域中，人为因素导致森林发生可怕的转变。由于采伐木材、开

垦农田、种植业特别是油棕和橡胶的发展，东南亚有着全世界最高的森林采伐率。森林的消失是云豹数量减少的主要原因，而这也已经导致曾经广布加里曼丹岛一半地区和苏门答腊岛三分之二地区的巽他云豹从这些地方彻底消失。印支云豹也经历了类似的栖息地丧失及缩减，特别是在其分布十分碎片化的中国和印度。

近年来，在柬埔寨、中国、老挝和越南，云豹的野外记录已经很少了。云豹的皮毛、骨骼和肉具有商业价值，在野生动物市场上屡屡被非法交易。例如，2001 ～ 2010 年，缅甸两个边境小镇的 13 个市场有涉及至少 149 只云豹身体部位的交易。在多数分布区甚至保护区里，云豹也很容易陷入捕兽陷阱，有时会在栖息地甚至保护区里被盗猎者猎杀。2000 ～ 2001 年，苏门答腊岛葛林芝塞布拉国家公园（Kerinci Seblat National Park）中至少有 7 只云豹被杀死。

←云豹是豹支系中最小的猫科动物，体型仅有同支系中体型第二小的雪豹的一半。但是，那长而粗壮的头和颌，还有与小型猫科动物相比相对较小的脑袋，都清楚地表明了云豹大型猫科动物的血统

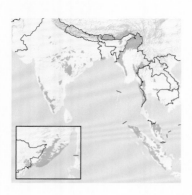

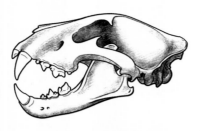

25.3 ～ 37.9 厘米

《濒危野生动植物物种国际贸易公约》附录 I

IUCN红色名录（2015年）：

◉ 濒危（全球性）

● 极危（马来虎和苏门答腊虎）

体　长：♀ 146 ～ 177 厘米，♂ 189 ～ 300 厘米

尾　长：72 ～ 109 厘米

体　重：♀ 75 ～ 177 千克，♂ 100 ～ 261 千克

虎

英 文 名：Tiger

拉丁学名：*Panthera tigris*（Linnaeus，1758 年）

孟加拉虎

白虎

苏门答腊虎

东北虎

● 演化和分类

虎是豹属家族中的一员，和雪豹亲缘关系最近。尽管它们在豹属中的相对位置还不确定，但这两个物种均由 200 多万年前的共同祖先分化而来。虎通常被分为 8 个亚种，其中爪哇虎（*P. t. sondaica*）、巴厘虎（*P. t. balica*）和里海虎（*P. t. virgata*）已经灭绝；第四个亚种——华南虎（*P. t. amoyensis*）几乎在野外绝迹，自 20 世纪 70 年代以来便再没有确实的华南虎野外记录了。在中国现存的华南虎中，约有 60 ～ 70 只生活在动物园里，且其中大多数是华南虎与其他虎亚种杂交的后代。

近来，遗传学分析支持将现存的虎种群分为 4 个亚种（也可能有第五个亚种）：东北虎（*P. t. altaica*，分布于俄罗斯远东地区和中国东北边境）、印支虎（*P. t. corbetti*，分布于中南半岛）、孟加拉虎（*P. t. tigris*，分布于印度次大陆）、苏门答腊虎（*P. t. sumatrae*，分布于苏门答腊岛）以及尚存争议的马来虎（*P. t. jacksoni*，分布于马来半岛）。重要的是，虎亚种之间的遗传因子差异很小；各亚种在种群边界呈现过渡状态，分化时间非常晚，很可能距今不足 10 万年。苏门答腊虎在基因上与其他亚种的不同足以将其定为一个亚种；而将马来虎划分为一个亚种的证据是最不充分的，它与印支虎的遗传差异微乎其微，在形态学上（头骨及皮毛特征）也没什么不同。类似地，通过分析已灭绝的里海虎遗留样本表明，它们与东北虎之间的基因也没有太大区别。

虎在亚洲大陆上的种群可能在很大程度上是连续分布的，直到近代才出现地理隔离。因此一些权威专家认为，所有大陆种群应该被视为同一亚种，不同的种群之间具有清晰但微小的区别，是"重要的进化单元"，而不是亚种。最古老的虎化石产自中国北部和爪哇岛，距今大约 200 万年。

↓ 图为两只在塔多巴安泰里虎保护区（Tadoba Andhari Tiger Reserve）嬉戏打闹的幼虎。这个保护区拥有印度中部典型的干性林地，被视为良好的虎栖息地

↑图为雄性苏门答腊虎。虎特有的颊毛在苏门答腊虎和东北虎身上最为明显。苏门答腊虎是现存最后一个生活在岛屿上的虎亚种，与其他大陆种群在基因和形态上有明显区别（C）

• 描述

　　虎以微弱优势占据着世界上最大型猫科动物的宝座。在所有测量数据上，狮与虎的数值都很相近，而且狮的平均头骨长度更长，但虎在体长和体重上略胜一筹。实际上，可靠的野生虎身体测量数据是极其稀少的，而圈养和捕猎个体（20世纪早期）的数值通常比野生个体要大。

　　虎是一种强壮的大型猫科动物，拥有厚实的胸部、肌肉发达的前半身和强健的四肢。在整个分布区，虎的身体大小有差异，大概从北到南逐渐变得矮小，这也与其猎物的数量变化有关。生活在印度次大陆和俄罗斯远东地区的虎体型最大，苏门答腊虎（和已灭绝的爪哇岛及巴厘岛上的种群）体型最小。野生雄性苏门答腊虎的体重可达140千克，而全世界最大的野生雄虎记录来自尼泊尔，重达261千克（圈养虎最大体重记录为325千克）。

　　虎的毛发底色从淡黄色到深红色各不相同，腹部则是白色或奶油色。分布在东南亚的个体毛发颜色更深、条纹更多，生活在温带的个体则与之相反。虎面部的毛发浓密而形成长长的颊毛，这个特征在雄性东北虎和苏门答腊虎身上尤为明显。东北虎（和现已灭绝的里海虎）进化出了长而致密的冬毛，颜色比夏季时要浅。白虎并不是白化个体，而是由隐性基因突变产生，拥有蓝色眼睛、白色底色和巧克力色的花纹。野生白虎迄今只有一例记录——1951年来自印度中央邦，自那之后，所有白虎均源自这只小白虎的基因（当

然，都是高度近亲繁殖产生的）。一种介于白色和正常色之间的色型被称为"金虎"或"草莓"，只出现在圈养个体中。有些个体会出现假性黑化现象，条纹非常宽，彼此相连，外观几乎全为黑色，但完全黑化现象还未曾发现。

　　相似种： 虎是唯一一种长有条纹的大猫，不可能被认错。在一些地区，虎的俗名也被用于其他猫科动物，这种情况下可能会造成混淆。

• 分布和栖息地

　　如今，虎的栖息地范围大大缩减，乐观估计仅为历史分布范围的10%，而且极其碎片化，种群之间相互隔绝，各自生活在碎片化的森林里。

　　虎在南亚的主要分布区有：印度西南部、中部和东北部的自然保护区；沿喜马拉雅山坡和南部低地的狭长地带——从印度的北安恰尔邦，经过尼泊尔、不丹，到中国的藏南地区；以及印度和孟加拉国的孙德尔本斯。在中南半岛，确切的残余种群仅分布在泰国西部与缅甸接壤的会卡肯/通艾纳黎萱野生生物保护区（Huai Kha Khaeng/Thung Yai Naresuan Wildlife Sanctuary）和岗卡章/奎汶里国家公园（Kaeng Krachan/Kui Buri National Park），以及马来半岛（柏隆－天猛莪森林）。不过，在泰缅边境的广阔森林地带和缅甸的西部和北部，仍然可能有虎的踪迹，但是近年来在这些地区极少有确凿的分布记录和繁殖证据。在苏门答腊岛，虎沿着贯穿整岛的巴里桑山呈片段分布，此外还有一个种群生活在岛的中部。

俄罗斯远东地区和毗邻的中国东部地带拥有虎的最大连续种群，与其他地区相比，这里的虎多数生活在保护区外。目前，虎已在中国[1]（除了东北虎种群）、柬埔寨、老挝、朝鲜和越南功能性灭绝或完全灭绝，在巴厘岛（20世纪40年代）、中亚（1968年）和爪哇岛（20世纪80年代）已经灭绝，在斯里兰卡和加里曼丹岛则没有分布。

虎生存于各种热带、亚热带、温带森林，森林草原，以及与之相连的植被茂密的地带，如高草沼泽、灌木丛、矮树丛和湿地。它们在印度次大陆的季风型森林与高草沼泽中种群密度最高。孙德尔本斯地区的孟加拉虎（分布于孟加拉国和印度）生活在低洼淡水沼泽森林和耐盐的、会为潮水所淹没的红树林中。东北虎栖息于长有红松、桦木、冷杉、橡树和云杉的温带山地森林，这里有着厚厚的冬雪，最低温可达零下40℃。它们会穿越人类改造过的地方，如农业用地、棕榈种植园和人工纯林，但不会长期占据。虎通常分布在从海平面到海拔2000米的地方，在喜马拉雅山脉高达4201米的深雪覆盖的山区森林中也有过记录。

• 食性

虎是力量强大的捕食者，善于制服与它们同等大小或比它们体型还大的猎物。除了成年犀牛和亚洲象外，一只健康的成年虎可以捕杀几乎所有它遇到的生物，但是其食物来源主要是大中型的鹿和野猪。在栖息地内，虎通常以2～5种当地常见的、体重在

←一张稀有的野生雌性东北虎照片，摄于俄罗斯境内日本海海岸受到严格保护的拉佐自然保护区（Lazovsky Nature Reserve），那里是东北虎分布范围的南端。对来自中亚的已灭绝的里海虎标本的基因分析显示，里海虎与东北虎之间的区别极其微小，可能在近200年前还属于同一个种群

60～250千克的有蹄类为食，尤其是水鹿、马鹿、白斑鹿、豚鹿、麂子和野猪。它们能捕杀超过1000千克的成年印度野牛或亚洲水牛，但通常猎食其幼体和亚成体。

虎的食物组成在印度次大陆和俄罗斯远东地区是最明确的，因为这两个地方对虎的研究最为深入。在印度和尼泊尔，虎主要捕食白斑鹿、水鹿和野猪，也包括赤麂和豚鹿，但这取决于其物种丰富度。此外，沼鹿、四角羚、印度瞪羚、印度黑羚、蓝牛羚、斑羚和尼尔吉里塔尔羊也在猎物记录里。印度西高止山脉的纳加尔霍雷国家公园（Nagarhole National Park）和本迪布尔国家公园（Bandipur National Park）中的虎主要以印度野牛和水鹿为食；而远东地区的东北虎主要捕食马鹿和野猪，在记录到的552起野生猎物捕杀中，这两种动物占比84%，如果还包括家养动物，则在总共729起猎杀记录中占比64%。在某些地区，西伯利亚狍和梅花鹿在食谱中也很常见，偶尔还会有原麝、驼鹿和长尾斑羚。

人们对东南亚虎的饮食结构了解得最少，基于少数记录来看，在泰国和苏门答腊岛的外港巴斯国家公园（Way Kambas National Park）中，赤麂、野猪和水鹿是其主要食物。生活在这里的虎还经常捕食南方豚尾猴。考虑到较低的栖息地生产力，在东南亚低地森林中，虎的食性更偏向于猎捕相对较小但更为多样化的猎物。在马来西亚和泰国，虎偶尔会捕食爪哇野牛和马来貘。

较常被虎捕食的小型猎物包括灵长类（特别是灰叶猴；在孟加拉国，恒河猴也经常被捕食）、印度豪猪、野兔、小型食肉动物（包括黄喉貂、猪獾、狗獾、豺、赤狐、貉、灵猫和獴），以及鸟类（比如蓝孔雀）。

虎也吃两栖类、爬行类、鱼和螃蟹，但是摄入量很少。包括雌虎在内，有记录表明虎可以杀死长达4米的大恒河鳄和毒蛇；在印度孙德尔本斯国家公园（Sundarbans National Park）曾经发现一只死去的雄性老虎，在生前吃了一条眼镜王蛇和一条印度眼镜蛇。

↓虎偶尔会捕杀灵长类，但这不是它们的主要食物来源。长尾叶猴是最常被虎捕杀的灵长类动物，但即使在其数量极多的地方，它们最多也只占虎食物总量的2%～3%

虎也会杀死其他猫科动物和大型食肉动物。在印度孙德尔本斯国家公园，虎猎杀过丛林猫、渔猫。生活在尼泊尔奇特旺国家公园的亚洲金猫，以及远东地区的欧亚猞猁都有过丧命虎口的记录。此外，虎也可以杀死豹、豺、狼、亚洲黑熊、懒熊，以及远东地区的棕熊（包括在兽穴中冬眠的成体）。除了熊被部分或全部吃掉以外，其他食肉动物被猎杀后会被虎直接抛弃。

同类相残在虎种群中极少出现，其中多数是成年雄虎杀死幼虎，或在争夺领域的情况下偶尔发生。虎会捕食出现在森林中的无人看管的牲畜。在家畜散养、猎物数量较少的山地环境，如不丹的吉格梅–辛格–旺楚克国家公园（Jigme Singye Wangchuck National Park），野生水鹿、家养的牛、牦牛和马能为老虎提供 93.3% 的食物来源。这个地方的虎不会捕杀家犬，但是东北虎却经常捕杀狗（占据了 177 起家养动物杀害事件中的 87 起），特别是当狗跟随猎人进入森林，或寒冬迫使虎进村寻找猎物的时候。被虎杀死的人似乎比被其他大型食肉动物杀害的都要多，部分原因是由于亚洲的人口密度特别高，且虎的栖息地被人类高强度地占用。但是，专门食人的虎是十分罕见的。

捕猎通常在夜晚及晨昏进行。虎在陆地捕猎，它们能爬上 7.5 米高的树，但由于体重过大，一般无法在树上实施捕猎，仅在少数情况下会在较低的树枝上捕获猎物。虎会娴熟地利用林间道路、伐木道、兽径和水道，一边行进一边寻找猎物。捕猎时的活动距离很长，视猎物的丰富程度不同而长短有异：在猎物较多的地方，每天行走 3～10 千米；在猎物稀少的地方（如远东地区），每晚可行进 20 千米以上。行进过程中，虎有时也会在猎物聚集的地方等待或休息，如水源地、盐碱地，或草地及开阔地带的边缘。

捕猎时，虎会悄无声息地接近猎物，在距离猎物小于 25 米时发起突袭，这是猫科动物的典型捕猎方式。如果追逐猎物 150 ～ 200 米后还没有将其杀死，虎就会放弃这一次捕猎；大多数成功的捕猎追逐不会超过这个距离。虎一般会咬住猎物的喉咙或钳住其口鼻使其窒息而亡，后者通常用于猎杀大型猎物，如成年印度野牛。

人们还无法完全计算出虎的捕食成功率。基于雪地追踪所获得的有限但准确的数据，东北虎在冬季捕杀马鹿和野猪的成功率分别为 38% 和 54%，但在其他时间段和其他地方，其成功率可能要低得多。通过观察被 GPS 颈圈标记的东北虎，可以得到其平均 6.5 天捕食一次、每天大概吃 9 千克肉的数据。比起夏天，虎在冬天捕食频率更高、猎物更大、吃得更多。除非被打扰，虎会一直待在猎物旁，直到将其全部吃完。一只大型猎物可以让它们饱腹 5～6 天。虎也食腐，会很乐意占有其他食肉动物的战利品，包括其他虎、豹、豺以及非洲金狼的口粮。

• 社会习性

虎是独居动物，通常拥有自己的领域。成年虎的社交主要是为了繁殖，但在种群密度高的地方，雄虎会经常与熟识的雌

↑ 对于东北虎来说，野猪是其第二大食物来源（仅次于马鹿），大约占食物总量的 1/4。理论上，在大型有蹄类数量众多的东南亚地区，野猪也是虎的重要食物，但还缺乏数据支撑（C）

虎及其幼崽待在一起，也会与它们分享猎物。雄虎对熟识的雌虎的幼崽非常容忍（可能因为雄虎是那些幼崽的父亲）。雄虎拥有很大的家域，通常会和一只或几只雌虎稍小的家域重合——在尼泊尔奇特旺国家公园，一只雄虎的家域与2～7只雌虎的相互交叠。若有可能，成年虎也会建立独有的领域，但除非领域的核心区域，否则通常不会具有彻底的排他性。在种群密度高且猎物丰富、家域面积小的地方，领域的重合度是最小的（如印度和尼泊尔）；而在猎物较为分散，家域面积大的地方则相反（如俄罗斯）。

不同性别的虎划分领域、标志存在感的方式相同——气味标记，如摩擦脸颊、向植物喷洒尿液，以及排泄粪便和用后脚刨蹭地面。领域之争极少出现，但一旦发生，便可能有性命之虞。这种打斗常出现在雄性之间，特别是社会秩序崩溃之时，比如一只虎死去或一只新来的雄虎迁入。成年雌虎通常会在同一个地方度过一生，而在尼泊尔的奇特旺国家公园，雄性的领域占有期限要短得多，平均2.8年（从7个月到6.5年不等）。

已有记录的虎领域面积从10平方千米（尼泊尔奇特旺国家公园的一只雌虎）到超过1000平方千米（俄罗斯远东地区的一只雄虎）。目前仅印度、尼泊尔和俄罗斯的虎种群通过无线电跟踪研究的方法获得了家域面积数据。在尼泊尔、印度这些生产力高的地方，虎的家域面积分别为10～51平方千米（雌性）和24～243平方千米（雄性）；生活在俄罗斯的虎，家域面积则为224～414平方千米（雌性）和800～1000平方千米（雄性）。

即使在良好的栖息地中，虎的种群密度也会因人为狩猎而变低（即使虎并未被猎杀）。在盗猎严重的热带低地雨林（马来西亚、缅甸、苏门答腊岛和以前的老挝），虎的种群密度为0.2～2.6只/百平方千米。而在保护情况较好以及非常好的低地森林，虎的种群密度会增加到3.5只/百平方千米（泰国会卡肯野生生物保护区），甚至高达6只/百平方千米（苏门答腊岛坦布林自然保护区南部，Tambling Wildlife Nature Conservation）。俄罗斯远东地区的东北虎种群密度取决于当地的保护状况，每百平方千米有0.3～1只。在生产力特别高、保护特别好的地方，如印度的落叶林、冲积平原和高草沼泽中，虎的种群密度达到最高值8.5～16.8只/百平方千米。

• 繁殖和种群统计

在热带和亚热带森林中，虎的繁殖行为一般不受季节影响，但东北虎却有着显著的季节性繁殖特征。超过半数的东北虎幼崽出生在晚夏（8～10月），冬天出生得很少。虎的发情期持续2～5天，妊娠期为95～107天，平均为103～105天。

每胎产崽数通常为2～5只，平均为2.3～3只（印度、尼泊尔和俄罗斯的种群）。幼虎在3～5个月时断奶。雌虎在两次产崽之间通常间隔21.6～33个月。幼虎通常在17～24月龄时独立。一般而言，雌性后代会继承母亲的一部分领域，或者在邻近的地方建立领域，而雄性后代则会大范围扩散。在奇特旺国家公园，雌性和雄性幼虎的平均扩散距离分别是 9.7 千米（最大为 33 千米）和 33 千米（最大为 65 千米）。在印度本杰河虎保护区（Pench Tiger Reserve），基因亲缘关系的分析表明，多数雌虎一直生活在出生地，最大扩散距离为 26 千米，而与雌虎有血缘关系的雄虎不会出现在 26 千米的范围之内，这表明雄虎扩散得更远。东北虎的扩散距离很远，一些雄性会迁移几百千米，到达现有分布范围之外。

无论雌雄，虎在 2.5～3 岁时性成熟。但在野外开始繁殖的时间通常更晚，雌性大概在 3.4～4.5 岁，雄性最早在 3.4 岁（在奇特旺国家公园平均繁殖年龄为 4.8 岁）。生活在奇特旺的雌虎，在受到良好保护、种群比较稳定的时期，可繁殖的年限平均为 6.1 年，

最长可达 12.5 年。终其一生，雌虎产下的所有幼崽，平均有 4.5 只能够活到离开母亲独立生活，但只有 2 只能活到参与繁殖。雌虎最晚可能在 15.5 岁时还具有生育能力。

死亡率： 在出生后的头一年，幼崽的死亡率在 34%（奇特旺国家公园）到 41%～47%（俄罗斯远东地区），多数与人为干扰和杀婴行为有关。雌虎有时会保护幼崽免受雄虎的伤害：在两起可靠的记录中，雌虎为了保护幼崽，杀死了想要伤害它们的雄虎。对这两起案例中的雄虎来说，这显然也是个大大的意外。

成年虎的年均死亡率约为 23%（包括雌性和雄性，印度纳加尔霍雷国家公园），从 19%（雌性，俄罗斯）到 37%（雄性，俄罗斯）不等。对于多数种群来说，虎的死亡主要归

↓ 一只成年印度雌虎（右）抵制雄虎上前，展现了虎显著的两性异形现象。在同一种群中，雄性是雌性重量的两倍

↑印度伦腾波尔国家公园（Ran-thambore National Park）内，一只雌虎正与其两个月大的孩子泡在河水里降温。相对而言，虎的繁殖生态学仅在印度、尼泊尔和远东的几个地方研究得比较清楚

2. 译者注：根据北京师范大学的调查数据，至 2016 年，中国东北已经监测到至少 27 只野生东北虎，而且存在确定的繁殖记录。

3. 译者注：从 1993 年开始，中国禁止在中药中使用虎骨，但这一禁令在 2018 年被废止。

咎于人类，当然，自然原因如疾病和种内斗争也起到了重要的作用。成年虎少有天敌。但有少量豺群杀死虎的案例，不过所杀害的可能是生病或受伤的虎个体。在一次目击的豺群与虎的拉锯战中，22 只豺以至少 12 只成员死亡的代价，杀死了 1 只雄虎。在印度孙德尔本斯，一只雌虎在过河时被一条 4 米长的湾鳄杀死。虎偶尔也会死于危险猎物带来的伤害，比如水牛、印度野牛和野猪。意外死亡事件罕有发生（有一例记录，俄罗斯的一只雄虎掉进了冰冻的河里）。目前已经证实，生活在俄罗斯和印度的虎还可能受到犬瘟病的侵扰，但这对于种群动态的潜在影响还未可知。

• 现状和威胁

虎是最为濒危的大型猫科动物，在整个

20 世纪遭遇了灾难性的种群锐减，而在其多数分布地区，这一状况仍在持续。虎曾经广布亚洲，从土耳其东部，横贯中亚，再从阿富汗—巴基斯坦边境，分别经南亚和东南亚到达东部的巴厘岛和俄罗斯远东地区，拥有一个巨大而连续的分布带。

自 1940 年起，西南亚、中亚、巴厘岛、爪哇岛，以及东南亚和东亚的大部分地方，已不见虎的踪迹。如今，它们确切存在的区域仅占历史栖息地的 4.2%，加上一些状况尚好但近年来没有发现虎记录的栖息地，这个比例能达到 5.9%。已知只有 8 个国家生活着能够繁衍后代的虎种群，包括孟加拉国、不丹、印度、印度尼西亚（苏门答腊岛）、马来西亚、尼泊尔、泰国和俄罗斯。在柬埔寨、老挝和越南，虎可能已经灭绝，或者至多有少量近来没有繁殖记录的个体。而在中国，除了中俄边境种群中的大约 12 只[2]之外，虎已经全军覆没。

在现存的野生虎中，约 70% 的个体和几乎 100% 的繁殖雌虎分布在 42 个种群里，每个种群都以一个保护区为中心进行活动，这些地方的总面积仅约 10 万平方千米，比它们的历史分布区域的 0.5% 还要少。多数种群分布在印度（18 个）、苏门答腊岛（8 个）和远东（6 个）。除了栖息地丧失（变成了林业用地、商业棕榈种植园和农业用地）之外，由于中国传统的中药需求，虎还受到非法盗猎的严重威胁[3]。除此之外，由于大量的食用需求，虎的猎物被广泛猎杀，尤其在东南亚。如果没有猎杀威胁，虎的种群能够很快恢复；不幸的是，如今这样的地方实在太少了。

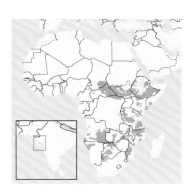

26.7 ～ 42 厘米

《濒危野生动植物物种国际贸易公约》附录 II
IUCN红色名录（2015年）:
- 易危（全球）
- 濒危（亚洲）
- 极危（西非）

种群趋势：下降

体　长：♀ 158 ～ 192 厘米，♂ 172 ～ 250 厘米
尾　长：60 ～ 100 厘米
体　重：♀ 110 ～ 168 千克，♂ 150 ～ 272 千克

狮

英 文 名：Lion

拉丁学名：*Panthera leo*（Linnaeus，1758 年）

非洲（东部和南部）狮

亚洲狮

• 演化和分类

狮是豹属的一种大型猫科动物，与豹的亲缘关系最近，其次是美洲豹。年代最古老的狮化石发现于东非，距今约 300 万～ 350 万年。

在过去，人们根据形态学的差异，描述了超过 20 个狮子亚种，现如今都被视作无效。现在，接受度最高的分类法是将狮分为亚洲种群（*P. l. persica*）和非洲种群（*P. l. leo*）。然而，遗传学分析明确指出，狮种群间最大的分化发生在非洲，由赤道一分为二。据估计，在 17.8 万～41.7 万年前，极端的湿润和干旱周期反复循环，刚果雨林和撒哈拉沙漠的面积出现了大范围波动，最终分隔了狮的分布区。但这两种栖息地都不适合狮生存，它们不得不后退到非洲西部、中部（或者亚洲）和非洲南部寻求避难之所。之后在气候稳定期，随着稀树草原范围的扩张，这两个相互隔离的种群又重新占据了合适的栖息地，近期才融合到一起。

强有力的遗传学分析证实了这种分类方法，即把亚洲种群和非洲中部和西部的种群归为一群（作为指名亚种，狮的模式标本来自北非）；东非和非洲南部的狮划分为另一群（*P. l. melanachaita*）。而同一遗传学分析显示，在这两个主群中，进化显著的亚种群的差异并不足以区分亚种。在 *P. l. leo* 中，有三个这样的单元：亚洲和中东及北非种群（狮在后两个地区已经灭绝）；尼日尔河下游以西的西非种群；中非种群。在 *P. l. melanachaita* 中，也有三个这样的单元：东北非种群、西南非种群，以及东非及剩余的南部非洲种群。

• 描述

狮是非洲最大的食肉动物，也是世界上

↓一个狮群的基础是同一个母系氏族中具有亲缘关系的雌狮及它们的幼崽。现存最大的狮群出现在有着丰富大型猎物的湿润稀树草原地区

第二大的猫科动物。平均来说，狮在所有方面都与虎旗鼓相当，而且狮的头盖骨更长（雌狮比雌虎长 1.2 厘米，雄狮比雄虎长 2 厘米）。据记录，最大的虎比最大的狮体重稍沉，体长稍长。而产自苏门答腊的最小的成年虎比最小的成年狮要小得多。

狮有着结实强壮的身体，胸部厚实，前躯健壮，四肢有力。狮是雌雄异型最明显的猫科动物，不论是第二性征（雄性的鬣毛、腹部垂毛以及肘部的丛毛）还是身材大小。雄狮比雌狮要重 30% ～ 50%，这一点各个分布区几无差异。

产自印度、非洲西部及中部萨赫勒地区的稀树草原的狮，要比产自非洲南部和东部地区湿润稀树草原林地的狮，体型平均小 10% ～ 20%。亚洲狮有明显的腹部褶皱，这在非洲狮身上比较少见。

狮身体上没有花纹，毛色通常是黄褐色或土黄色，下腹奶油色或白色。但其体色变化较大，从浅至深有烟灰色、乳白色和土黄色，罕有深褐色。耳背是与体色反差极大的黑色，杂有白毛；这黑色远远就能看到，有助于狮在捕猎时准确定位分散隐蔽的同伴。尾巴末端有黑色或深棕色的毛穗，可能会用来当作在高草丛中指引幼狮的旗子。

在南非克鲁格国家公园发现的白狮是狮的白变个体（不是白化个体），是由于控制毛被颜色的一个隐性基因突变造成了毛色的变化，它的眼睛、鼻子和掌垫都有色素分布，父母可能具有正常的体色。目前尚无黑化狮子的记录。

幼狮出生时身上有玫瑰花瓣状的斑点，可能是为了便于幼崽隐藏，这说明狮的祖先很可能是栖息在森林中的斑点物种。随着年龄的增大，斑点逐渐褪去，仅在一些成年狮的下腹部留有一些模糊的斑纹。斑点覆盖全身的狮极为罕见（史料记载的"斑点狮"即源于此）。

狮是唯一一种雄性长鬣毛的猫科动物（鬣毛颜色和长度差异很大）。鬣毛颜色从银灰色到黑色都有，脸部通常围绕着一圈浅色的区域。鬣毛在狮 6 ～ 8 月龄时开始生长，在非常炎热的地区这个时间可能推迟。雄性成体中，鬣毛通常覆盖整个头部（除了脸以外）、颈部、肩部和前胸。

在非洲东部和南部的湿润地区，尤其是海拔 1000 米以上的地区，狮的鬣毛更为浓密，有时延伸到胸腔和下腹部。北半球冬季寒冷，动物园里的圈养狮通常长有浓密的鬣毛。"无鬣"雄狮多出现在极端炎热的地区，如肯尼亚的察沃国家公园至莫桑比克北部的尼亚萨国家自然保护区（Niassa Reserve，包括坦桑尼亚的塞卢斯禁猎区，Selous Game Reserve）。生活在低海拔地区的狮也基本没有鬣毛。萨赫勒地区也常见无鬣狮。雄性亚洲狮鬣毛也较少，主要长在脸部周围及头顶。

鬣毛被认为是雄狮向雌狮展示相对遗传优势的标志以及恐吓敌人的手段——鬣毛的长度和颜色传达了雄狮的攻击性及保卫狮群能力的信息。雌狮更愿意选择鬣毛较长、颜色较深的雄狮。

相似种： 狮是最易辨别的哺乳动物，而且与其他猫科动物区别很大。单色的美洲狮（也叫山狮）由于与雌狮具有相似的体色而

↑ 狮的面部几乎没有花纹。在夜间捕猎时，其眼部下端的白色毛发有助于将光线反射至眼睛里。每个个体胡须基部的斑点是唯一的，但基于目前的研究结果，人们认为这些斑点图案并没有任何功能

得名，但在其他方面相似度较小，并且分布范围不重合。

• 分布和栖息地

狮在撒哈拉以南的非洲地区呈斑块状分布，主要在自然保护区内及其周边地区活动，最大的种群出现在东非及非洲南部。除了非洲外，只在印度的古吉拉特邦有一个亚洲狮种群。在中非的大多数地区，狮的数量严重减少，在喀麦隆北部、乍得南部、中非、南苏丹以及刚果民主共和国北部，狮呈碎片化分布。狮在西非大部分地区已经灭绝，目前仅在塞内加尔、尼日利亚有 4 个种群，在贝宁、布基纳法索和尼日尔三国边境有一个跨国种群。除了印度有一个 400 只左右的种群外，狮子在北非、中东及亚洲其他地区已经灭绝。

狮占据着多样化的栖息地，在湿润开阔的林地及稀树草原，狮的种群密度最高。但狮也会占据各种各样潮湿或干旱的稀树草原、林地、干旱森林、灌丛草原、海岸灌丛以及半荒漠地区（包括卡拉哈里和纳米比亚北部非常干旱的环境）。它们并不定居在真正的沙漠腹地，撒哈拉沙漠中没有狮分布。它们会穿过稀树草原中的林地，比如埃塞俄比亚贝尔山的哈莱纳森林和乌干达伊丽莎白女王国家公园（Queen Elizabeth National Park）的莫拉玛干布森林。直到最近，狮还经常出现在赤道森林与稀树草原交错分布的地区，比如加蓬和刚果民主共和国。但狮不会涉足茂密潮湿的森林，包括刚果盆地内的森林。在

↓科学家认为，狮的社会性起源于开阔的稀树草原生境。在这里，捕获大型猎物的单独雌狮会显得很脆弱，大量的捕食者（包括很多已经灭绝的物种）会从雌狮口中偷窃抢夺猎物。结成群体可以让近亲而不是竞争者获益

印度，狮栖息在干旱的落叶柚木林以及合欢树草原的交错地带。

狮分布于海平面到海拔 3500 ～ 3600 米的区域（如肯尼亚的埃尔贡山和肯尼亚山），最高可分布到海拔 4200 ～ 4300 米（埃塞俄比亚贝尔山和坦桑尼亚的乞力马扎罗山）。除了人类密度低且野外猎物丰富的牧区，狮不出现在人类活动的地域。

• 食性

作为超级投机主义者，狮是令人生畏的捕食猛兽。一只成年狮可以捕杀比它大得多的猎物，除了健康、成熟的雄性大象，狮群几乎能够捕杀遇到的一切动物。狮的食物结构从昆虫到搁浅的鲸鱼尸体都有，但如果没

有体重在 60 ～ 550 千克的大型食草动物，狮群将无法生存。各个地区狮种群的食物都主要由 3 ～ 5 种有蹄类动物构成，如斑马、牛羚、水牛、长颈鹿、长角羚、高角羚、安氏林羚、扭角林羚、赤羚、汤氏瞪羚、白斑鹿、水鹿和疣猪。而在大型猎物具有迁徙习性的地区，狮也会季节性地捕食小型猎物。如博茨瓦纳乔贝国家公园（Chobe National Park）和坦桑尼亚塞伦盖蒂国家公园，狮在食物匮乏的旱季主要靠捕捉高角羚和疣猪等不迁徙的猎物度日。

大型狮群可以捕杀因营养不良而身体虚弱的雌象，以及成年的犀牛和河马，而单只的狮则可以捕杀这些大型猎物的幼崽。1993 ～ 1996 年，在博茨瓦纳的乔贝国家公园里，一个由 2 只成年雄狮、8 只成年

↓ 与广泛流传的说法相反，雄狮经常捕猎并且是很成功的猎手。在克鲁格国家公园南部，雄狮完成了 60%（有领域的雄狮）～ 87%（无领域的雄狮）的单独猎杀。剩下则以腐肉为食，腐肉主要来自雌狮的猎获物

↑所有猫科动物都用颊齿进食——将头偏向一侧，然后利用强健锋利的前臼齿和臼齿切开猎物坚硬的皮肤，并切下大块肉

雌狮以及若干幼狮组成的狮群，捕杀了 74 头非洲草原象，包括 6 头成年母象和 1 头成年公象（先前曾被另一头公象所伤）。随着大象种群密度的增加，如乔贝国家公园和万基国家公园（Hwange National Park），幼象占狮的食物比重也随之增加。

除了大型的有蹄类动物，实际上任何物种都可能会被狮捕食，但它们在狮的食物构成中所占的比重并不高。有记录的猎物包括土豚、豪猪、灵长类动物（包括大猩猩、黑猩猩和狒狒）、多种鸟类（包括鸵鸟）、爬行动物（包括大型尼罗鳄和非洲岩蟒）、鱼类以及多种无脊椎动物。狮也会定期捕杀其他食肉动物，包括豹、猎豹、鬣狗、非洲野狗、非洲海狗以及各种小型物种。对于它们来说，食肉动物味道很差，通常将其杀死之后并不吃掉。偶尔出现的同类相残，通常是

幼狮被雄狮杀掉。在牧区，狮通常忽视数量庞大的家畜而只捕食野生猎物，但它们也会捕杀家畜，包括牛、山羊、绵羊、驴、马、骆驼和水牛（印度），偶尔捕杀家犬。极少食人，尽管专门食人的狮在偏远地区偶有出现。如在坦桑尼亚的东南部和莫桑比克北部等地区，狮将人看作是猎物，当地偏远社区每年有 50～100 人被狮杀死。

狮主要在夜间和晨昏觅食，并且主要在陆地上觅食。尽管狮会从较低的树枝上捕食猎物（如狒狒和珍珠鸡），但由于体重过大，它们并不具备很好的攀爬能力，不会爬树捕猎。狮通常集体捕猎，经常是整个狮群全员出动，包括 4～5 月龄以上的幼狮。年轻的幼狮跟在后面，有时由年长的幼狮或母狮陪同。

捕猎行动由成年母狮发起并完成其中的大多数猎杀。虽然雌狮是捕猎的主力，但雄狮也具有很强的捕猎能力，没有雌狮伴随时，它们通常独自捕猎。雄狮的加入可以提高捕杀水牛、长颈鹿、大象等超大型猎物的成功率。

狮通常会一边走一边用它们出色的视力和听力来识别潜在猎物；或者潜伏在某个有利位置（如水塘边）等待捕猎机会。大多数捕猎都是由狮群的一个或者多个成员完成的，首先是小心翼翼地潜行，尽可能接近距离猎物 15 米的范围，然后冲刺发起攻击。狮的最快奔跑速度约为 58 千米/时，但仅能持续 250 米，大多数的追击距离都更短。但捕猎野牛群是个例外，因为野牛会负隅固守。狮会不断袭扰野牛群直到其受惊乱窜，而孤立的离群野牛就为狮的进攻提供了机会。狮在

这个过程中奔跑的距离经常会达到 3 千米，有时甚至达 11 千米。捕猎大型猎物时，通常会由一只成年狮咬住猎物咽喉使其窒息而死，狮群中的其他成员则开始撕咬进食。

　　狮虽然合作捕猎，但真实的合作程度却被人们高估了。有时，一只雌狮奋力追赶猎物时，其他狮子则作壁上观，只有当猎物被确实抓住时它们才会加入。更多时候，多只雌狮围着猎物呈扇形散开，由一只或多只雌狮发起追击，四下奔逃的猎物通常会落入其他雌狮的埋伏。在纳米比亚埃托沙国家公园的开阔栖息地猎杀速度极快的跳羚时，雌狮通常占据有利位置并协调行动，将跳羚从两翼位置驱赶到中心——协作捕猎的成功率会比单独捕猎的高，而当每只雌狮占据有利位置时，这种协作捕猎的成功率会更高。在捕猎大型危险猎物如野牛和大象时，合作捕猎更为普遍。不同地区的猎杀成功率分别是 15%（纳米比亚埃托沙国家公园）、23%（坦桑尼亚塞伦盖蒂国家公园）和 38.5%（南非卡拉哈里）。狮不介意捡食腐肉，取食腐肉的比例在埃托沙国家公园和塞伦盖蒂国家公园分别是 5.5% 和近 40%，同时它们也经常掠夺其他食肉动物的猎获物。

· 社会习性

　　狮是高度社会化的动物，并且是唯一一种群居的猫科动物。狮子通常两性多代共同生活，只有当雌狮即将生产时才会暂时离开狮群。狮群的基础是一个由 1 ～ 20 只（通常是 3 ～ 6 只）有亲缘关系的雌狮组成的母系集团，它们共同守卫领域、哺育幼崽。每个狮群通常包含 1 ～ 9 只（经常是 2 ～ 4 只）成年雄狮，这些雄狮是外来的，与狮群中的雌狮没有亲缘关系。

　　狮群大小与猎物丰度没有太大关系（但后者对家域面积和狮的密度有显著影响），东非与非洲南部的狮群规模大体一致，通常都是 3～6 只雌狮和 2～3 只雄狮组成，如果人类猎杀狮及其猎物的水平没那么高，这个规模同样适用于西非和中非。在理想的条件下，狮群规模能达到 45 ～ 50 只（包括幼崽），但这只是极少的情况并且是临时的，随着大批亚成体的扩散，狮群规模就会逐渐缩小。

　　狮群内的雌狮是最稳定的成员，但是狮群内的成员很少会全部集合在一起，小股亚群不断进出狮群领域，呈现出"动态聚散"的模式。雌狮通常终生生活在狮群里，偶尔

↓ 强大的非洲野牛给狮造成伤害及致死的情况要比其他猎物多，而野牛仍是狮经常捕猎的物种，尤其是雄狮。对克鲁格国家公园南部的雄狮来说，在所有猎杀中，野牛占了 36%（有领域的雄狮）～ 73%（无领域的雄狮）。而对雌狮来说，野牛仅占其捕猎总数的 18%

↑在进食期间，很多猫科动物的幼崽会兴致勃勃地攻击死去的猎物。图中一只5个月大的幼狮正在攻击一头长颈鹿的尸体。幼狮通常会集中攻击头部和颈部来练习咬喉捕杀的技能

会在新雄狮接管狮群之后，或者为了避免与有血缘关系的雄性交配而离开狮群，扩散到他处。20～48月龄的年轻雄狮主动或被迫离开狮群后，会先游荡2～3年，然后才着手建立自己的狮群。雄狮团队成员之间通常具有血缘关系，但单独或成对的雄狮在扩散过程中也会与没有血缘联系的雄狮结盟。无论有无血缘关系，雄狮团队都会维持终生，团队成员高度合作，保卫自己的领域和雌狮不受其他雄狮的侵占。外来的雄狮会挑战当地的雄狮，以便接近雌狮，这有时会导致致命的打斗。雌狮也会参与狮群的防卫——大群的雌狮可以驱逐外来的雄狮团队，这一过程也可能导致雌狮被陌生雄狮杀死。狮群间的小冲突也是常见的，有时会导致邻近的雌狮杀死彼此或其幼崽。在接管狮群后，新的雄狮通常会杀死或赶走所有与它没有血缘关系的12～18月龄以下的幼狮，来刺激雌狮尽

快进入发情期。根据雄狮团队的能力，它们也会侵占邻近的狮群，维护自己的狮群。雄狮团队的统治时间一般为2～4年。

狮的领域非常稳定，多代雌狮都会生活在同一块区域内。领域面积变化很大，这取决于领域内栖息地的生产力以及猎物的丰富度。在印度的吉尔国家公园（Gir National Park），由于白斑鹿数量众多，狮群的领域面积仅为12～60平方千米。塞伦盖蒂狮群的领域面积从65平方千米（林地）到184平方千米（草原）不等，最大可达500平方千米。非洲西部和中部的狮群，平均家域面积从256平方千米（水源充足的贝宁彭贾里国家公园，Pendjari National Park）到756平方千米（比较干旱的瓦扎国家公园，Waza National Park）。在津巴布韦万基国家公园的半干旱稀树草原中，雌性狮群的平均家域面积为388平方千米（范围在35～981平方千米），雄性狮群的家域面积较大，平均为478平方千米（71～1002平方千米）。在干旱地区，狮的家域面积大大增加，可达1055～1745平方千米（纳米比亚考得牧禁猎区，Khaudom Game Reserve），266～4352平方千米（南非卡拉哈里大羚羊国家公园），2721～6542平方千米（纳米比亚西部的库内内）。库内内的两个雄狮团队（可能尚在游荡时期）的家域面积达到13 365～17 211平方千米。不同地区的种群密度从0.05～0.62只/百平方千米（纳米比亚西北部的库内内）、1.5～2只/百平方千米（南非卡拉哈里）、3.5只/百平方千米（津巴布韦万基国家公园）、6～12

只 / 百平方千米（南非克鲁格国家公园）、12～14 只 / 百平方千米（印度吉尔国家公园）到 38 只 / 百平方千米（坦桑尼亚马尼亚拉湖国家公园，Lake Manyara National Park）不等。

• 繁殖和种群统计

狮子的繁殖没有季节性特征，幼崽出生的高峰期经常出现在有蹄类动物繁殖的季节，比如东非的 3 ～ 7 月（坦桑尼亚塞伦盖蒂国家公园），南非的 2 ～ 4 月（南非克鲁格国家公园）。发情期平均为 4 ～ 5 天，妊娠期 98 ～ 115 天（平均 110 天）。每胎通常产崽 2 ～ 4 只，最高时 7 只。

雌狮通常离群产崽，并独立抚育幼崽直到 6 ～ 8 周龄。雌狮这样做可能是为了使幼崽躲避狮群内其他成员的粗鲁对待，或是由其他成员导致的意外死亡。同一个狮群的雌狮经常同步生产，共同照顾幼崽，雌狮给所有幼狮喂奶，但只携带自己的孩子——用嘴轻轻将自己的孩子叼在口中。

幼崽 6 ～ 8 周龄后开始断奶，但是有的到 8 月龄才会断奶。在有着定居性猎物的稀树草原林地生态系统中，雌狮的两胎间隔大约是 3 年；而在猎物迁徙的区域，两胎间隔为 20 ～ 24 个月，在这样的地区，幼崽的成活率很低。当狮被重新引入先前已经灭绝的地区时，它们的繁殖速度与猎物迁徙地区的狮子差不多。幼崽在 18 月龄开始独立捕猎，却很少在 2 岁前离开狮群；但如果它们的母亲要开始下一轮繁殖，幼崽通常就会在 36 月龄之前离开狮群（在大多数稀树草原林地地区）。

在猎物迁徙的地区以及干旱地区，从狮群中扩散出来的狮通常会大范围游荡，往往

←图为印度吉尔国家公园的一只亚洲狮母狮及幼狮。在 20 世纪初，由于猎杀和运动狩猎，这个种群的数量只剩 25 只左右。在 20 世纪早期，针对狮的严格的保护措施使得种群数量得以大幅回升。但现在仍面临着种群扩散所需栖息地不足的挑战

远离原来狮群的领域 200 千米以上。然而在有着丰富猎物（尤其是野牛）的茂密的稀树草原，大多数年轻雄狮会待在或紧邻原来的领域，也可能会在靠近它们原有狮群的地方建立家域。雄狮离开狮群时的年龄越大就越容易存活下来。1999 ~ 2012 年，津巴布韦万基国家公园内，所有小于 31 月龄的年轻狮子离群后全部死亡。在所知道的 49 个离群者中，65%（17 雄 15 雌）存活到了建立新领域之后，26% 被人类杀死。这个种群中的一只雄狮在 27 月龄时离群，最后因捕杀家畜而被射杀，在这之间一共存活了 848 天，活动距离达 4223 千米。

雌狮在 30 ~ 36 月龄达到性成熟，但通常在 42 ~ 48 月龄首次生产，在 15 岁后停止繁殖。雄狮通常在 26 ~ 29 月龄达到性成熟，但是很少在 4 岁前繁殖。在成年雄狮所剩无几的地区（主要由于过度狩猎），2 ~ 4 岁的年轻雄狮将会取代那些年长的雄狮成为种群中的主要繁殖力量。

死亡率：幼崽的死亡率变化很大，这取决于地区以及季节性的猎物变化。在南非克鲁格国家公园南部，猎物丰富且不迁徙，该地区的幼狮第一年死亡率为 16%。在干旱的卡拉哈里，幼狮的第一年死亡率在 40% 左右。在猎物数量波动较大的地区，幼狮死亡率最高。如坦桑尼亚的塞伦盖蒂国家公园，猎物具有迁徙习性，平均有 63% 的幼狮在出生第一年死亡。主要死亡原因有同类杀婴（塞伦盖蒂高于其他地区）、被其他食肉动物捕食（主要是被豹和斑鬣狗捕食）和由于食物短缺造成的饥饿等。幼狮在第二年的死亡率大幅降低，如塞伦盖蒂降至 20%，克鲁格则降为 10%。

在向外扩散的过程中，雄狮的死亡率更高，这也导致了成年狮的雌雄性别比例约为

→雄狮对它们的幼崽来说是包容并且充满爱意的父亲，它们的存在对幼崽的存活至关重要。雄狮经常巡护它们的领域，以防止杀婴雄狮的入侵

2～3：1。除了人为造成的死亡外，成年狮也会死于与其他个体（特别是雄狮）的争斗、捕杀大型猎物遭受的伤害（如野牛）、因为衰老或残疾而无力捕食等。

狮通常会从打斗或者捕猎事故造成的严重伤害中恢复过来，这些伤害时常出现在下脊柱和后腿处，但这些狮的寿命不会很长。疾病不常见，但狮群紧密的社会联系使得一旦有疾病爆发就可能会造成很严重的后果。1993～1994年，塞伦盖蒂国家公园爆发了犬瘟病，病死的狮超过1000只（占狮子种群的40%）。

寿命： 在野外，雌狮寿命为18年，雄狮寿命16年（但是很少超过12年）；圈养条件下可达27年。

• 现状和威胁

狮在保护良好且食物充足的栖息地内密度很高，但是在其他分布区域，狮的数量已经大规模下降，并呈持续走低的趋势。

除了印度西部古吉拉特邦的吉尔国家公园（1883平方千米）内生活着大约300只，以及附近7个小卫星种群共约100只的亚洲狮外，狮在亚洲其他地区已经灭绝。在非洲，狮目前的分布范围仅占其历史分布范围的16.3%，而这已经是最乐观的估计了——包含了一些所知甚少但仍可能会有狮存在的地区。而狮目前明确可知的分布范围已不足历史分布范围的8%。它在非洲15个国家内已经灭绝，另外7个国家的种群也很可能朝不保夕。

关于狮的数量，全球最新统计大约有32 000只，但此数据过于乐观，目前的狮数量更接近于20 000只，而且大多数分布在小型、孤立且呈下降趋势的种群内。目前只有8个国家被认为仍分布有至少500只成年狮：博茨瓦纳、肯尼亚、莫桑比克、纳米比亚（有可能）、南非、坦桑尼亚、赞比亚和津巴布韦。在非洲西部，狮属于极危物种，成体数量不超过250只。

狮在大多数分布范围内，数量仍在持续下降。总的来看，从1993年至今，狮的总体数量下降了38%。但在大多数地区，狮数量的减少更严重。5个国家（博茨瓦纳、印度、纳米比亚、南非、津巴布韦）有着稳定（或近乎稳定的）并呈增长态势的种群，从1993年起，总数量大约增长了25%。但这样的增长仅存在于少部分地区，而这掩盖了其他所有地区更为严峻的下降趋势——从1993年起大约下降了59%。因此，尽管狮被列为易危物种，但在大多数分布区，它们足以被当成极其濒危的物种来对待和保护。

狮种群数量下降的主要原因是农业和畜牧业发展引起的栖息地和猎物的丧失，其次是人类的捕杀。狮经常被整群猎杀，也为政府组织的大规模除害行动所害不浅。食腐的习性使它们特别容易被猎杀野味的毒饵和绳套陷阱误杀。在13个非洲国家，针对狮的运动狩猎是合法的，每年有600～700只狮（主要是雄狮）被猎取。但当针对这类狩猎的管理不善时也会造成狮种群数量的下降。小型孤立种群会导致遗传多样性降低，这会使种群易受疾病的危害，走向衰亡。

《濒危野生动植物物种国际贸易公约》附录Ⅰ允许非洲12个国家出口豹的狩猎运动物品（2013年总共出口2648件），此外还有少量的活体动物及皮毛可作为商业性质的旅游纪念品出售。

IUCN红色名录：

⊙ 近危（全球）

◉ 濒危（斯里兰卡豹、波斯豹）

● 极危（爪哇豹、阿拉伯豹、东北豹）

种群趋势：下降

体　长：♀ 95 ～ 123 厘米，♂ 91 ～ 191 厘米
尾　长：51 ～ 101 厘米
肩　高：55 ～ 82 厘米
体　重：♀ 17 ～ 42 千克，♂ 20 ～ 90 千克

豹

中文别名：金钱豹

英 文 名：Leopard

英文别名：Panther

拉丁学名：*Panthera pardus*（Linnaeus，1758 年）

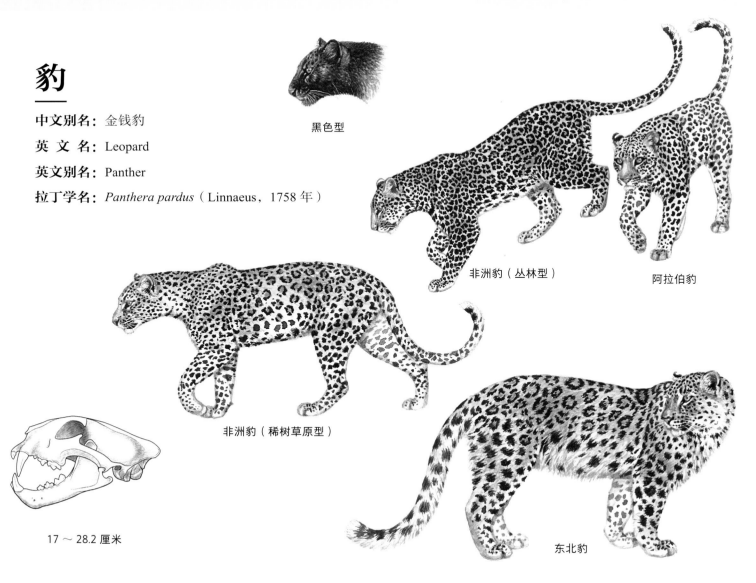

黑色型

非洲豹（丛林型）

阿拉伯豹

非洲豹（稀树草原型）

东北豹

17 ～ 28.2 厘米

• 演化和分类

豹是豹属的一种大猫，与它亲缘关系最近的是狮和美洲豹。在最新的全面分析之前，分子生物学分析曾支持豹有9个亚种，一个在非洲，即非洲豹（*P. p. pardus*）；剩下8个在亚洲，即阿拉伯豹（*P. p. nimr*，中东地区）、波斯豹（*P. p. saxicolor*，中亚）、印度豹（*P. p. fusca*，印度次大陆）、斯里兰卡豹（*P. p. kotiya*，斯里兰卡）、印支豹（*P. p. delacouri*，东南亚至中国华南地区）、爪哇豹（*P. p. melas*，爪哇岛）、华北豹（*P. p. japonensis*，中国华北地区）、东北豹（*P. p. orientalis*，中国东北地区至俄罗斯远东地区）。

最新研究表明，印度豹、斯里兰卡豹与分布在西边的印支豹为相同的亚种，而分布在东边的印支豹则与华北豹和东北豹为同一亚种，这就使得豹分布在亚洲的亚种数减少至5种。

• 描述

豹是一种健壮的大型猫科动物，拥有肌肉发达的前躯、修长的后半身和一条长度接近2/3体长的尾巴。头和颈十分强壮，特别是成年雄性——它们在五岁时还会长出标志性的喉垂。豹的体型大小与气候及猎物丰度息息相关，生活于中东干旱山地的豹体型最小，体重只有栖于非洲稀树草原和林地的豹个体的一半。生活在南非海岸带的开普皱褶带的孤立种群，体型也非常小，体重平均21千克（雌性）～31千克（雄性）。现在的记录中体型最大的豹生活在非洲东部及南部的林地和亚洲中部的温带森林。

豹的体色，底色十分多变，包括深浅不同的奶黄色、灰黄色、土黄色、橙色、茶棕色和深栗棕色；腹部浅，为奶白色至亮白色。身体覆盖着密集的紧凑玫瑰形花纹，每个花纹为一簇小黑点围绕而成，空心且中央

↑ 相对于小型猫科动物，以豹为代表的大型猫科动物头骨前额更为宽大，同时它们有着延长的巨大下颌和与之相配的肌肉组织。这些特征都令它们猎杀大型猎物时更加游刃有余

↓ 黑豹与普通色型一样有斑点，但只在侧光下能看出来。生物学家发现红外相机可以"捕捉"到这些斑点，这使他们能够通过黑豹独一无二的斑点对其进行个体识别

颜色比体色稍深。花纹会在下肢、腹部、尾部和喉部变为较大的实心点，并经常在胸前合并为一条醒目的轭状横纹。豹整体的颜色与地区和气候有明显关联，生活在干旱和温带地区的豹毛色偏浅，生活在林地的个体毛色较前者更深，生活在热带地区的毛色最深。

豹的黑色型是一种隐性性状，分布十分广泛，常出现于亚热带湿润森林、热带森林与山地森林，偶尔出现在较为干旱的林地中（如肯尼亚中部的莱基皮亚高原）。黑色型个体（也称作"黑豹"）在亚洲南部热带地区的种群中最为常见，尤其在马来西亚和爪哇。2000～2003年，在爪哇乌戎库隆国家公园（Ujung Kulon National Park）的调查中得到了40只黑色型和69只花斑型豹的红外照片。在遍及马来半岛和泰国南部的红外相机调查中，474张豹的照片中有445张都是黑色型。克拉地峡以南拍到的豹几乎全为黑色型，偶有花斑型出现。在非洲，黑色型个体通常出现在遗留的山地森林中（如肯尼亚的阿伯德尔山和肯尼亚山、东非的维龙加山脉以及埃塞俄比亚的哈莱纳森林），没有像人们预想的那样出现在刚果盆地雨林。其他各种斑点变异也都有观察记录，如全身花纹收缩为一个个实心麻点，或是类似于王猎豹般扩张和聚合在一起的大理石状纹路（即假性黑化症），红色型和白化个体也时有发现。

相似种： 豹与美洲豹十分相似，但它们在野外的分布区域并不重合。在外观上，美洲豹除了体型更大、看起来更强壮以外，身上的玫瑰形花纹也比豹的更大，并且每个花纹中央还有一个斑点，这种纹路在豹身上基本看不到。而猎豹在体型与颜色上虽然与豹类似，但它们之间并不容易被混淆。

· 分布和栖息地

在所有野生猫科动物中，豹的分布范围是最广的。它们广泛但碎片化地分布于非洲南部、东部和中部，罕见于西非，在北非则有少许残存或者已经灭绝。土耳其、格鲁吉亚、阿塞拜疆和阿拉伯半岛则基本上没有了豹的踪迹，该区域最可能持久的种群栖息于阿曼的佐法尔山脉和也门的瓦达斯山脉。而在中亚，豹十分罕见，仅在伊朗还有分布，但密度很低。它们碎片化的分布范围由南亚和东南亚的斯里兰卡和爪哇（十分罕见）延伸至中国东南部，并在中国东部和俄罗斯远东地区有一个孤立种群。在自然状态下，豹不会出现于巴厘岛、加里曼丹岛和苏门答腊岛。

豹对栖息地有很强的适应性，从俄罗斯冬季气温低至零下30℃的落叶林，到夏季气温高至50℃的沙漠，都可发现它们的身影。在半湿润性林地、稀树草原、亚热带及热带的干旱和湿润森林中，豹的种群密度最高。

从崇山峻岭到繁密的灌木丛，从一望无垠的半荒漠地带到温带森林，豹的身影随处可见。不过，除非有河流和多岩石的山地，否则它们无法在沙漠深处生存。只要遮蔽地和食物充足，它们能生活在人为改造过的环境，包括咖啡种植园、果园和灌溉农田，甚至可以大量生活在人类周围，比如印度马哈拉施特拉邦以农田为主的河谷地区。豹的分布范围从海平面

到海拔 4200 米，但也有海拔 5200 米的活动记录（喜马拉雅山脉）。在肯尼亚的乞力马扎罗山海拔 5638 米处曾发现过一只死去的豹。

● 食性

豹的食性之广众所周知，与其多样化的栖息地相对应，它们的猎物种类在所有猫科动物中也最为多样。体重超过 1 千克的哺乳动物中，至少有 110 种可以成为豹的猎物，而在所有的脊椎动物中（即小型哺乳动物、鸟类、两栖爬行动物和鱼类），可以纳入它们食谱的物种超过 200 种。

然而，尽管豹的食谱如此多样，其主要的食物来源还是体重 15 ~ 80 千克的有蹄类动物。任一区域的豹会将一两种当地数量最

多的食草动物作为食物的主要来源。例如在非洲南部中性草原中，豹以高角羚为主要猎物（占猎物总数的 48% ~ 93%）；在干旱的卡拉哈里稀树草原则以跳羚为主（占猎物总数的 65%）；夸祖鲁 – 纳塔尔省的茂密林地里则是安氏林羚（占猎物总数的 43%）；在斯里兰卡的干性林地中是白斑鹿（所占比例超过猎物总数的 50%）；俄罗斯落叶林中的豹超过一半的猎物为西伯利亚狍和梅花鹿。

其他常见的猎物还有小岩羚、蓝麂羚、灰麂羚、瞪羚、薮猪和疣猪。豹会捕食黑尾牛羚、长角羚、猞羚、扭角林羚、长颈鹿、水鹿、白肢野牛、亚洲水牛和野猪这类体形巨大或者十分危险的物种的幼崽，极个别还会捕食象和犀牛的幼崽以及体形巨大的有蹄类动物的亚成体。在现有记录中，豹所能捕

↑正在斯里兰卡卢哈纳国家公园嬉戏的这些大猫们马上就要到分道扬镳的年龄了。像大多数成年猫科动物那样，它们将会开始独居生活。然而它们并不是孤立生存的，熟悉的雌性和雄性之间会在一个复杂且友好的社会体系中经常交往，从而避免相互竞争

↑ 当大型猫科动物瞄准体型和它们一样大（甚至更大，而且还长着自卫用的犄角或獠牙）的猎物时，它们也面临被重伤的风险。图中的斯里兰卡野猪击退了豹的袭击，所幸豹没有受伤

到的最大猎物为一只成年的雄性旋角大羚羊（体重接近 900 千克），足以证明它们强大的捕猎能力。

有传闻称，豹偏爱猎食灵长类，但这显然夸大了事实。即使是有记录捕食灵长类最多的非洲雨林豹（至少记录到 15 种灵长类被其捕食），灵长类在豹的猎物中比例依旧排在有蹄类动物之后。典型的灵长类猎物有长尾猴、疣猴、翠猴和长尾叶猴，偶尔也会有不同种的狒狒、黑猩猩、倭黑猩猩和低地大猩猩被豹捕食。

豹不会放过任何一个它们能捕获或战胜的猎物。在部分地区，蹄兔、野兔、啮齿类及鸟类也是其重要的食物来源。豹还曾被记录过杀死体形十分巨大的非洲岩蟒（长 4 米）和尼罗鳄（长 2 米）。豹也经常捕杀其他食

肉动物，偶尔还会吃掉它们，比如成年的斑鬣狗、猎豹，还有十分罕见的捕猎狮幼崽的情况。在南非萨比金沙禁猎区，一只成年雄豹分两次杀害了同一狮群中的幼狮，并把它们挂在枝头（之后，这只豹被该狮群杀死）。同类相残的现象较为罕见，比较典型的情况是幼崽被成年雄性杀死，或者成年豹因彼此之间的争斗而死。

豹还会捕食牲畜，偶尔进入畜栏和人类定居点，并且经常杀死家犬。在印度的马哈拉施特拉邦，栖息于这一经过人类高度改造的农业生境中，豹最重要的食物是家犬，其次是家猫和家牛（以生物量计），其食物中 87% 是家畜。豹有时还会猎杀人类，不过习惯成性的食人豹并不多见。

豹独自觅食，即使是带崽的母豹，也会把大一些的幼崽留在庇护所然后只身前往。豹主要在黑夜至晨昏捕猎，白天择机发起猎杀行动，但成功率不高。这个完美的伏击猎手会根据猎物种类和栖息地的不同选择相应的策略。在纳米比亚北部和卡拉哈里等环境开阔的栖息地，豹大多会小心翼翼地匍匐前进 29 ~ 196 米（平均），直到距离目标不足 10 米时才发动进攻。而在植被茂密的栖息地中，豹大多会埋伏在某处然后突然对猎物发起攻击。在非洲的雨林里，豹会将自己隐藏在猴群附近茂密的植被中等待它们靠近；或是埋伏在可能会遇到猎物的地方，比如兽道旁的植被里，或者是对灵长类、麂羚和红河猪有巨大吸引力的果树旁。

豹杀死大多数猎物（尤其是大型有蹄类动物）的方式是咬住它们的喉咙。对体型更

大的猎物则直接咬住口鼻将其憋死。在南非菲达，一只14个月大的雌豹（体重20千克）仅花14分钟就用这方式杀死了一只成年的雄性黑斑羚（体重60千克）。而在对付体型较小的猎物时，豹通常会迅速咬住其后脑或者后颈将其杀死。

豹捕猎的成功率约为15.6%（卡拉哈里的开阔草原）、20.1%（南非菲达茂密的林地稀树草原）和38.1%（纳米比亚北部开阔的干旱稀树草原）。它们在坦桑尼亚塞伦盖蒂国家公园白天的成功率则为5～10%。而在卡拉哈里南部，带有幼崽的雌豹的捕猎成功率（27.9%）比没有幼崽的雌性（14.5%）及雄性（13.6%）更高。

在卡拉哈里，身为母亲的豹比起同类会更多地捕捉体型更小的猎物；它们寻找猎物的路程更短，捕食的频率更为频繁。这里的豹每年平均杀死111（雄性）～243（雌性）只猎物。它们利用自己强大的力量将猎物的尸体（包括体重约91千克的年轻长颈鹿和1个月大的黑犀）转移到树上，以免到嘴的食物被抢走。这一行为在非洲的稀树草原最为常见，但在各地的豹种群中也都有记录。比如在印度某些区域的记录中，豹将猎物拖上树以应对豺群和缟鬣狗的骚扰。豹偶尔会把猎物藏进山洞、地洞或者小山丘。当生境开阔或者周围的狮和斑鬣狗的数量较少时，它会寻找茂密的植被隐藏食物。在进食前，豹往往会先除去猎物身上的被毛或羽毛（大型鸟类）。它们通常从下腹部或者后腿开始吃，也十分乐意食腐，捡食猎豹、非洲野犬、胡狼和鬣狗剩下的食物。

• 社会习性

豹是独居生活的物种，成年豹之间的联系大多仅限于交配，但雄豹经常会与熟悉的雌性及其幼崽建立起包括分享食物的友好关系，还可以接受配偶的幼崽。雌雄两性都有自己固定的领域，其中雄性的家域较大，且往往与一个或者多个较小的雌性家域重合。成年豹会捍卫自己的核心区域，驱赶同性竞争者。但它们允许各自的家域边缘有重合，并使用"分时度假"的模式，避免相遇，交替使用共享区域，以免发生冲突。领域之争也并不常见，尤其是在相互了解的长期邻居之间。当外来者侵入一个地区，或者当邻居之间的势力平衡发生变化时（如有一方受伤），则可能会发生严重的争斗，这样的争斗有时会导致死亡（雌雄都一样）。

无论雌雄，豹宣示领域和宣扬繁殖能力的标记方式都是一样的——用脸颊擦蹭、在植物上利用尿液做气味标记、排便标记，以

↓尽管人们普遍认为豹会寻找栖息地附近植被最茂密的地方进行捕猎，但即使茂密地区猎物更多，林地稀树草原上的豹也还是更偏好植被盖度中等的地区，这样它们既容易发现猎物（因为植被不算太密），也能在植被的掩护下捕获猎物

↑猫科动物里只有豹会为了不让猎物被其他食肉动物抢走而将其转移到树上。这一行为可能始于更新世，当时豹的领域上生活着已经灭绝的剑齿虎和巨鬣狗，以及斑鬣狗和狮等竞争者

及用后脚刨蹭土地。豹独特的叫声听起来如电锯一般（也被形容为"噗噗"声或"嘎嘎"声），最远能传3000米。发出这种声音的目的可能也是为了宣扬自己的领域范围以及求偶。尽管还未进行相关研究，但豹可以通过叫声准确地辨认熟悉的个体。气味标记被广泛撒播在其经常使用的路径上，包括兽道、小径和道路，以及领域边界。经跟踪研究发现，菲达的一只雄豹在巡视领域的65分钟里，喷洒气味液体17次，刨地6次，发出电锯般的声音5次。

豹的领域面积由栖息地质量和猎物数量决定，最小为5.6平方千米（雌性，肯尼亚察沃国家公园），最大可达2750.1平方千米

（雄性，卡拉哈里南部）。平均来说，生活在中性林地、热带稀树草原和雨林的豹的家域面积分别为9～27平方千米（雌性）和52～136平方千米（雄性）。而生活在干旱地区的豹，家域面积则大得多，在纳米比亚北部平均为188.4平方千米（雌性）和451.2平方千米（雄性），卡拉哈里为488.7平方千米（雌性）和2321.5平方千米（雄性）。在伊朗中部干旱且多岩石的栖息地里，一只戴有颈圈的雄性成年豹10个月内的活动面积达626平方千米。

在保护良好的高质量栖息地里，豹的密度能达到很高的水平。豹的密度仅在保护区统计过，密度从0.5只豹/百平方千米（纳米比亚埃托沙国家公园）到1.3只/百平方千米（卡拉哈里）、3.4只/百平方千米（印度马纳斯国家公园）、11.1只/百平方千米（南非菲达野生动物保护区和姆库泽禁猎区，Mkhuze Game Reserve）、13只/百平方千米（印度穆杜马莱虎保护区的热带落叶林，Mudumalai Tiger Reserve）和16.4只/百平方千米（克鲁格国家公园南部）。在非洲的林地－稀树草原中，受保护区域里豹的平均密度（10.5只/百平方千米）几乎是外部区域（2.1只/百平方千米）的5倍。在严格保护下，加蓬雨林里豹的密度为12只/百平方千米，相比之下，受到深度开采的森林中的密度仅为4.6只/百平方千米。在俄罗斯滨海边区受保护程度不高的落叶林，东北豹的出现频率为1～1.4只/百平方千米，而在印度马哈拉施特拉邦西部，适应了被人为高度改造过的栖息地的豹，数量达到4.8只/百平方千米。

• 繁殖和种群统计

豹没有固定的繁殖期，但会有繁殖高峰期，其生殖频率与猎物数量呈正相关。例如在南非东北部雨季（10月至次年3月，季节性繁殖的有蹄类于此时生产）出生的豹比旱季多2倍。人们对豹分布区北部（如伊朗北部和俄罗斯远东地区）冬季的极端天气是否会使豹产生季节性生育现象知之甚少。豹的发情期持续7～14天。在此期间，雌性不断呼叫并进行气味标记，有时还会游荡到领域之外去寻找雄性。例如在南非菲达野生动物保护区和姆库泽禁猎区的雌豹在繁殖期会离开领域达4.7千米。

妊娠期90～106天，每胎产崽1～3只，被圈养的豹每胎最多可产6只幼崽，这在野外非常罕见。在南非萨比金沙禁猎区出生的253窝豹里没有一窝幼崽的数量超过3只。断奶从8～10周龄开始，4个月左右停止哺乳。收养幼崽的情况十分罕见，通常出现在有亲缘关系的两只雌性之间。例如在南非萨比金沙禁猎区，一只15岁的雌性收养了它9岁女儿所生下的7个月大的雄性幼崽，并将其抚养至独立。

雌豹两次生产平均间隔16～25个月。幼崽通常在12～18月龄时能够独立生活，最早能独自存活下来的幼豹记录为7～9月龄。雌性独立后一般会继承母亲的一部分领域，而雄性则会去开拓新领域。例如在卡拉哈里，豹的游荡距离为113千米，而在纳米比亚东北部则为162千米。南非菲达野生动物保护区的一只雄性进入莫桑比克南部后在3.5个月内走了至少356千米的距离，最后死在了斯威士兰东北部的一个绳套陷阱中，距其出生地点的直线距离有195千米。

豹一般在24～28月龄时性成熟，雌豹在33～62月龄时首次生产（南非萨比金沙禁猎区）。平均来说，豹孕育第一胎的年龄通常在43月龄（菲达地区）～46月龄（萨比金沙地区）。雌豹最晚到16岁仍然可以繁育后代（圈养状态下为19岁）。雄性的第一次繁殖期发生在42～48月龄。

死亡率： 大约有50%（克鲁格国家公园）～62%（南非萨比金沙禁猎区）的豹幼崽会在出生的第一年里死亡。在南非萨比金沙禁猎区，仅有37%的幼崽能活到独立生存（18月龄）。通过对一些种群的详细研究发现，幼崽死亡的主要原因来自成年雄豹的杀婴行为，雄豹甚至会杀死已经成长至15月龄的与自己无血缘关系的幼豹。在南非萨比金沙禁猎区一个受到良好保护、稳定且高密度的种群里，2000～2012年出生的280只幼崽中，有29%的个体死于杀婴行为。雌豹会奋力保护幼崽以免雄豹杀婴，有时能够成功救

↓雌豹会花费它们一生中的大部分时间来哺育后代。据观测，南非的一只被详细监测的雌性个体在它12年的寿命里成功地养育了10窝幼崽，而它独自生活的时间只占寿命的22%

↑这张偷猎获得的豹皮在刚果民主共和国奥扎拉国家公园（Odzala National Park）由野生动物管理部门没收。尽管几十年前国际贸易就已禁止这类皮毛买卖，但一些社区依然在贩卖，违法贸易也普遍存在

下，但偶尔也会致使母豹身死。排在杀婴行为之后的幼崽死因是不同物种之间的掠食行为。在非洲其主要的威胁来自狮，其次是斑鬣狗；亚洲地区则缺乏这方面的数据。

成年豹的死亡率约为 18.5%（克鲁格国家公园）～ 25.2%（南非菲达）。除了人类的猎杀，成年豹主要死于与其他个体和食肉动物（尤其是狮和虎）之间的领域斗争。在尼泊尔的奇特旺国家公园一个 7 平方千米的地区中，虎的密度非常高，在超过 21 个月的时间内，虎杀死了 3 只成年豹和两只幼豹。成群的斑鬣狗、非洲野犬、豺（即使没有被观测到，但也许还有灰狼）、野猪和狒狒偶尔也会杀死年轻或衰弱的豹。在斯里兰卡的卢哈纳国家公园，一只雄豹在被另一只豹所伤后，被 3 只野猪杀死。此外还有极少的大尼罗鳄和非洲岩蟒捕食豹的记录。豹幼崽被黑猩猩、蜜獾、猛雕和莫桑比克射毒眼镜蛇杀死的记录，每样物种至少有一次。猎捕事故也十分罕见，不过偶尔会有豹在捕食危险猎物时因致命伤而亡，如一只雄豹被疣猪刺死。非洲和亚洲的豹子都会死于豪猪的箭伤，不过豹仍然经常捕杀它们，并从刺伤中康复。致命的疾病在豹群中十分罕见。

寿命： 在野外，雌豹最多可活 19 年，雄豹为 14 年；圈养情况下则为 23 年。

• 现状和威胁

作为大猫之一，豹令人惊叹地拥有对人类活动的极高容忍度，它们能在狮、虎、狼和斑鬣狗这类大型食肉动物早已绝迹之后，在

被人类高度改造过的环境中，长期栖居在人类身边。即便如此，比起历史时期，豹的分布范围已然大大缩减，在非洲至少减少了40%，在亚洲则超过 50%。豹在非洲南部、东部和中部分布较多，处境也较安全；同时广泛但斑块化地分布于南亚和东南亚，在大部分地区处境不那么安全；分布在西非的豹很少且分布不连续。在斯里兰卡和中亚濒危（斯里兰卡豹的数量少于 900 只，波斯豹剩余 800 ～ 1000 只），在俄罗斯、爪哇岛和中东为极危（东北豹仅存约 60 只，爪哇豹少于250 只，阿拉伯豹少于 200 只）。

栖息地和猎物的丧失是对豹构成威胁的主要原因，它们在牧区受到了严重迫害，在人类活动区则会被杀死；如印度的乡村和城郊居民每周至少杀死一只豹。对大猫的恐惧是造成人们这一行为的大部分原因，偶尔也是因为蓄养的牲畜被杀死而展开的报复行为，还有人类被豹杀死然后他人对其进行报复的情况。在南亚，大量猎杀豹后获得的皮毛和其他器官被用于供应亚洲的医药贸易；而在西非和中非，人们为了获得豹的皮毛、犬齿和爪子而将它们杀死。此外，野味猎捕活动（特别是热带森林地区）的对象大多为豹的猎物，这使得豹即使在完整的森林栖息地里也会因为食物匮乏而走向灭绝。在南非夸祖鲁 - 纳塔尔省，拿撒勒浸信教会的成员为了阿曼巴萨（一种披肩）而进行着非法但公开的皮毛交易，在这一教会举行的大型宗教活动中，教徒们穿戴着至少 1000 件阿曼巴萨（起码来自 500 只豹的皮毛）。

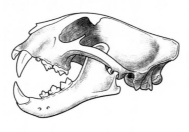

20.4 ～ 30.6 厘米

《濒危野生动植物物种国际贸易公约》附录 I

IUCN红色名录（2008年）：近危

种群趋势：下降

体　长：♀ 116 ～ 219 厘米，♂ 110.5 ～ 270 厘米
尾　长：44 ～ 80 厘米
体　重：♀ 36 ～ 100 千克，♂ 36 ～ 158 千克

美洲豹

英 文 名：Jaguar

拉丁学名：*Panthera onca*（Linnaeus，1758 年）

• 演化和分类

　　作为豹属的一员，美洲豹被普遍认为是豹和狮的近亲；300 ～ 350 万年前，三者由同一祖先分化而来。基于头骨外观的差异，美洲豹曾被描述出 8 个亚种；但后来的分析表明这种形态上的差异并不足以区分亚种。同样，遗传学分析表明美洲豹之间的差异很小；其遗传性状由南向北逐渐产生显著的变化，但不同种群之间并没有很清晰的地域边界。最显著的差异存在于最南端和最北端的种群之间。

　　美洲豹总体可分为 4 个弱分隔性的区域种群，这 4 个区域种群在遗传基因上略有差异，然而仅凭这种差异还不足以将其单独划分为亚种。最主要的分化来自亚马孙河两

中美型

黑色型

潘塔纳尔型

岸，4 个种群中最大的一个就是亚马孙河以南种群。亚马孙河以北的美洲豹被分为 3 个弱分隔性种群：南美洲北部种群、中美洲南部种群和危地马拉 – 墨西哥种群。

人们普遍认为美洲豹在距今约 30 万年前于美洲大陆上发生了一次快速扩张，之后几乎再无地理屏障可以阻挡它们在这片大陆上的基因交流——纵然亚马孙河和安第斯山脉也不能完全隔离美洲豹种群。但需要明确的是，目前对美洲豹的形态学和遗传学分析仅基于大范围内的少数样本，也许以后会有更翔实的数据以揭示美洲豹种群之间更大的差异。

• 描述

美洲豹是世界上体型第三大的猫科动物，也是所有现存猫科动物中最强壮的一种，（其身体构造）类似于已经灭绝的剑齿虎，如刃齿虎。美洲豹体格魁伟，前躯肌肉

↓美洲豹在所有大猫中水性最好，它们的一些栖息地常常会被季节性地淹没数月，如巴西的潘塔纳尔湿地（如图）和亚马孙河流域的季节性洪泛森林

发达，胸部非常厚实，腰部短；它们四肢短壮，跟相对而言体格轻得多的豹比起来肩高相当或仅稍高一点。美洲豹的脚掌较宽，敦实的脚趾呈张开状，尤其是前脚——这可以在湿地上有效平摊身体重量，还能在游泳时起到类似船桨的作用。和其他大型猫科动物相比，美洲豹的尾巴相对较短，只相当于体长的一半。其厚重的头部短而圆，尤其是雄性，常能让人联想到大脑袋的斗牛犬。

美洲豹的体型大小与南北纬度变化大致相关，中美洲森林的美洲豹体型最小，在墨西哥和伯利兹，雌性个体重 35 ～ 51 千克，而雄性个体重 48 ～ 66 千克。体型最大的美洲豹生活在巴西潘塔纳尔湿地和委内瑞拉洛斯亚诺斯稀树草原的湿润林地，雌性个体重可达 51 ～ 100 千克，而雄性为 68 ～ 158 千克。生活在同一区域相似栖息地的美洲豹体型重量似乎也与之相似（如玻利维亚和巴拉圭属潘塔纳尔湿地），但还缺少具体数据来验证。

美洲豹的体毛颜色有灰黄色、黄色、肉桂色以及茶橙色，腹部毛色为白色或乳白。身体覆盖着大片黑色斑块或玫瑰状斑环，环内部为较深的棕色，通常还有较小的黑色斑点；较小的黑色斑点有时候也会穿插在大的花纹之间。下肢和腹部覆盖有大块黑色实心斑点和斑块，头部、面部和肩部上均有小块黑色斑点。美洲豹耳朵短而圆，耳背为黑色，中间部分为白色。

黑色型是一个显性的遗传特征，黑化个体和普通个体一样拥有斑纹，侧光便能看出。黑化个体在低地热带森林中更为常见，而在亚马孙河流域北部则较为罕见。越靠近分

布区的边缘地带，黑化个体出现的概率就越小，比如在阿根廷北部和巴西西南部的大西洋森林生物区系中就没有黑化个体的记录。

相似种： 豹的外观与美洲豹非常相似，但这两个物种并不同域分布。与美洲豹相比，豹的体格较轻盈，头部不甚宽厚，身上的玫瑰状斑环较小，斑环内通常也不会有美洲豹那样标志性的小斑点。体毛颜色均一的美洲狮是唯一与美洲豹同域共存的大猫；但美洲狮从不会出现黑化个体。在拉丁美洲，唯一的大型黑色猫科动物只有美洲豹。

• 分布和栖息地

从墨西哥北部一直到阿根廷北部，都有美洲豹的分布。在南美洲，美洲豹连续广布于安第斯山脉东部的南美洲中北部；而从哥伦比亚的安第斯山脉北部地区到巴西高原，它们则散布于东部和南部边界，即阿根廷北部、巴西东南部和巴拉圭。在中美洲地区，美洲豹的栖息地已呈碎片化，其所栖居的山脉和加勒比海沿岸低地的大片林区之间缺乏通达的廊道。墨西哥南部的栖息地比较完整，沿着东、西马德雷山脉呈分支状向北延伸。而在北美洲，目前美国境内已无定居的美洲豹繁殖种群，但来自墨西哥索诺拉州边界以南150千米的极北种群的个体却会间歇性地出现在美国亚利桑那州和新墨西哥州的边界地区。自2001年以来，记录中出现在美国境内的3只美洲豹全是雄性；野生雌性美洲豹最后一次出现在美国境内已是1963年。在萨尔瓦多和乌拉圭，美洲豹目前也已绝迹。

美洲豹分布在各种树木灌丛繁茂的栖息地。它们在茂密的亚热带、热带低地森林和季节性洪泛的稀树草原、林地（如巴西潘塔纳尔湿地）中种群密度最高，但也会时常出没于干性森林、潮湿和干旱地区、茂密的灌木丛、植被茂盛的草原和红树林沼泽中。

美洲豹依水而居，会栖息在湿润和季节性洪泛的栖息地中。它们是游泳健将，常常会穿越河流——包括河面超过2000米宽的亚马孙河和雅普拉河，还能轻松地穿越巴拿马运河。

干旱地区（如墨西哥北部、美国南部和巴西东部）的美洲豹会栖息在山地与河道附近的灌丛及干性林地中。美洲豹会避开缺少遮蔽的开阔栖息地，如绝大多数草原；但它们仍会出现在某些草原上的树林与河道地带。

美洲豹通常栖息于海拔2500米以下，在

↑ 图为野生黑化美洲豹的罕见照片，拍摄地点为亚马孙森林地区的厄瓜多尔亚苏尼国家公园（Yasuni National Park）。有至少14种野生猫科动物会出现黑色型，但黑化对于生存适应性的意义仍然未知。这个特质可能相对中立，既不会显著增强，也不会明显削弱（野生动物的）生存适应能力

↑图为一只雌性美洲豹和它5个月大的幼崽。和雄性相比，雌性美洲豹对人为改造过的栖息地容忍度更低。在墨西哥卡拉克穆尔生物保护区（Calakmul Biosphere Reserve），佩戴无线电颈圈的雌性美洲豹相较雄性更喜欢公路较少、畜牧和庄稼种植影响更小的栖息地环境

海拔较高的山林中很少会有美洲豹出没。安第斯山脉海拔2700米以上的地区和墨西哥中部高原地带都没有美洲豹的踪迹。

除了野生猎物丰富的密集畜牧区（如潘塔纳尔湿地），美洲豹几乎不会出现在人类活动频繁、历经巨变的栖息地上。但保留有小块林地或与森林毗邻的松树和油棕种植园中曾有美洲豹出现的记录。

● 食性

美洲豹的食物十分多样，有记录的猎物种类就至少多达86种。像所有大猫一样，它们主要猎捕常见的大型猎物，并有能力猎杀当地体型最大的野生哺乳类动物（如南美泽鹿和南美貘）和外来物种（例如牛）。然

而，在拉丁美洲，自然条件下的野生大型鹿、羚羊或野牛种群密度并不高，因此比起其他大猫，美洲豹的食物中包含更多小型哺乳动物和非哺乳动物。

在美洲豹分布区域内，当其数量足够多时，水豚、领西猯和白唇西猯通常是美洲豹最重要的猎物；这三个物种的分布几乎完全与美洲豹重合。美洲豹分布的北缘地带是唯一一个白尾鹿数量丰富到成为美洲豹主要猎物的地区，比如墨西哥西南部的查梅拉－库伊斯马拉生物保护区（Chamela-Cuixmala Biosphere Reserve），白尾鹿占到美洲豹猎物总量的54%。

相比其他大猫，爬行动物在美洲豹食物中的占比要大得多。在中大型爬行动物数量丰富的地区以及水豚和西猯数量相对较少的地区，爬行动物会成为美洲豹最重要的猎物，如在亚马孙森林和潘塔纳尔湿地的部分地区，巴拉圭凯门鳄、眼镜凯门鳄和黑凯门鳄是当地美洲豹最重要的食粮；这三个物种从卵到成体的所有形态都是美洲豹的佳肴。除了这三个物种，美洲豹至少还会捕猎其他14种爬行动物，其中多数是大型或中大型物种。

在亚马孙洪泛平原森林和巴西的大西洋森林生物区系中，大型的淡水龟（亚马孙侧颈龟属）和陆龟（南美象龟属）是美洲豹最重要的猎物（其残骸在美洲豹粪便样中分别占25%和20%）。美洲豹还会捕杀其他4种海龟——绿海龟、棱皮龟、玳瑁和丽龟，尤其是这些海龟的雌性个体在沙滩上大规模筑巢的时候。在哥斯达黎加的托尔图格罗国家

公园（Tortuguero National Park），产卵期（6～10月）的绿海龟是美洲豹最重要的猎物；2005～2010年，美洲豹至少杀死了672只绿海龟（另外还有1只棱皮龟和3只玳瑁）。包括巨大的水蚺和巨蚺在内的蛇类也会被美洲豹猎杀，但它们仅占美洲豹食物组成的一小部分。

根据中型哺乳动物和中大型爬行动物这两种主要猎物数量的多寡，美洲豹还会捕食大量小型脊椎动物作为补充。灵长类、犰狳、小食蚁兽、刺豚鼠和有袋类等哺乳动物，和以鬣蜥及双领蜥为主的爬行动物都在美洲豹的食谱上。

在伯利兹的科克斯科姆盆地，曾有一段时期，领西貒数量稀少，彼时美洲豹主要捕食九带犰狳、斑刺豚鼠和红短角鹿。在经过20年的保护之后，即使领西貒数量已超过犰狳，犰狳仍然是这个区域美洲豹最重要的猎物（占猎物总量的42%），而领西貒仅排第二（占总量的15.6%）。

同样，在危地马拉的玛雅生物保护区（Maya Biosphere Reserve），九带犰狳和白鼻浣熊是该地美洲豹最重要的猎物——在人类狩猎区，这两个物种占美洲豹猎食总量的58.1%，在保护更完善的地区则是46.3%（这些地方领西貒数量相对更多）；而在同样的地区，领西貒的占比则分别为15.5%（人类狩猎区）和27.2%（保护更完善地区）。

在亚马孙的洪泛森林，美洲豹主要以凯门鳄、褐喉三趾树懒和灵长类动物为食。在巴西中部的塞拉多稀树草原（艾玛斯国家公园）和巴西东北部干旱的卡廷加带刺灌木林，大食蚁

兽是美洲豹捕猎频率最高的猎物。

作为拉丁美洲体型最大的哺乳类掠食者，美洲豹也会猎杀种类繁多的其他食肉动物，包括美洲狮、虎猫、长尾虎猫、鬃狼、食蟹狐、灰狐、狐鼬、臭鼬、蜜熊、中美蓬尾浣熊、犬浣熊、浣熊和南浣熊等。美洲豹对这些食肉动物常常杀而不食，而这些食肉动物也极少会成为美洲豹的主要猎物，但浣熊类除外。在中美洲以及巴西大西洋沿岸森林和潘塔纳尔湿地的部分地区，白鼻浣熊、南浣熊和食蟹浣熊占据了美洲豹捕猎总量的5%～21.5%。

诸如杀婴等同类相食的情况极少发生。但在巴西潘塔纳尔湿地南部，曾有两只雄性美洲豹杀死了一只雌性美洲豹，并吃掉了一部分。

美洲豹偶尔会捕食鸟类、两栖类和鱼类。在巴西中部的塞拉多稀树草原，美洲鸵是其重要猎物之一，出现在美洲豹粪便中的比例是13%。根据巴西和哥伦比亚的记录，亚马孙

↓在巴西潘塔纳尔湿地，一只美洲豹在昼间捕猎中与一只水豚失之交臂。对于季节分明的栖息地，美洲豹在旱季时主要在河道附近捕猎

地区的美洲豹也会在浅水区捕杀亚马孙河豚。

捕杀家畜对美洲豹来说稀松平常，其猎物主要是牛，马偶尔也会遭殃。在畜牧业发达的栖息地如潘塔纳尔湿地和洛斯亚诺斯地区，牛通常是美洲豹的主要猎物；在潘塔纳尔湿地南部和墨西哥索诺拉东北部，牛甚至是它们最重要的猎物，分别占美洲豹猎杀总量的 31.7% 和 57.7%。美洲豹偶尔也会到人类村落中猎杀家猪，咬死自由放养的家犬，此前在尤卡坦半岛村落附近的森林就有这样的例子。

美洲豹几乎从不伤人，绝大部分的袭击人类案例均为人类过分挑衅的后果，如开展对美洲豹的狩猎。经证实的无故攻击极不寻常。

美洲豹通常在夜间和晨昏捕猎。它们的狩猎场所往往在地面、水中和水源周围，但并不擅长在树上追捕猎物。美洲豹大概是水

↓ 与其他猫科动物不同的是，美洲豹在捕猎大型猎物时，通常一招致命——一口将猎物的头或颈咬得粉碎。在最近一张相片中，美洲豹猎杀凯门鳄时就用了这一招：在美洲豹咬下去的瞬间，鳄鱼便一动不动了。面对强大而危险的猎物时，这种猎杀方式安全而有效

性最好的猫科动物，它们会积极地开展水中捕猎；它们会将奔逃的猎物逐入水中；或从河岸高处跃到水里的水豚和凯门鳄身上，攻击场面蔚为壮观。美洲豹还会浮在水里顺水而下搜寻猎物，并借此偷偷锁定在河滩上休憩的凯门鳄和水豚，从水里直接发起突袭。

美洲豹结实厚重的颅骨让它们得以拥有比其他大猫更强的咬力。虽然美洲豹有时也会采取猫科动物典型的锁喉 – 窒息猎杀方式，但多数时候其杀死猎物的方式与其他猫科动物截然不同——在猎杀大型猎物时（包括体形庞大的凯门鳄和牛），它们通常直接咬碎猎物颅骨，尤其善于瞄准脑壳后部。这种惊人的咬力也使美洲豹得以破开大型淡水龟和陆龟的背壳。在猎杀大型海龟时，美洲豹往往会通过咬住其靠近头颅的脆弱后颈来杀死它们。

美洲豹的捕猎成功率尚不为人所知。有轶闻称，它们会将猎物拖入茂密的树丛。而在幅员广阔的牧场，由于人为伤害较多，敏感的美洲豹会更多地拖拽、转移猎物，拖拽距离更长也在所不惜。在委内瑞拉一处植被茂密的深谷，一只重约 41 千克的雌性小美洲豹将一头 180 千克重的小母牛拖了 200 米远。

根据记录，美洲豹并不会用东西盖住猎物；它们会返回大型猎物所在地点，一连食用好几天。它们常常食腐，尤其是死亡的牲畜——这是它们大多数生存范围内主要的腐尸种类。根据洪都拉斯北部海滩的一项记录，两只雄性美洲豹食用了沙滩上一只死亡的海豚（种类未知）。

• 社会习性

人们对美洲豹的社会习性还知之甚少，但它们明显遵循了猫科动物有领域意识的独居模式。雄性和雌性都会长时间维持其自有领域，且雄性的家域比雌性的大。它们似乎只会坚守家域中央的小块核心区域免遭同类入侵。在一些种群中，成年美洲豹的家域重合度非常高，这可能是由水源季节性的分布差异导致猎物情况改变所引起的。雨季，潘塔纳尔湿地的雌性美洲豹会建立起排他的自有家域；旱季时，其家域则会高度重合。而雄性美洲豹无论雨季还是旱季，家域均会有广泛的重合。与潘塔纳尔湿地情况相似的还有伯利兹的科克斯科姆盆地，这里雄性美洲豹的家域高度重合。在某些红外相机放置地点，一个月内甚至能拍到 5 只不同的雄性个体。

和其他猫科动物一样，雄性美洲豹的家域会与数只雌性的家域相重合；但在一些种群中，雄性家域的高度重合，便意味着雌性的家域也会与数只雄性的相互重合。在潘塔纳尔湿地南部的一个研究中，一只雌性美洲豹的家域至少与 3 只雄性相重合，其中一只雄性的家域甚至完全覆盖了它的家域。在接下来的一年，这只雌性美洲豹的家域与 2 只雄性重合了（其一是去年 3 只雄性之一，另一只为新的雄性），而这 2 只雄性的家域又与另外一只雌性家域的大部分相交。

虽然家域重合相当普遍，成年美洲豹却不见得会比其他独行的猫科动物拥有更强的社交性。成年美洲豹也有典型的领域行为，如

吼叫和用尿液标记，但这或许更可能是为了避免碰面而非排他行为。

潘塔纳尔湿地南部的一项研究在 3 年半的时间里记录了 11 787 个遥测地点，一只雄性美洲豹和一只雌性美洲豹之间的疑似互动有 32 次，两只雄性美洲豹之间的疑似相遇有 21 次，而两只雌性美洲豹之间的疑似相遇仅有一次；两只明显没有血缘关系的成年雄性共享了一头野化家猪的尸体。有时候雄性美洲豹会被观测到与带崽雌性友好互动，人们推测这可能是因为这些雄性是幼崽的父亲。

美洲豹成年个体之间的攻击行为非常罕见。在伯利兹的科克斯科姆盆地，红外相机拍摄到 697 张照片，分别属于 23 只雄性美洲豹个体；其中只有 3 张照片上的个体带着疑似被别的雄性所伤的严重新鲜伤痕。尽管如此，在美洲豹之间还是偶尔会有致命性打斗的记录。如巴西潘塔纳尔湿地的一只雄性就可能死于与另一只雄性的领域之争。

美洲豹的领域面积因栖息地质量和猎物多寡而异，小至 30 ～ 47 平方千米（生活

↑ 在哥斯达黎加的托尔图格罗国家公园，一只雄性美洲豹守着被它杀死的棱皮龟，一群黑头美洲鹫在旁围成一圈，等待进食。虽然体型更大，但筑巢的海龟在美洲豹面前毫无招架之力

1. GPS遥测：为研究的野生动
物戴上GPS颈圈，通过卫星定
位记录受保护动物的行踪路径，
进而帮助科学家更准确地研究
受保护动物的繁衍和扩散行为。
2. 无线电跟踪研究：无线电颈
圈需要科学家人工搜寻无线电
信号，信号易受干扰，造成数
据误差。

在巴西和委内瑞拉湿热稀树草原地区的雌
性），大可达1291平方千米（生活在巴拉圭
干燥稀树草原地区的雄性）。

对家域面积大小的估计目前受限于稀缺
的数据，只有极少数研究会使用GPS遥测[1]
（该方法比常规的无线电跟踪研究[2]先进，后
者经常低估家域大小）。借助于大量样本以
及GPS遥测，人们在3个分布区域测算出美
洲豹的平均家域面积：在潘塔纳尔稀树草原
的湿润林地，雌性平均家域面积为57～69
平方千米，雄性平均家域面积为140～170
平方千米；在巴西大西洋的沿岸森林，雌性
92～212平方千米，雄性280～299平方
千米；在巴拉圭格兰查科稀树草原的干性林
地，雌性440平方千米，雄性692平方千米。
在亚利桑那州的干旱低地沙漠和松树－栎树
混交林地中，一只雄性个体在2004～2007
年间的家域面积至少为1359平方千米（基于
红外相机数据估算，实际面积更大）。墨西
哥尤卡坦半岛南部热带森林中的两只雄性个
体的家域面积至少有1000平方千米。

在季节性洪泛的栖息地（如潘塔纳尔
湿地），雨季到来时，洪水限制了猎物的活
动空间，美洲豹的家域面积便随之收缩。美
洲豹的种群密度与降水量有一定关系；分布
区的干旱地带种群密度最低，如墨西哥索诺
拉地区（墨西哥北部美洲豹保护区的种群密
度为1.05只/百平方千米，Northern Jaguar
Reserve）和巴西东北部卡廷加地区（巴西卡
皮瓦拉山脉国家公园种群密度为2.7只/百平
方千米，Serra da Capivara National Park）；种
群密度最高的区域则是湿润得能滴出水的低

地森林（伯利兹的奇科布和科克斯科姆种群
密度为7.5～8.8只/百平方千米），以及湿润
的稀树草原林地（巴西潘塔纳尔湿地种群密
度为6～7只/百平方千米，最高可能达到11
只/百平方千米）。

• 繁殖和种群统计

人们对野生美洲豹的繁殖模式仍然知之
甚少。虽然目前已有许多文献提及美洲豹的
交配季节，但其繁殖却与季节不相关。季节
差异明显的分布区域可能会出现一些生育高
峰，如旱季、雨季分明的洛斯亚诺斯和潘塔
纳尔湿地。

美洲豹的发情期为6～17天，而妊娠期
为91～111天（平均101～105天）。每胎通
常产崽1～4只，圈养状态下平均为2只。幼
崽在10周左右开始断奶，哺乳期会持续
4～5个月。幼崽在16～24月龄时开始独立。

美洲豹的扩散行为还鲜为人知，但看
起来与猫科动物的典型扩散行为相一致，即
雌性最终的领域会紧靠出生地，而雄性则选
择长途跋涉扩展领域。野生美洲豹产崽间隔
期尚属未知。无论是雄性还是雌性，均在
24～30月龄达到性成熟；雌性会在3岁至3
岁半时产下头胎，最后一次产崽年龄可达15
岁（圈养情况下）。野生雄性美洲豹第一次
繁殖的时间现在还不得而知，但从其他大猫
的情况来类推的话，估计不会早于雄性初次
拥有领域的时间，即3～4岁之后。

死亡率： 野生美洲豹的死亡率和致死因
素鲜为人知。成年美洲豹没有天敌，极少因领

域冲突而死，大部分死亡均因人类。生活在墨西哥卡拉克穆尔生物保护区边界的成年美洲豹与人类毗邻而居，有感染家养食肉动物疾病的风险（如猫心丝虫病和弓形虫病），而生活在保护区深处的美洲豹则不会有此忧虑。但这些疾病是否会造成美洲豹的死亡尚不清楚。美洲豹幼崽的捕食者还不为人知。

据记录，雄性美洲豹曾有杀婴行为。在巴西属潘塔纳尔湿地，曾有一只雌性美洲豹杀死了与它共享一头死牛的另一只雌性美洲豹的幼崽，而幼崽与凶手并无亲缘关系。

寿命： 野外情况下未知但应该不会超过15～16年；圈养条件下则可达22年。

● 现状和威胁

如今，美洲豹的活动范围相比历史栖息地已经减少了49%，甚至已在萨尔瓦多、美国和乌拉圭绝迹。目前它们在南美洲的栖息地还算完整，那里仍有大片被森林覆盖的盆地，且人烟稀少。

美洲豹最主要也最广阔的栖息地在亚马孙盆地雨林，以及潘塔纳尔湿地和格兰查科大平原的邻近地区。

另一主要的分布区是中美洲大块的热带低地森林碎片，主要包括墨西哥塞尔瓦玛雅地区，危地马拉和伯利兹；洪都拉斯和尼加拉瓜两国边境地带的雷奥普拉塔诺森林；以及恰卡-达里恩的一片狭长的，穿过洪都拉斯北部和巴拿马、一直延伸至哥伦比亚北部的湿润森林。

其他位于美洲中部和墨西哥的美洲豹栖息地均面临严重的危机。种群分布的边缘地带也正受到严重威胁，尤其是委内瑞拉沿海的干旱森林、圭亚那、委内瑞拉和巴西北部的大萨瓦纳疏林、巴西的塞拉多地区和大西洋沿岸森林以及阿根廷北部的格兰查科林地。

哥伦比亚的安第斯山谷是美洲豹在中美洲和南美洲的重要廊道，但这个地区的美洲豹也面临着生存危机。

而拉丁美洲的美洲豹则面临着多重威胁，原有栖息地被用以发展林业、农业和畜牧业，适宜的栖息地急剧锐减；畜牧区的美洲豹被归罪为"吃牛的凶手"而被大肆屠戮，尽管许多牛的死亡另有元凶。在一些畜牧区内，大量美洲豹被人类捕杀。比如2002～2004年，方圆34 200平方千米的巴西上弗洛雷斯塔地区，有185～240只大猫（美洲豹和美洲狮）被杀害。

人类对美洲豹猎物的狩猎也影响了美洲豹的种群生存，尤其是在森林完好之地。这里的居住者也常是经验丰富的猎手，祖祖辈辈以捕猎大猫们的猎物为生。但这一点造成的影响常被低估，得不到重视。

近年来，越来越多的证据表明，中国医药市场的需求也驱使了人们对美洲豹种群的猎捕，尽管损失数量尚未可知。对美洲豹的运动狩猎在其所有分布区都是违法的。但在一些区域如潘塔纳尔和洛斯亚诺斯，非法狩猎美洲豹却是一项流行的娱乐活动。自从20世纪70年代中期美洲豹皮毛交易市场被关闭后，对美洲豹的商业猎捕也停止了；但很多地方对美洲豹爪子、牙齿和皮毛的需求仍然广泛存在。

物种概览

野猫
Felis silvestris

荒漠猫
Felis bieti

丛林猫
Felis chaus

沙猫
Felis margarita

黑足猫
Felis nigripes

扁头猫
Prionailurus planiceps

兔狲
Otocolobus manul

锈斑豹猫
Prionailurus rubiginosus

豹猫
Prionailurus bengalensis

云猫
Pardofelis marmorata

渔猫
Prionailurus viverrinus

婆罗洲金猫
Catopuma badia

亚洲金猫
Catopuma temminckii

薮猫
Leptailurus serval

狞猫
Caracal caracal

非洲金猫
Caracal aurata

乔氏猫
Leopardus geoffroyi

北小斑虎猫和南小斑虎猫
Leopardus tigrinus；*Leopardus guttulus*

长尾虎猫
Leopardus wiedii

虎猫
Leopardus pardalis

南美林猫
Leopardus guigna

南美草原猫
Leopardus colocolo

安第斯山猫
Leopardus jacobita

南美草原猫
Leopardus colocolo

伊比利亚猞猁
Lynx pardinus

短尾猫
Lynx rufus

欧亚猞猁
Lynx lynx

细腰猫
Herpailurus yaguarondi

加拿大猞猁
Lynx canadensis

美洲狮
Puma concolor

猎豹
Acinonyx jubatus

雪豹
Panthera uncia

云豹和巽他云豹
Neofelis nebulosa；
Neofelis diardi

狮
Panthera leo

虎
Panthera tigris

豹
Panthera pardus

美洲豹
Panthera onca

保护野生猫科动物

• 保护地

保护猫科动物，要从保护它们在各国家公园、保护区中的栖息地以及猎物开始。世界上大部分虎都生活在保护地或者核心受保护的景观区域里，如果这些保护地荡然无存，野生虎也将随之而去。

"保护"一词是保护地与生俱来的特性，也是世界上绝大多数保护地面临的巨大挑战。世界人口持续增长，土地和资源压力与日俱增，破坏受保护的栖息地或猎杀野生动物等非法活动也不断增加。因此，纵然身受保护，猫科动物目前依然身处险境。例如，传统中医异常推崇虎身体各部位的功效（事实上其药用价值与牛相当），这种观念刺激了市场需求，使极高的贸易利润应运而生，以至于在世界各处的虎保护区内，盗猎行为屡禁不止。

然而保护工作依然非常必要且有效。根据印度的吉姆科比特国家公园（Jim Corbett National Park）和西高止山脉、尼泊尔的芭堤雅和奇特旺国家公园的调查结果显示，分布于印度和尼泊尔的虎数量都已经有所增加，这得益于政府、保护机构和捐赠者所提供的必要资源，大家共同的努力有效地遏制了偷猎，保护了森林。要想达成这样的保护成果，世界上许多的国家公园需要付出巨大的资金投入。

现如今，对全球最为贫穷的区域——西非来说，绝大多数保护地内的狮都已经灭绝；政府无力负担国家公园的巡护经费，狮种群正因盗猎而逐渐消亡。其中，最主要的威胁来自对狮子猎物的盗猎。如今，西非仅存 250 只狮子，只生活在 4 个受到有力保护的国家公园内。这一案例比较极端，但却为世界各地的猫科动物保护工作敲响了警钟。如果没有这些国家公园隔绝外部糟糕的人为影响，大多数猫科动物都将持续减少，甚至彻底灭绝，不复存在。

评估状况

《国际自然保护联盟濒危物种红色名录》（www.iucnredlist.org）根据多项标准评估物种状况，包括种群规模、受威胁程度、种群变化速率等。适用于猫科动物的受胁程度，从重到轻依次为灭绝（EX）、野外灭绝（EW）、极危（CR）、濒危（EN）、易危（VU）、近危（NT）和无危（LC）。所有猫科动物物种都完成了评级，由于社会关注的缘故，一些区域种群或亚种也完成了独立评级，例如全球的狮被评估为易危，西非的狮亚种则被评为极危。

截至 2015 年，只有一种猫科动物处于极危状态——伊比利亚猞猁，当时它们的野外灭绝风险已非常严峻。后随着大规模保护工作的开展，目前伊比利亚猞猁的种群已得到了有效的恢复，其评级被重新调整为濒危。物种受胁程度的降低表明该物种灭绝的可能性降低，而非已被"拯救"。虽然现今的伊比利亚猞猁比 2002 年被列为极危状态时更为安全，但仍然面临严重的生存威胁，一旦放松保护工作，它们的种群数量可能会再次迅速下降。物种信息的完善也会导致物种降级——例如，通过更深入的调查，证实某物种现存数量远超先前的记录——此类情况就与保护行动无关了。撰写本书的同时，IUCN 红色名录正在更新所有猫科动物的评级；更新结果都会收录在 2015 年评定结果中，若无更新则继续沿用 2008 年的评级结果。

• 解决报复性猎杀问题

仅靠国家公园，尤其是保护不力的国家公园，并不能保证许多猫科动物的存续。尽管猫科动物对生态环境的要求很高，它们还是会在人类活动频繁的区域出没。只要有猎物和栖息地，猫科动物就可以在离人类很近的地方生活，当然种群密度会比严格保护地内要低很多。即便如此，保护工作依然不可或缺。与虎和狮不同，很多猎豹、豹、雪豹以及其他猫科动物都在保护地之外生活。人类改造过的景观带连接起广袤的保护地带，个体活动范围得以扩大，核心种群之间得以实现基因交流。然而无论在哪里，只要有人，只要有人圈养的牲畜，冲突就不可避免。为了保护牲畜和家园不受猫科动物的潜在威胁，人们会将其猎杀，即使有时仅出于莫须有的威胁与恐惧。与其他因素相比，食肉动物杀死牲畜的事例其实非常有限（尽管有时可能对个别牧民造成毁灭性的伤害），但预防性或报复性猎杀猫科动物仍然是一个全球性问题。

在人类活动频繁的地区探索猫科动物的保护途径，避免冲突的解决方案摆在首位。阿根廷的商业牧场经营者使用大型牧犬有效防御美洲狮的威胁，既防范了大猫对羊群的捕食，又避免了雇佣赏金猎人去捕杀猫科动物的传统方式。在雪豹的活动范围内，保护工作者为牲畜接种预防疾病的疫苗——其实相比食肉动物的捕食，疾病造成的死亡率要高得多，通过减少疾病致死率，牧民们就可以出售富余的牲畜，购买饲料度过贫瘠的冬天和初春时节，这样便可将牲畜圈养时间延长

一个月左右，正好可以让野生有蹄类动物尽情享受山谷初萌的新草，而它们都是雪豹青睐的食物。当牲畜出圈时，雪豹和它们的猎物已经扩散到其他地方，人兽冲突也就不易发生了。虽然双方会时感不安，偶尔也难免损失，但是采用了创新做法并认真照料自家的牲畜，便可让人类、牲畜和野生猫科动物实现和谐共处。然而，不幸的是，世界各地的许多牧民仍然倾向于选择更便宜的子弹或毒药来解决问题。

无论是否在保护地，如果猫科动物可以为附近社区带来些许利益，保护工作就更易于扎根。生态旅游是一个显而易见的获利途径。非洲的大型禁猎区因大猫闻名，并受益于慕名而来的数百万游客的游览和消费。印度和尼泊尔的虎保护区同样受益于旅游业。所以最近十年来，人们很容易在野外观赏到伊比利亚猞猁、美洲豹、美洲狮和雪豹。虽然旅游收入至关重要，但只能惠及一小部分野生猫科动物。西非

↑红外相机拍摄的一只老虎正在俯瞰印度乌塔阿拉克邦的科德瓦尔镇。在荒野与人类活动区的交界地带，野生猫科动物的生活越愈发艰难，针对它们的保护工作也面临巨大挑战

狮子数量急剧下降的部分原因是，该地区没有像塞伦盖蒂或奥卡万戈三角洲一样维持高涨的旅游吸引力。

解决冲突的另一种方案是提供经济补偿。通行做法是对食肉动物造成的牲畜死亡进行补偿，以此促进人兽之间的相互容忍。事实上，鉴定兽类捕食痕迹的客观难度，会使部分村民有空可钻，有时会将其他因素导致的死亡也归责于食肉动物，伪造索赔事件。而另一方面，用补偿来弥补损失这种做法甚至会降低防范的主动性，也没有从根本上解决冲突。相对于补偿由于人兽冲突所带来的损失，对保护行为施行奖励或"绩效支付"则显得更为积极。

在墨西哥北部，如果私人土地上的红外相机捕捉到美洲豹照片，保护工作者就为土地所有者发放奖金。当美洲豹带来的收益比共存成本更高时（与此同时采取措施减少兽类捕食所带来的损失也至关重要），牧场主就不太可能猎杀猫科动物。同样，如果能用保险机制解决猫科动物捕食造成的损失，牧民就有动力更好地照顾牛群。就像汽车的保险费率反映了司机避免事故的能力一样，有效防范、良好饲养的牧民可能遭受的损失更少，需缴纳的保险费更低。帮助贫穷的牧民分担保险费用就有可能杜绝猎杀猫科动物的行为。

控制贸易

《濒危野生动植物物种国际贸易公约》（CITES，www.CITES.org）是 184 个国家政府之间的一项条约，目的是控制野生生物及其部分器官的国际贸易，包括皮毛、狩猎所得和纪念品。CITES 所涵盖的物种根据它们所需要的保护程度分别列于三个附录中。所有野生猫科动物都列在附录 I 或附录 II 中（家猫没有列入）。附录 I 涵盖濒临灭绝的物种，只有在特殊情况下才允许进行贸易。附录 II 中的物种虽然在短期内没有灭绝威胁，但必须对其相关贸易加以控制，避免进一步利用后可能导致的生存威胁。

• 圈养与圈养繁殖

圈养野生猫科动物的历史可以回溯到几千年前，但是把它们关在笼子里真的有助于它们的保护吗？需要承认的是，圈养在一定程度上保护了繁殖个体的基因库，使其免遭灭绝。拯救伊比利亚猞猁就依靠了一个大规模的圈养增殖项目，该项目繁殖的小猞猁数量已经超过了现有野外栖息地的容纳量。这是圈养猫科动物直接促进种群恢复的唯一案例。可以说没有圈养，增殖项目就不可能成功。与之类似，波斯豹也将经过这一过程重新放归到俄罗斯高加索地区；和猞猁一样，圈养波斯豹的后代将有机会接受捕食训练，为它们日后的野外生存做准备。然而值得指出的是，绝大多数被圈养的猫科动物永远不会有这样的未来。

一些动物园资助猫科动物的就地保护工作（尽管从全球范围来看此类资金少得惊人），或者支持在城市中开展爱护野生猫科动物的宣教活动。这与马戏团或拉斯维加斯舞台圈养猫科动物做表演完全不一样，因为那些行为根本没有为保护作出贡献。同样，尽管经常声称出于保护目的，私人拥有和饲养野生猫科动物的行为，特别是在美国、南非和少数其他国家，几乎没有起到任何保护作用。

致谢

感谢猫盟"带豹回家"的志愿者们，极其认真地完成本书的翻译工作！

译者名录（按姓氏汉语拼音排序）：

毕莲、陈霞、陈降龙、陈羽彤、陈雨茜、关希源、蒋进原、冷玥、刘皓雪、刘晓凤、刘炎林、刘瑛、潘嘉平、彭小洋、秦卓敏、任超、孙戈、王聪、王俪霏、吴越、杨念、杨悦涵、周碧洋

感谢猫盟团队及专家们科学、严谨地审校本书涉及的大量专业词汇和数据，同时更新了部分野生猫科动物的最新研究成果！

审校专家名录（按姓氏汉语拼音排序）：

陈怀庆、何兵、黄巧雯、刘炎林、宋大昭、孙戈、王君

感谢 IUCN 猫科专家组罗述金教授的专业支持！

感谢特约审校专家王海滨老师的细心工作！

 感谢北京巧女公益基金会对本书出版的支持！

摄影师名录

手绘图片：

第 7 页的剑齿虎图片由 Luke Hunter 提供，第 7、8 页的图表由 Julie Dando，Fluke Art 提供，除此以外，所有彩色与黑白的插图均由 Priscilla Barrett 绘制。

摄影照片：

1 FLPA；3 Frans Lanting/FLPA；11 James Tyrrell；13 Sebastian Kennerknecht；15 Sebastian Kennerknecht；16–17 FLPA；19 Tashi Sangbo；22 Bernard Castelein/NPL，23 Michael Breuer/Biosphoto/FLPA；24 Alain Mafart-Renodier/FLPA；25 Tim Wacher；26 Ann & Steve Toon/NPL；30，31，32，33 Alex Sliwa；35 Gerard Lacz/FLPA；36 Terry Whittaker/FLPA；37 Gerard Lacz/FLPA；39，40，41 HardkiPala；43 Emmanuel Keller；44 Christian Sperkka；47 Hyuntae Kim；48 Nick Garbutt；49 Gerard Lacz/FLPA；50 Gerard Lacz/FLPA；52 Nick Garbutt/NPL；55 Santosh Saligram；56 Terry Whittaker/FLPA；57 David Hosking/FLPA；59 Nick Garbutt；60 Parinya Padungtin；61 Terry Whittaker/FLPA；63 Sebastian Kennerknect；66 上 Andrew Hearn/Joanna Ross，下 Sebastian Kennerknect；69 上 Terry Whittaker/FLPA，下 JNPC/DWNP/Panthera/WCS Malaysia；70 Gerard Lacz/FLPA；73 Nina Sunden；74 左 Laila Bahaa-el-din，右 Gavin Tonkinson；76 Mitsuaki Iwago/FLPA；77 Patrick Kientz/FLPA；78 Denis-Huot/NPL；80 上 C&M Stuart Controlled，下 Yva Momatiuk & John Eastcott/FLPA；81 Luke Hunter；82 Sebastian Kennerknect；83 Yvonne vander Mey；84 Anup Shah/NPL；87 上 Laila Bahaa-el-din，下 Sebastian Kennerknect；89 上 Sebastian Kennerknect，下 Laila Bahaa-el-din/Panthera；90 Philipp Henschel；92 上 Paul Jones，下 Gabriel Rojo/NPL；94 Rodrigo Villalobos；97 Alex Sliwa；98 Tadeu de Oliveira；101 Frank Reynier；102 Terry Whittaker/FLPA；105 Patrick Meier，106 Patrick Meier；107 左 Patrick Meier，右 Patrick Meier；108 Larry Wan；109 Roland Seitre/NPL；110 Patrick Meier；113 上 Rodrigo Moraga，下 Alex Sliwa；114 Fauna Australis/Jerry Laker；115 Mauro Tammone；118 上 Luciano Candisani/FLPA，下 Sebastian Kennerknect；120 Alfonso Tapia Saez，121 Pablo Dolsan，NIS/FLPA；123 AGA/Rodrigo Villalobos；124，125，126 Antonio Nuñez-Lemos，Antonio Nuñez- Lemos；128 Bernd Rohrschneider/FLPA；129 Willi Rolfes/FLPA；130 Laurent Geslin；131 Jules Cox/FLPA；132 Laurent Geslin；135 David Palacios；136 Manuel Moral；137 Wild Wonders of Europe/Pete Oxford/NPL；138 David Palacios；141，142，143，144 Barry Rowan；147 上 Michael Quinton/Minden Pictures/FLPA，下 Tim Fitzharris/Minden Pictures/FLPA；148 Michael Quinton/Minden Pictures/FLPA；149 Mark Newman/FLPA；150 Michael Quinton/Minden Pictures/FLPA；151 Chris and Tilde Stuart/FLPA；153 Urs Hauenstein；154 Panthera/SBBD/IDB/ICE；155 Panthera Colombia；156 Gerard Lacz/FLPA；158 Francois Savigny/NPL；159 Ignacio Yufera/FLPA；160 Rodgrio Moraga；161 Sumio Harada/Minden Pictures/FLPA；162 Sebastian Kennerknecht；163 Octavio Salles；164 Thomas Mangelsen/FLPA；166 Jurgen & Christine Sohns/FLPA；168 上 Frans Lanting/FLPA，下 I.R.I

DoE/CACP/WCS；170 Imagebroker/J.rgen Lindenburger / FLPA；171 Luke Hunter；172 Nick Garbutt；173 Winfried Wisniewski/FLPA；174 上 Frans Lanting/FLPA，下 Michel & Christine Denis-Huot/Biosphoto/FLPA；175 Suzi Eszterhas/FLPA；176 Laurent Geslin/NPL；178 Raghu Chundawat；180 Jeff Wilson/NPL；182 Hiroya Minakuchi/FLPA；184 Sebastian Kennerknecht；185 Christian Sperka；186 Sebastian Kennerknecht；188 Christian Sperka；191 Nick Garbutt；192 Hiroya Minakuchi/FLPA；193 Vladimir Medvedev/NPL；194 Andrew Parkinson/NPL；195 Gerard Lacz/FLPA；197 Imagebroker.net/FLPA；198 Andy Rouse/NPL；200 ImageBroker/FLPA；201 Imagebroker，Fabian von Poser/Imagebroker/FLPA；202 Christian Sperka；203 Brendon Cremer/Minden Pictures/FLPA；204 Patrick Meier；205 Brendon Cremer/Minden Pictures/FLPA；206 Christian Sperka；207 Patrick Meier；208 Richard Du Toit/Minden Pictures/FLPA；211 上 Michael Durham/Minden Pictures/FLPA，下 Parinya Padungtin；213 Chitral Jayatilake；214 Chitral Jayatilake；215，216 Nick Garbutt；217 Helen Young；218 Pete Oxford/Minden Pictures/FLPA；220 Patrick Meier；221 Pete Oxford；222 Nick Garbutt；223 Patrick Meier；224 Suzi Eszterhas/FLPA；225 Leo Keedy/GVI；226 Paulo Boute；233 Bivash Pandav/OETI/Panthera。

索引